U0150663

SECRETS OF THE BABY WHISPERER
FOR TODDLERS

实用程序育儿法

1~3岁宝宝的关键养育

[美]特蕾西·霍格　　[美]梅琳达·布劳 著　　玉冰 译

湖南科学技术出版社　博集天卷

只 为 优 质 阅 读

好
读
————————
Goodreads

导　读

作为孩子的父母，我们是孩子第一位也是最重要的导师，不但教导他们学习人生课程，也须引导他们探索人生之旅。

——桑德拉·伯特，琳达·佩利
引自《做父母亦做导师》[1]

学步期宝宝所面临的挑战

亲爱的，你一定知道一句老话："小心你所期望的，因为你可能真的会得到它。"如果你也跟大多数父母一样，我猜想，在你家宝宝生命的头 8 个月中的大部分时间里，你都在希望事情若是能轻松一点就好了。妈妈可能会祈祷他能快快度过新生儿

---

[1]《做父母亦做导师》(*Parents as Mentors*)这本书出版于 2000 年，强调父母作为导师的作用，从而提供了一种独特的育儿视角。

作者桑德拉·伯特（Sandra Burt）历任学校老师、校长和教育顾问，拥有超过 30 年的教育经验。

作者琳达·佩利（Linda Perlis）是一位具有社会工作背景的育儿顾问和研讨会负责人。——译者注

疝气痛期，盼着他能早早开始睡通宵，然后开始吃固体食物。如果爸爸也像大多数男人一样，他可能希望他的小儿子快快从一个"小肉团"长成他梦寐以求的小男子汉，可以早早跟他一起去踢球。你们俩也都期望着宝宝能迈出他的第一步、说出他的第一个词的那一天快快到来。你愉快地幻想着有一天他会自己拿勺子吃饭，自己穿上袜子，自己——老天啊，请你保佑！——去上厕所。

现在你家宝宝已经成长为一个学步期的孩子，你的期望想必已经实现了——我敢打赌，有一天你会像期望孩子尽快长大一样地期望能时光倒流！欢迎你进入学步期这段可能是最为艰苦、最令人敬畏的育儿旅程。

在词典上，对"学步期孩子"的定义，有的是"在 1 岁到 3 岁之间的小孩"，还有的则是从婴儿第一次开始"蹒跚学步"，或是以不稳当的碎步短短走上几步开始的幼童阶段。对有些宝宝来说，迈出第一步时可以早到只有八九个月大。无论书上是怎么定义的，相信我，只要你有一个学步儿，你立即就能知道是怎么回事，无须看书上怎么说。

虽然刚开始时你家宝宝可能有点走不稳当，但小家伙现在已经真正准备好去探索一切了——周围所有的人、屋里所有的地方以及物品——而且，他不会乐意你帮忙，"谢谢啦，我自己来"。他也开始喜欢跟人交往：他喜欢模仿别人，可以拍手、唱歌、跳舞，还可以和其他孩子并排在一起各玩各的。简而言之，他现在更像是一个超小号的成人而不再纯粹是个小婴儿了。他大睁着一双好奇的眼睛，精力无限充沛，不断地惹麻烦。这个年龄段的发展速度犹如神奇飞跃；但是，从另一个角度来看，他几乎一天一个样，不断变化，他越来越高超的惹祸本领，难免让你觉得自己简直被他俘虏了。家里的每个容器、每个电源插座、每个你珍爱的小饰品，每个他随时可能抓住的物体对他来说都是有趣的玩具。从他的角度来看，这一切都是新奇的、令人兴奋的；从你的角度来看，这更像是在袭击你、你的家和眼前能看到的一切。

学步期清晰地标志着婴儿期的结束。这也是青春期的预演。许多专家认为这段时期与青春期不相上下，孩子与父母的分离过程十分类似。妈妈和爸爸不再是小婴儿的整个世界。随着他迅速获得身体上、认知上、社交上的新技能，也学会了如何对你说"不"——这种技能也是青春期时的他最为擅长的。

请放心，亲爱的，这其实是个好消息。事实上，正是通过你家宝宝的不断探索和努力（通常是与你一起进行的），他开始知道如何把握住周围的环境，更重要的是，他开始认识到自己是一个有能力的人，一个独立的个体。不消说，你希望你家宝宝能茁壮成长，变得越来越有独立能力，尽管在这个过程中有时实在令你抓狂。我知道这种感觉，因为我和我自己的孩子一起经历过这一切，毕竟她们俩是我的第一批小白鼠（也是我最好的学生）。我认为我和我的女儿们一起干得不错，她们现在分别是 19 岁和 16 岁。但是，这并不意味着这一路的成长都顺顺利利。相信我，养育任何一个孩子都是一项非常艰巨的任务，一路上一定伴随着成堆的挫折和障碍，更不用说掉眼泪和发脾气了。

我常常会问妈妈们,她们的孩子从婴儿期进入学步期之后最显著的变化是什么。妈妈们的答案往往是这样的:

"我自己的时间就更少了。"

"她变得更加自信。"

"我不敢再带他去餐馆了。"

"她的要求更多了。"

"我更容易弄明白他想要什么了。"

"我成了哄她午睡的奴隶。"

"我得追着他到处跑。"

"我总是在不断对她说'不'。"

"我很惊讶他能学到那么多的东西。"

"她模仿我所做的一切。"

"他什么都喜欢去戳弄一下。"

"她一直在试探我的底线。"

"他对一切都很好奇。"

"她更像是……一个真正的人了!"

理解婴语之密:正确育儿的良好基础

除了我的亲身体验之外,我还为无数学步期孩子的父母提供过育儿指导——他们也往往是孩子还在婴儿期时就和我打过交道的人,所以,我相信我的这一本书能够帮助你度过孩子在学步期时的艰难岁月。学步期,在我这里大致定义为从宝宝8个月大开始(也就是我的上一本书结束的地方,这并不是巧合)到2岁多的这段时间。如果你读过我的上一本书《婴语的秘密》，那就一定已经知道我的育儿哲学的基本原则。如果你从宝宝回到家中的第一天起就建立起了有规律的日常作息，而且后来你也一直在运用我上一本书中提供的一些建议，那就更好了。既然你已经会以一种有利于促进你家宝宝成长的方式思考育儿问题，那么我敢说你很可能已经走在了大多数家长的前面。

然而我也知道，你们当中的一些人还不曾接触过我的育儿理念。这些理念的出处，是从我第一次照顾各种有肢体障碍和情感障碍的孩子时所逐渐积累起来的灵感。要照顾好那些通常没有掌握语言技能的残疾儿，我必须观察他们的行为和肢体动作所表达出来的微妙信息，揣摩他们不能算是语言的很难理解的声音，以便了解他们的需求。

后来，我几乎把所有的时间都用在了照顾新生儿上（也包括了我自己的新生儿），结果发现，照顾残疾儿时累积起来的经验用在小婴儿身上也同样有效。在照顾了5000多个婴儿之后，我越来越容易理解婴儿的密语，并被一些家长称为"婴语解读专家"。这很像是那些能解读马语的人所做的事情，只不过我们在这里要解读的是小婴儿。不论对象是马还是婴儿，我们都是在与有感情的、虽然不会说话但仍能表达自己的生命体打交道。为了照顾好他们，与他们建立起感情，我们必须好好学习他们的语言。因此，婴语解读意味着我们要调整自己的视角，从孩子的角度去观察、去倾听、去理解他们正在做的事情。

尽管学步期孩子已经比新生儿更善于表达自己，也开始学习使用语言，但是，指导着我与婴儿更好交流的"婴语的秘密"也同样可以指导我们与学步儿打交道。为了帮助那些没有读过我的第一本书的人了解这些基本原则，下面将简短地概括一下我的上一本书的主题。如果你已经读过我的第一本书，下面的内容你必定已经很熟悉，那就不妨当作一次复习吧。

每个孩子都是一个独立个体。宝宝从出生的那一天起就有了他独特的个性，也有了他自己的好恶。因此，没有哪一种育儿策略能适用于所有的孩子。你必须自己去摸索哪些方式更适合你家宝宝。在本书第 1 章中，我为你提供了一个自我测试的问卷，可以帮助你判断你家宝宝有什么样的气质，这反过来又能帮助你了解什么样的养育策略会更适合他。但是，即使我根据不同宝宝的不同特质将他们划分成了不同的类型，每一个孩子也都是独一无二的。

每个孩子都应该受到尊重；同时也必须学会尊重他人。如果你正在照顾一个成年人，你肯定不会在没有向对方解释你将要做什么并且在没有征得对方同意的前提下触摸他、抬起他的肢体或脱掉他的衣服。那么，我们在照顾孩子时为什么不也这么做呢？作为孩子的看护人，我们需要在每个孩子周围画出一个我称之为"尊重的圆圈"，也就是一个无形的边界线，在解释清楚我们将要做什么并且征得孩子的同意之前，我们不可以超越这个边界线。在盲目地一头撞进去之前，我们必须首先知道那孩子是个什么样的人；我们必须顾及孩子的感受和愿望，而不仅仅是闷头做我们自己想做的事。诚然，对学步期孩子来说，这可能很棘手，因为我们还应该告诉孩子尊重必须是双向的。这个年龄段的孩子可能比较固执倔强，但他们仍必须学会尊重我们。在接下来的章节中，我将指导你该如何尊重你家宝宝，并在不破坏你自己设立的规矩与界限的前提下满足孩子的要求。

花时间观察孩子、倾听孩子，与孩子交谈而不是单向输出。

了解你家宝宝的过程，应该从宝宝来到这个世界的第一天就开始。我总是一再告诫家长们："千万不要以为你家宝宝理解不了你的意思。孩子能明白的事情总是比你能意识到的要更多。"即使是还不会说话的学步儿也能表达自己的意愿。因此，你必须提高你知觉的灵敏度，认真关注孩子。通过仔细观察，我们可以了解孩子独有的气质；通过认真倾听，哪怕他还没学会开口说话，我们也能明白他想要什么；通过耐心对话——相互交流而不是单向输出——我们给孩子机会表达他想要表达的一切。

　　每个孩子都需要有规律的日常作息，这使他可以预期生活中将要发生的事，让他更有安全感。这个原则在宝宝生命的最初几个月里很重要，到了你家宝宝蹒跚学步之时，就更加重要了。作为孩子的父母和看护人，我们通过习惯性的做法、惯常性的规律和相应的规矩，带给孩子一致感和安全感。我们需要遵从孩子的天性，让他以不断成长的能力来引导我们，告诉我们他能走多远；同时也请你记住，我们是成年人，必须承担起成年人应负的责任。这里的确有些相互矛盾，因此我们一定要把握好尺度：既要允许孩子探索，同时又要确保孩子知道自己必须生活在我们为他创造的安全范围之内。

　　上述各项简明而务实的基本准则，将助你为孩子建立稳固的家庭环境奠定坚实的基础。每当孩子被人倾听、理解和尊重时，他就会茁壮成长。当他能知道周围的人对自己的期望，也能让周围的人懂得他的期望时，他就会茁壮成长。刚开始的时候，他的世界很小很小，小到仅限于他的家、他的家人，以及偶尔与外界的接触。如果这个最初的小小世界能让他觉得是安全的、轻松的、正面的，而且是可以预料的；如果这个小小世界能允许他自由地尝试和探索；如果他觉得自己可以信任和仰仗这个小小世界里的每一个人；那么，将来他就能更好地适应这个小小世界之外的新环境以及新环境中的人。请记住，无论你家宝宝有时看起来多么活跃、好奇、笨拙或令人气恼，他所做的一切都是为进入外面的大世界的预演。请你把自己视为孩子的人生舞台上的第一位表演教练、舞台导演、真心欣赏他表演的观众。

我的寄望：亲子和谐之路

你会说，这些事情谁不知道啊。你也会说，这些事情说起来容易可做起来难啊，尤其当你面对的是一个学步期宝宝的时候。好吧，我同意你的这两句话。但是，我的锦囊袋中有那么几条针对学步期宝宝的育儿技巧，最起码能帮助你更多地理解你家学步儿，能让你至少有些时候可以觉得自己有能力把握好一切。

虽然我的这本书中穿插了一些当代最受人尊敬的儿童发展专家的最新研究成果，不过外面仍有大量的书籍可供你探索最新科学的进步。只是，只有科研成果却不知该如何应用是不够的，为此，本书将带领你使用最前沿的科研成果来理解你家宝宝，并对他的一举一动做出更积极的回应。同样，本书也将带领你通过他的视角来看世界，帮助你更好地理解他小小的脑瓜中在想些什么，他小小的身躯中正经历着什么。本书还将提供给你一些实操策略，提供给你一套唾手可得的"工具"，帮助你和孩子一起应对日常生活中不可避免的各种挑战。

下面我为你总结出了几条更加具体的行动指南，希望能助你营造出更加坚固而安全的家庭环境。顺便说一下，这些行动指南不光现在可用，等你家宝宝再长大些，甚至长到青春期时，也肯定适用！（当然了，希望那时候他不再需要你帮他进行如厕训练！）

本书中列举了一些实例，向你演示了该如何运用书中提供的下列"工具"，请你不妨亲身去实践一番：

·**将你家宝宝看作一个独立个体，并给予他尊重。**与其按他的年龄将他归入某个类别，不如让他按照他的天性做他自己。我坚信小孩子也有表达喜欢什么和不喜欢什么的权利。我同样坚信成年人也应该承认孩子的观点有他的道理所在，即使我们不能同意并为之感到沮丧。

·**鼓励你家宝宝迈向独立，但不要推着他往前走。**为此，我将为你提供一些"工具"来帮助你衡量他是否准备好迈步，以及该如何引导他学习诸如吃饭、穿衣、如厕和保持基本卫生等的实际技能。每当有父母打电话问我"我怎么才能让我家宝宝学会走路？"或者"我能做些什么让我家宝宝早些学会说话？"时，我总是难免为之气恼。孩子的成长是一个自然的发展过程，不是上一堂课就能行的。此外，推着孩子往前走是不尊重他的行为。更糟糕的是，这样的拔苗助长只会导致孩子陷入失败并导致你对他感到失望。

·**学习如何领悟孩子的肢体语言和口头语言。**虽然学步儿明显比新生儿要容易理解得多，但他沟通能力的起伏会非常大。因此，每当你家宝宝试图向你表达什么事情时，你必须保持充分的耐心和克制力，同时要敏于觉察你何时应该介入以及提供帮助。

·**要善于接受现状，毕竟学步期是一个不断变化的时期。**比如说，明明已经可以睡通宵的孩子忽然又不能睡通宵了，往往令父母感到大惑不解："她这是怎么了？"其实无非是他们的小女孩又进入了一个新的发育阶段。养育学步期孩子最大的挑战之一，就是当你刚刚习惯了孩子的某种特定行为或特定能力水平时——砰!——他就又变得不同了。而且你知道吗?他会再三再四地这么变下去。

·**促进孩子的成长和家庭的和谐**。在我的上一本书中,提出要让孩子成为家庭中的一员而非家庭中的主宰。这一原则在孩子现在进入学步期时变得更为重要。关键在于你要营造出一个快乐而且安全的家庭氛围,让孩子能够放心地在其中探索,同时,你还要确保他远离伤害,不允许他以不当行为扰乱家庭的和谐。你不妨把你们的家想象成一个舞台剧排练厅,你家宝宝正在练习他需要的新技能,记诵他的新台词,并学习如何恰当地上场及退场。你是他的舞台导演,要帮助他为走上他的人生舞台做好充分的准备。

·**帮助你家宝宝学会控制情绪**,尤其在他遭受挫败时。学步期标志着孩子在情绪发育方面跨出了巨大的一步。在婴儿期,你家宝宝的情绪基本上都只源于他身体方面的因素,比如饿了、累了、热了、冷了,而且他会被这些情绪所控制。但是,进入学步期的他,情绪因素的范围将扩大很多,包括恐惧、快乐、自豪、羞耻、愧疚、尴尬。而且,由于孩子自我意识和社会意识的不断增强,他会生出更加复杂的各种情绪来。孩子是可以学习控制自己的情绪的。研究表明,14个月大的孩子就可以开始识别甚至预感到他自己甚至照料他的人将会出现什么样的情绪。他还能开始理解别人的情绪;而且,只要他开始说话,也能跟人谈论他的感受。我们还将知道,孩子大发脾气是可以防止的;如果在爆发之前来不及制止,那么在爆发以后也是可以控制的。但是,控制情绪的意义远远不止是简单地避免大发脾气,学会了控制情绪的孩子能比没有学会的孩子吃得更好，睡得更香，他们还更容易学会新的技能，在社交方面遇到的问题也会更少。相比之下，缺乏情绪控制能力的孩子往往会令其他孩子和成人都望而却步。

·**帮助你家学步儿和爸爸建立起真正的感情联结。**我知道，我知道：如今仍是妈妈和孩子们的关系更加密切，这并不新鲜，毕竟通常在现实生活中事情依旧是这样。在大多数家庭中，爸爸仍然仅仅是星期六的帮手，他们还需要为家庭付出更多的努力才行。我们需要寻找到让爸爸能真正参与到育儿中来的恰当方式，帮助爸爸与孩子建立情感上的联结，使爸爸不仅仅是做孩子的玩伴。

·**帮助你家宝宝成长为一个社会人。**学步期是你家宝宝开始学习与他人互动的时期。刚开始时，你家宝宝的交往圈可能仅限于两三个常见的"朋友"，但随着他迈向幼儿园阶段，社交技能将变得越来越重要。因此，你需要帮助他培养能理解他人、体谅他人、遇事有商有量，以及解决矛盾冲突的能力。学习这些能力的最好途径，是你的示范和指点，以及给孩子提供重复练习的机会。

·**管理好你自己的情绪。**养育学步期的孩子实在是一件费心又费力的事情，所以你必须学会怎么保持耐心，怎么在合适的时候夸奖孩子；你必须懂得有时候你对孩子的"退让"并不是爱（不管你家宝宝表现得多么可爱），懂得如何把你的爱付诸行动（而不仅仅是口头上说说）；你还必须学会当你生气了或陷入沮丧时如何处理好自己的情绪。事实上，最新有关幼儿早期发育的研究揭示出了一个为人父母至关重要的事实：孩子的性情特质不仅决定了他会有什么样的长处和弱点，还会影响到你会以什么方式来对待他。假如你有一个"刺头"学步儿，他似乎总能把臭脾气留到公共场所里大爆发，那么，若你还没有学会该怎么适时调整自己的应对措施、怎么寻求他人帮助、怎么让自己摆脱心理压力，你很有可能会很快失去耐心，对孩子的不当行为反应过激，甚至诉诸体罚——不幸的是，这样的结果只会让你家宝宝的行为变得更加糟糕。

·经营好你自己的人际关系。学步期宝宝往往会占据妈妈的所有休息时间。你需要学习如何暂离你的学步儿，给自己创造一些机会（因为它们可能不会自然而然地出现），时不时地享受一小段无忧时光。也就是说，你需要像为你家宝宝尽量提供美好时光一样，尽量为自己多安排些美好时光。

上述目标是否有些遥不可及？我想不是。我看到好多人家在他们的日常生活中都能做到。当然了，这需要你肯花时间，耐心地、坚持不懈地用心付出。对需要上班的父母来说，这有时会需要你反复权衡做出选择，比如说，是不是应该早点下班回家，这样你家宝宝就能够按时入睡而不必拖到太晚。

我写这本书的目的是为你提供信息，好让你对自己的育儿决策更有信心，也帮助你通过自己的努力去探索更加适合你家宝宝和你自己的育儿之法。最后，我希望你能成为一个直觉更加敏锐、更加有自信的家长，知道怎么能更好地理解和爱护你家宝宝。

如何阅读本书

我知道，照顾学步儿比照顾小婴儿还要辛苦，更没有时间读书，所以，我试图将这本书设计得既方便你快速阅读，又能清晰易懂，哪怕你随手翻开中间某个地方也能有所收获。我特意加入了好些表格、引用栏、插入栏、故事栏、提示栏等，方便你一目了然，即使你太过忙碌而无法一页一页地从头读到尾也能轻易抓住重点。

不过，为了帮助你熟悉我的育儿理念，我建议你最好先通读前3章，然后再跳到你想要阅读的主题上去。（我假设你已经阅读了"导读"内容；如果你还没有阅读，请你现在补上。）在第1章中，你会读到有关先天因素和后天因素的讨论，这两者其实是相辅相成的。问卷"你的孩子是个什么样的人？"将帮助你了解你孩子的天性，也就是说，他是带着什么样的特质来到这个世界的。在第2章中，我提供了"H.E.L.P.策略"，这是针对孩子天生特质的总体策略。在第3章中，我着重讲解了学步期孩子的学习方式就是一再重复，并强调了"日常规律与仪式（R&R）"的重要性，也就是帮孩子建立起规律性的日常作息，以及习惯性的固定套路。

第4章到第9章逐个讨论了养育学步期孩子所需要面对的各种具体挑战。你既可以按章节顺序读，也可以在遇到问题时直接跳入相关章节。

第4章，"扔掉尿布"，着眼于如何培养孩子正在不断成长的独立能力。但是切记，在孩子准备好之前不要强行推进。

第5章，"学步期宝宝的儿语"，讲的是如何跟孩子交流，即孩子会如何说话，我们该如何倾听。这是我们与一两岁的小孩子打交道时既令人激动又令人沮丧的关键所在之一。

第6章，"进入现实世界"，着眼于帮助孩子适应从家里到宝宝游戏小组到全家一起出游的重大环境转变，引导你学习如何预先规划好"应对巨变的演习"，以帮助你家宝宝练习社交技能、尝试新的举止行为。

第7章，"有意识的管教"，讲的是如何引导你家宝宝学会控制自己的行为。孩子初次来到这人世间，并不知道自己该如何与人交往，不懂得该遵守哪些行为规则。这些东西，如果你不早早教给你家宝宝，请相信我，生活会教他怎么做人的！

第8章，我谈到了"问题行为"，也就是孩子表现出的一些长期性的、恼人的行为模式，不但会破坏你与孩子的亲子关系，更会耗尽整个家庭的时间与精力。家长往往意识不到他们自己的一些日常行为怎么起到了"训练"孩子的作用，可由此促成的孩子的不当行为又会反过来扰乱家长的日常生活。这就是我在上一本中讲到过的"意外教养（accidental parenting）"，是我所看到的几乎所有睡眠问题、饮食问题、行为问题的根源所在。如果父母意识不到自己的不当行为正在形成孩子的不当行为，或是知道已经出问题了却不知该怎么纠正，那么这些孩子的不当行为就会变成"问题行为"。

最后，第9章，"家庭的成长"，讲的是家庭在壮大时的一些注意事项，包括怎么做再要一个孩子的决定，怎么帮你家大宝准备好迎接新加入的小宝，兄弟姐妹之间该怎么相处，以及如何维持好你的夫妻关系和人际关系。

在这本书中，你不会找到多少与宝宝年龄相关的养育指南，因为我认为你应该通过认真观察自己的孩子来决定怎么做会更合适，而不是一味地照本宣科。在讲到有关孩子的问题时，无论说的是如厕训练还是大发脾气，你都不会看到我告诉你"正确的应对方法"，因为我能给你的最好礼物，就是帮助你找出最适合你家孩子以及你们家庭的应对方法。

最后，请允许我提醒你，眼光要长远，头脑要冷静，这两点非常重要。正如你家宝宝在婴儿期的时光并不会冻结一样（尽管你当时会觉得时光似乎凝住不动了），孩子的学步期也不是永恒的。在这段时间里，请把你所有的贵重物品都收起来，把所有可能让宝宝中毒的物品都锁起来，然后深深地吸一口气：在接下来的 18 个月左右的时间里，你要照顾好手上这个学步期宝宝。你将亲眼见证你家宝宝从一个什么都不会做的小婴儿飞快地成长为一个会走路、会说话、有自己想法的小孩子。请好好享受这段非常奇妙的人生旅程。在孩子走上了又一个激动人心的新台阶、掌握了又一个令人赞叹的新本领的同时，你也会遇到一个又一个你意想不到的新难题，等待你去克服。总之，没有什么能比与你家宝宝生活在一起、养育他爱护他更令人振奋，同时也更令人筋疲力尽的事情了。

目 录

第 3 章　规律与习惯：
舒缓学步期宝宝的焦虑

第6章　**进入现实世界：
帮助宝宝掌握社交技能**

第9章　家庭的成长：
迎接第二个宝宝的到来

结束语　最后几点建议

第 1 章

爱你蹒跚学步的宝宝

"再聪明的父亲也不一定了解他自己的孩子。"

——莎士比亚

《威尼斯商人》

与小宝宝们的重逢

在编写这本书的过程中，我和合著者邀请了曾参与我们上本书编创的一些小宝宝，一起举办了一次小小的聚会。上次我们告别的时候，小宝宝们还只有 1 个月到 4 个月大，如今这五个小宝宝正处于蹒跚学步的阶段。一年半的时间里，他们都发生了很大的变化。那一张张已经长大了一点点的稚嫩面孔不难辨认，但他们的小胳膊小腿已经完全不再是昔日模样。那时候，他们脸上带着甜美却无助的笑，除了盯着墙纸上的波浪线以外什么都不能做；可是如今，他们已经像小坦克一般冲进了我的工作室。那时候，他们若能抬起头来，或是肚子贴在床板上摆个"游泳"的姿势，都已经是一桩了不起的壮举；到了今天，他们已经什么动作都能做了。当他们的妈妈把他们放到地板上时，他们纷纷爬起来，蹒跚着往前走，有时还需要扶着什么，有时则完全独立行走。他们心中充满了探索一切的渴望，眼睛里闪着光彩，嘴里含糊不清地呼噜着，小手摸摸这里、碰碰那里，什么都要去戳弄一下。

看到这些几乎在一瞬间——仿佛没有中间阶段的延时摄影——就奇迹般长大了的宝宝，我好不容易才终于从惊讶中回过神来。然后，我便想起了每个小宝宝以前的样子。

这个坐在妈妈腿上的是小蕾切尔，她正小心翼翼地打量着她的小玩伴，略有些胆怯，不太敢离开妈妈独自去探险。当初就是这个小蕾切尔，一见到生人面孔便哇哇大哭，在婴儿按摩课上也会身体僵硬，让我们知道她还没有准备好接受过多的外界刺激。

小贝齐是第一个有意伸出手去触碰另一个孩子的小宝宝，如今依然明显是所有孩子中最活跃、最好动的一个。她对每个玩具都感到好奇，随便哪个人做了什么都能引起她的兴趣。她小时候就非常活泼，如今看着她好像小猴子般灵巧地爬上尿布台，还带着一脸"谁也阻止不了我"的表情，我一点也不觉得惊讶。（你不必担心，她的妈妈显然已经习惯了小贝齐的运动员素质，一直密切关注着孩子，一只手始终跟在她的小屁股附近，随时准备保护她。）

塔克，曾经各方面都符合小婴儿在相应阶段成长指标的小家伙，此时正在离尿布台不远的地方玩耍。虽然每隔一小段时间他都会抬头看看贝齐，但显然几何镶嵌板里鲜艳的各色木块更吸引他。塔克现在依然完全符合小宝宝现阶段的成长指标——他知道自己拿的木块是什么颜色，并且能够弄明白什么形状的木块可以放进哪个凹槽里——恰如"育儿宝典"里描述的一个20个月大的孩子应有的能力一样。

艾伦独自一人在游乐园里，远离众人，这让我想起了他3个月大时的模样。即便那时他还只是个小婴儿，也似乎总是满脸思索。此时的他，正试图把一封"信"塞进"邮箱"里，依然是一副满脸思索的表情。

最后，我将目光久久凝注在了小安德烈娅的身上。这是我最喜爱的婴儿之一，她总是非常友善而且非常随和。当初哪怕还是个小婴儿，安德烈娅也一向十分安详。如今，看着她与贝齐的互动，不难看出她还像小时候那般随和安详。此刻，刚从高处爬下来的贝齐，正用力拉扯安德烈娅手里的小卡车；而学步期的安德烈娅依然从容，看了看贝齐，平静地权衡了一下局势，便毫不犹豫地松开了手，目光转瞬望向了旁边一个布娃娃，然后心满意足地玩了起来。

尽管这些孩子似乎已经成长了好几个光年那么远——实际上，他们的体重已经是我上次见到他们时的六七倍——每个人都还带着其当初在婴儿期时的影子。当初的某些特质已经发展成了他们的个性。这些孩子已经不再是小婴儿，而是五个截然不同的小人儿了。

先天与后天的微妙平衡

小宝宝从婴儿期到学步期的性格会延续不变，这对我或其他观察过许多婴儿和幼童的人来说，并不是什么值得惊奇的事情。正如我之前就强调过的那样，新生儿来到这个世界时就已经有了独特的个性。从宝宝出生的那一天起，有些就很害羞，有些会倔强固执，还有些活泼好动喜欢冒险。如今，托录像带、大脑扫描仪以及有关基因编码新信息的福，这一结论已经不再仅仅是我们的一种直觉，科学家们已经有不少文献阐述了他们在实验室中发现的人格的恒定性。特别是过去十年[1]的研究已经证明，每个人所独有的基因和大脑化学物质，都会影响到其特质、

---

[1] 本书初版于2002年1月，因此这里指的是20世纪的最后10年。——译者注

长处、短处、喜好与嫌恶。

这项最新研究还带给了我们一个最让人乐观的"副产品"，那就是减轻了父母的负罪感——把一切归咎于父母，一度是流行的心理学主旨。但是，我们必须小心避免走向另一个极端，也就是说，我们切莫让自己认为父母怎么做是根本不重要的事情。我们如何为人父母仍然很重要。（否则的话，亲爱的，我为什么要在这里分享我的思考，好帮助你也成为最称职的父母呢？）

事实上，关于先天与后天之争的最新思考，让我们看清了这两者间的影响是一个动态的、持续的过程。这不是要么先天要么后天的问题，相反，根据最新研究得出的观点（见下面引用栏），这是"如何通过后天显现先天"的问题。这一发现，是科学家们通过对无数同卵双胞胎的研究，以及对无数被收养的、基因完全不同于养父母的儿童的研究所得出的。这两种类型的案例都体现出了先天与后天之间相互作用的复杂性。

例如，具有相同染色体、相同父母的双胞胎，他们来自先天的影响不一定能带来相同的结果。科学家们在研究那些亲生父母喜好酗酒或患有某种精神疾病的收养儿童时也发现，在某些情况下，养育环境（由养父母所创造）能规避遗传因素方面的不良影响。可是，也有不论养育方式多么好都无法超越遗传影响的情况。

先天因素与后天教养

这项对双胞胎和收养儿童的研究具有非常重要的现实意义。孩子的养育环境和其他环境影响可以减缓受先天不良因素影响的发展趋势，因此，尽力帮助父母和其他照顾孩子的人，使他们学会如何敏于发现孩子的行为倾向，并为孩子创造良好的成长环境，是非常值得的事情。我们已经看到了一些环境条件与儿童特质之间的良好契合。比如说，在家庭日常生活中为非常活跃的孩子提供大量的玩耍机会；又比如说，在幼儿园里为容易害羞的孩子提供一处安静的避风港，让他能在小朋友们的喧嚣之中获得片刻的安宁。精心设计的护理程序，通过给孩子提供选择的机会、温暖的关怀、秩序化的日常作息等的帮助，均能为那些受先天不良因素影响的孩子提供有益的后天影响，从而减缓孩子朝有行为问题的方向继续发展的趋势。

——摘自国家研究委员会和医学研究所（2000年）的报告，《从大脑神经元到我们的社区：儿童早期发育科学研究》（*From Neurons to Neighborhoods*：*The Science of Early Childhood Development*）。儿童早期发展科学整合委员会，杰克·肖恩科夫（Jack P. Shonkoff）和德博拉·菲利普斯（Deborah A. Phillips）合编。儿童、青年和家庭委员会、行为科学与社会科学及教育委员会。华盛顿特区国家学术出版社。

虽然没有人确切地知道先天与后天是怎么运作的，但最起码我们已经确切知道这两者都在起作用，而且相互影响。因此，我们必须尊重孩子的天性，同时，也要努力为孩子提供他们所需要的任何支持。诚然，这两者间的平衡十分微妙，对幼儿的父母而言更是如此。不过，牢记下面几个要点必会对你有所帮助。

你首先必须了解并接纳你的孩子。做称职父母的起点就是了解自己的孩子。在我的上一本书中，我曾将遇到过的新生儿分别归类于五种最常见的先天特质，并将这五种特质命名为天使型、教科书型、敏感型、精力旺盛型和脾气急躁型。在本章稍后的内容当中，我们将分别讲述这些类型的孩子在进入学步期后的具体表现。我会提供一份自测问卷（见第12～19页），以帮助你确定你的孩子属于哪种类型。问卷内容包括孩子有什么天赋？对什么感到苦恼？是不是一个需要再多一点额外鼓励的孩子？或是一个需要再多一点自制力的孩子？会不会轻易就能心甘情愿地投入新的环境中去？是喜欢顾前不顾后还是太瞻前顾后？你必须十分客观地观察你的孩子，并诚实地回答问卷中的所有问题。

如果你的回答是基于孩子的客观现实，而不是你希望孩子成为的那种样子，那么，你就能给予孩子真正的尊重；而在我看来，尊重二字正是每个父母都欠缺的。做到尊重的核心，是好好观察你学步期的孩子，爱他如他所是，同时不断调整你自己的想法和行为以便做出对他最有利的举措。

请不妨想一想，你会不会想着让一个讨厌运动的成年人跟你一起去参加橄榄球比赛？你会不会邀请一个盲人与你一起走上观鸟探险之旅？同样的道理，如果你能正确地了解自己孩子的特质，他的长处与短板，你就能更好地确定你怎么做会更有利于他，确定他更喜欢做的是什么；你也就能更好地引导他，提供更适合他成长的环境，以帮助他培养进入更具挑战的童年期时所需要的各种应对能力。

你可以帮助孩子充分利用他的先天因素。很多科学文献都一再表明，生理先天并不是无期徒刑。所有的人类——甚至其他动物（见下面引用栏）——都是其生理先天和成长环境共同作用下的产物。一个孩子可能"天生害羞"，那是因为他继承了一种基因，使他在面对陌生事物时接受能力偏低。他的父母可以给予他帮助，在让他感到安全的前提下，教他学会如何克服害羞感。另一个孩子可能是"天生的冒险家"，那是由于他大脑血清素（抑制冲动）水平偏高。他的父母同样可以帮助他，教他学会如何克制冲动。总而言之，充分了解孩子的特质，你就能预先计划好相应的举措。

除了看清孩子的需求之外，你也必须好好看清楚自己的所作所为。在孩子的人生舞台上，你是他的第一任表演教练和第一任舞台导演；你为他做了什么、怎么做的，都会起到跟他的 DNA 一样的作用，把他塑造成一定的模样。在我的上一本书中，我曾一再提醒父母，他们的一举一动都是在告诉孩子，他们以及这个世界会怎么跟其互动。以一个经常喜欢哭闹的学步儿为例，每当遇到这样的孩子时，我并不认为他任性，甚至是"坏"，他只是在做他父母教他做的事情。

索米的猴子：先天条件无法决定一切

斯蒂芬·索米和美国国家儿童健康与人类发展研究所的一组研究人员特意培育了一群"性情冲动"的恒河猴。猴子和人类一样，它们缺乏控制能力，而且容易冲动冒险的原因，与其大脑血清素有关。根据最新发现，似乎是一种血清素转运蛋白基因（也存在于人类中）阻止了血清素的有效代谢。索米发现，当缺乏这种基因的猴子由普通母猴抚养时，它们往往容易陷入麻烦，并最终沦为猴群社会等级的最底层。但是，当把这种猴子交给格外爱护幼崽的母猴抚养时，它们的未来就会变得光明许多。母猴的格外爱护，不仅使得这些猴子学会了如何避开糟糕情形、如何请求其他猴子来帮忙（这无疑能提高它们在群体中的社会地位），而且实际上使它们大脑中的血清素代谢率上升到了正常范围。索米说道："几乎所有的未来发展都可以通过不同的早期体验而获得改变，生理先天只不过提供了一组不同的发展概率而已。"

——改编自"健康的感觉"，《新闻周刊》，2000 年秋冬期刊。

怎么就成了这样的呢？因为每当小宝宝过来哼哼唧唧时，父母就会停止谈话，把他抱起来，或者开始陪他一起玩。妈妈和爸爸是真的认为他们这是"反应灵敏"，可他们不知道的却是自家孩子因此学到了什么：哦，我明白了，哼哼唧唧是吸引爸爸妈妈关注我的有效方式。这种现象，我称为"意外教养"（关于该主题的更多讨论，请见第 7 章和第 8 章），这种无心之举的不良影响从孩子婴儿期就开始了，而且可能一直持续到童年期，除非父母能意识到他们行为的后果而主动做出改变。请相信我，这后果越往后就越严重，因为学步期的孩子很快就能学会，并且可以非常熟练地操纵他们的父母。

你对孩子天性的判断有多准确，决定了你的对应举措有多妥当。不消说，有些孩子会比其他孩子更难琢磨，而且孩子本身的性格也会反过来影响父母的反应和行为，这在许多文献中已经一再得到了证实。大部分成年人都知道，跟一个可塑性和合作性都较高的孩子在一起时，自己更容易做到心平气和；可若跟一个好冲动或执拗的孩子在一起时，则更容易变得心浮气躁。不过，放宽眼界会对我们大有帮助。这一位妈妈可能因为女儿的任性而感叹说"我跟她实在是说不通"，可是，另一位妈妈却可能将同样的任性视为一件好事——"她是一个有主见的孩子"。显然，后者更容易帮助她的女儿，将她喜欢自作主张的倾向引导到更加合适的途径上——比如说，培养领导力。同样，这一位爸爸可能因为自家儿子的"羞怯"举动感到非常沮丧，可是，另一位爸爸则可能将同样的沉默视为一种有益的特质——他是一个懂得首先仔细权衡的孩子。不消说，后一位爸爸更容易做到耐心等待孩子自己做出反应，而不会像前一位爸爸那样更容易逼迫儿子赶紧做出反应，更何况这种做法只会让孩子更加胆怯（这方面的更多例子你将在本章和第 9 章中看到）。

你的孩子是个什么样的人？

要回答好这个问题，从某种程度上来说，学步期宝宝的特质是一个更为重要的考量因素。这不但因为孩子的特质在此阶段正在开始形成真正的个性，还因为这个阶段中的孩子每天都要面对全新的挑战。孩子的不同特质决定了其在面对陌生的环境和事物时的不同能力。你可能已经明确知道你的学步儿属于什么类型的——天使型、教科书型、敏感型、精力旺盛型和脾气急躁型。如果的确如此的话，那么下面的自测问卷只会起到证实你的判断有多么准确的作用；这更意味着你已经早早开始关注自己的孩子，而且一直都在观察他真正的特质。

请拿两张白纸，答题时请独立思考。你和你的爱侣应该分别回答下面的问题。如果你是单亲家长，请再找一位孩子的看护人，可以是孩子的祖父母，或是非常了解你家孩子的好朋友等。这样的话，就有两双眼睛对孩子做出观察并两相比较。没有哪两个人会以完全相同的角度来看待同一个孩子，也没有哪个孩子会以完全相同的行为模式来对待两个不同的人。

在这里，你的答案并没有正确与错误之分，亲爱的，这只是你发掘真相的一次练习而已。所以，不必争论你们俩的答案谁对谁错，只需把眼界再放宽些就好，毕竟这里的目的只是帮助你更多地了解你学步期宝宝的天生特质而已。

你可能会对自己的答案感到怀疑，正如许多读过《婴语的秘密》这本书的父母一样，他们会说："我的孩子似乎是两种类型的混合体。"这没关系，你只需利用这两种类型的信息来帮助宝宝就好。不过我发现，往往会是其中一种类型占主导地位。以我为例吧。我在婴儿期是一个敏感型的孩子，在学步期是一个沉默而且畏怯的孩子，成年之后我还是一个敏感型的人，尽管我有时像是个脾气急躁的人，有时更像一个精力旺盛的人。但是我的主要天性还是敏感。

请记住，这只是一次练习，可以帮助你调整视角，引导你从此更加关注孩子的自然倾向。请你相信我，你，以及孩子生活环境中的其他因素，都起着塑造孩子的作用——事实上，这个阶段的宝宝，每次遇到的人和事都是他的一次新冒险，而且通常也都是对他的一次检验。下面这份问卷的宗旨，在于帮助你看清楚孩子最主要的行为特征，比如说，他有多活跃、有多容易分心、兴趣有多强、适应能力有多大、他怎么与不熟悉的人打交道、对环境有什么样的反应、他是更外向还是更内向……请注意，在回答这些问题时，你不仅要考虑到孩子现在是怎么表现的，还要考虑到他在婴儿期的表现。请记录下你认为的孩子最典型的行为模式，也就是最经常出现的行为或反应的方式。

了解宝宝的气质类型

1. 我家宝宝在婴儿期的时候

   A. 很少哭

   B. 只有在饿了、累了或刺激过多时才会哭

   C. 经常无缘无故地哭

   D. 哭得很大声，如果我没理会他，很快就会变成愤怒的哭喊

   E. 当我们的做法偏离了日常惯例或是不符合他的预期时，他会愤怒大哭

2. 在清晨醒来的时候，我家学步期宝宝

   A. 很少哭——他会在婴儿床里自己玩，等待我的到来

   B. 会自言自语地四处张望，直到他开始感到无聊

   C. 需要立即得到关注，否则他会开始哭起来

D. 尖叫着让我赶紧过来

E. 呜呜咽咽地哭，好让我知道他已经醒来了

3. 回想第一次给宝宝洗澡时的情景，我记得宝宝当时

A. 像鸭子入了水一样自在

B. 入水时略有些吃惊，但几乎立刻就喜欢上了在水里的
   感觉

C. 非常敏感——有点哆哆嗦嗦，似乎是感到害怕

D. 非常兴奋——胡乱扑腾，弄得水花四溅

E. 非常不愿意，而且哭了起来

4. 我家宝宝的肢体语言通常让我觉得他

A. 几乎总是非常放松，哪怕在婴儿期也是如此

B. 大部分时间都很放松，哪怕在婴儿期也是如此

C. 相当紧张，而且对外部刺激非常敏感

D. 好动——婴儿期的时候，他的胳膊和腿经常会乱动

E. 僵硬——婴儿期的时候，他的胳膊和腿通常僵直不动

5. 当我开始把食物从液体转换成固体时，我家学步期宝宝

A. 毫无问题地接受了

B. 调整过程挺顺利，只是需要我给他足够的时间去适
   应每一种新的口味与质感

C. 脸蛋皱起、嘴唇颤抖，仿佛在说"这是什么鬼东西？"

D. 闷头大吃起来，好像他这一辈子从来都是吃的固体食物

E. 要去抓勺子，而且还不肯松手

6. 每当我家学步期宝宝正在做着的事情被打断时，他

A. 很容易就会停下来

B. 有时会哭，但稍微哄哄就能参与到新的活动中

C. 需要哭上几分钟才能恢复过来

D. 会号啕大哭，在地板上打滚

E. 会哀哀哭泣，仿佛心都碎了

7. 我家学步期宝宝经常以下列方式表达他的愤怒

A. 呜咽，但很容易安抚好，或是很容易分心

B. 表现出明显的怒意（握紧拳头、板紧了脸，或是哭叫），并且需要好生安慰才能消减怒气

C. 崩溃，仿佛世界末日来临

D. 失控，经常乱扔东西

E. 攻击人，经常使劲推搡

8. 我家学步期宝宝在与另一个或几个小伙伴一起玩耍时，会

A. 愉快而积极地参与其中

B. 能参与其中，但时不时地会生其他孩子的气

C. 很容易哼哼唧唧或哭哭啼啼，尤其是当另一个孩子来抢玩具时

D. 到处跑动，什么都要去插一手

E. 不想参与，只站在一边看着

9. 我家学步期宝宝在午睡或是晚上睡觉时，入睡状况总是

A. 再大的动静也打扰不了他安然入睡

B. 入睡前会烦躁不安，不过轻拍或轻言细语能让他很快安静下来

C. 很容易受到屋内或窗外噪声的打扰

D. 需要好生哄劝才肯上床——总是担心错过了什么

E. 必须在完全安静的环境中才能入睡，否则就会哭个不休

10. 我家学步期宝宝被带到陌生的屋子或环境中时

A. 很容易就能适应新环境，面露笑容并很快参与其中

B. 需要一点时间来适应，能挤出微笑但很快转过身去

C. 很容易感到不安，会躲到我身后，或把自己埋进我的衣服里

D. 直接冲进去，但并不清楚他究竟想干什么

E. 不肯加入进去而且气鼓鼓的，或是独自走到一边去

11. 假如我家学步期宝宝正在玩某个玩具，而另一个孩子想加入进来

A. 他会注意到，但仍然专注于自己正在做的事情

B. 一旦他注意到了就很难再专心于自己手上的事情

C. 很容易生气并且哭起来

D. 立即就想要那个孩子手上玩着的任何东西

E. 喜欢独自玩耍。如果其他孩子进入了他的领地，往往会哭起来

12. 当我离开房间时，我家学步期宝宝会

A. 一开始时显得有点担心，但仍旧继续玩自己的

B. 显得有些担心，但通常不会太在意，除非此时累了或生病了

C. 立即哭起来，仿佛觉得自己没人要了

D. 跟着我追

E. 举起双手并大声哭泣

13. 当我们在外面玩了一圈之后回到家时，我家学步期宝宝会

　　A. 非常迅速且轻松地安顿下来

　　B. 需要几分钟时间来适应

　　C. 容易闹脾气

　　D. 容易因为受到过多的刺激而很难安静下来

　　E. 显得很愤怒、很痛苦

14. 我家学步期宝宝最突出的地方是

　　A. 举止得体，适应力强

　　B. 符合婴儿成长的各项指标，每个阶段都跟书上说的一模一样

　　C. 对一切都很敏感

　　D. 争强好胜

　　E. 脾气急躁

15. 当我们参加有孩子认识的成年人以及小孩子的家庭聚会时，我家学步期宝宝会

　　A. 先打量一下周围情形，不过通常能直接融入众人当中

　　B. 只需要几分钟就可以适应这种环境，尤其是在人很多的情况下

　　C. 很害羞，依偎在我身边或爬到我的腿上，还有可能会哭起来

　　D. 直接闯入人群当中，尤其是有其他孩子时

E. 当他准备好时会加入进来。但若是我敦促他，反而更加不肯动

16. 在餐馆，我家学步期宝宝会

   A. 乖巧得如同模范宝宝

   B. 可以安安稳稳地坐上大约 30 分钟

   C. 人多嘈杂时或是有陌生人过来搭话时，容易受到惊吓

   D. 安静坐在桌旁的时间不会超过 10 分钟，除非他正在吃东西

   E. 最多能坐上 20 分钟，但一吃完就要马上离开

17. 最能准确描述我家学步期宝宝的一句评论是

   A. 你几乎都不知道屋子里还有一个小家伙

   B. 他很容易相处，也不难预料他的下一步举动

   C. 他是一个需要你小心翼翼对待的孩子

   D. 他什么都喜欢去戳弄——当他不在婴儿床或宝宝围栏里面时，我必须时时盯紧他

   E. 他很严肃——似乎装了满脑袋的事情，总在思考很多问题

18. 最能准确描述我家宝宝从婴儿期到现在与我相互交流的一句话是

   A. 他总能让我明确地知道他需要什么

   B. 大多数时候他的提示我都容易弄明白

   C. 他经常哭，可我却找不到原因

   D. 他会用动作和足够大的声音，非常明白而坚持地告诉我他喜欢什么、不喜欢什么

E. 他经常以大声而且愤怒的哭叫来吸引我的关注

19. 当我给我家学步期宝宝换尿布或穿衣服的时候，他

　　A. 通常都是乐于合作的

　　B. 有时需要分散他的注意力才能让他不再乱动

　　C. 会感到生气，有时还会哭闹，尤其当我试图敦促他配合时

　　D. 不愿意，因为他不喜欢一直躺着或坐着不动

　　E. 如果我花费的时间过长，他会变得烦躁起来

20. 我家学步期宝宝最喜欢的活动或玩具类型是

　　A. 几乎任何能让他立即看到结果的东西，比如简单的拼搭玩具

　　B. 适合他年龄的各种玩具

　　C. 只需要单一动作的，声音不太响亮的，或是刺激不多的玩具

　　D. 可以敲打出巨大声响的任何东西

　　E. 几乎任何东西都行，只要没人来打扰就好

　　你在回答上面的自测问卷时，请在一张纸上逐条写下A、B、C、D、E中的恰当选项，最后统计一下每个字母你各写了多少次，并以此来判断孩子是属于哪种类型的。

　　A. 天使型宝宝

　　B. 教科书型宝宝 ①

---

① 意思是孩子在成长各阶段的各个指标都符合教科书上的内容。——译者注

C. 敏感型宝宝

D. 精力旺盛型宝宝

E. 脾气急躁型宝宝

嘿，学步期宝宝，你好！

当开始统计你家学步期宝宝的"评分"时，你可能发现某一两个字母出现的频率是最高的。在你开始阅读下面的解说前，请记住，我们这里讲述的是孩子在普通日常生活中的表现，而不是某个偶尔糟糕的日子，更不是与某个特定发展里程碑（比如宝宝长牙）相挂钩的特定行为。

你可能会发现你家宝宝分毫不差地符合下列某一类型孩子的描述，也可能发现在好多类型中都能看到他的影子。请你务必通读下列所有五种类型的讲解，因为即便某个类型看上去跟你家宝宝毫无干系，可是，通读所有类型的描述仍能帮助你更好地了解你家宝宝社交圈中的其他孩子，比如亲戚家的孩子或是小玩伴们。在本章的开头部分我所描述的五个宝宝，其实就是各个类型宝宝的典型范例。

天使型宝宝。到了学步期仍能"乖巧得如同模范宝宝"，那就是天使型的孩子。这种孩子通常非常喜欢与人交往，能立即融入任何群体，而且在大多数环境中都能怡然自得。他们往往比同龄孩子更早开始说话，至少能更清晰地表达出自己的需求。

如果他们想要的某种东西是你不能给的，你会很容易在他们的情绪开始升级之前就把他们的心思吸引到别处去。而当他们真的很不开心时，在彻底发脾气之前让他们平静下来也是相当容易的事情。在玩耍中，他们可以有很长的持久力专注于某一项活动。这是一类非常容易哄劝、非常容易带着到处旅行的孩子。比如说，你在本章开头就看到的小安德烈娅，她就经常跟随父母一起四处旅行，并且能毫不费力地跟上他们的步调。即使日常作息规律发生变化，安德烈娅也能立即适应。有一次，她妈妈想给安德烈娅换个午睡时间，因为那个时间段跟她妈妈的日常安排起了冲突，结果，这个小家伙只用了2天就顺利"换档"了。安德烈娅跟其他幼儿一样，也有过对换尿布不耐烦的阶段。但是，她妈妈只需给她一个吊坠玩具让她抓在手里，就足以让她分心，从而完成这项任务了。

教科书型宝宝。与婴儿期一样，学步期宝宝在发育进程上仍能几乎分毫不差地抵达一座座发展里程碑。你可以说他们方方面面都能跟教科书相吻合。在社交场合他们通常都能过得很愉快，只不过在一开始面对陌生人时会有些害羞。他们在自己熟悉的环境中最为自如，而且，只要你的出游计划安排得当，给了孩子充足的时间做好心理准备，那么他们在适应新环境的过程中不会有太大困难。这类孩子喜欢有规律的日常作息，喜欢知道接下来会发生些什么。塔克就是这样一个孩子。自出生以来，他一直都是个容易照料、容易预料、脾气和顺的宝宝。他的每个成长阶段都准确得像钟表一样，即使是学步期宝宝不那么受欢迎的阶段也同样按时来临，每每让他的妈妈惊奇不已。8个月大时，他开始出现分离焦虑；9个月大时，他长出了第一颗乳牙；1岁整的时候，他学会了走路。

敏感型宝宝。如同在婴儿期里一样，进入了学步期的小家伙依然十分敏感，适应新环境的速度也依然相当缓慢。他们喜欢待在一个有序的、熟知的环境中。在他们专注于某一件事情时，会很讨厌任何人的打扰。比如说，当他们深深沉迷于手中的七巧板时，你若过去让他们停下来，他们会很不高兴，而且有可能哭闹起来。他们还经常被人贴上"害羞"的标签，但很少有人能想道："哦，这是他的特质。"不消说，一个敏感型的学步期宝宝在社交场合中很可能表现不佳，尤其是他们觉得自己被逼迫时会越发糟糕。而且，他们往往不愿意跟别人分享自己的东西。小蕾切尔就是一个典型的敏感型宝宝。如果有人想要催促她、推动她行动，她就会陷入崩溃。她妈妈安的朋友带自家孩子加入了一个"妈妈和宝宝"的课程[①]，于是安带着小蕾切尔也一起来了，却不想她们为此陷入了一段很糟糕的日子。蕾切尔明明认识班级里的好几个孩子，可即使是这样，她也花了足足三个星期的时间才终于肯从妈妈的膝盖上下来。这让安不由得犹豫起来，不知道到底该怎么做："我是应该试着和她坚持下去，希望她能慢慢适应这个群体，还是应该把她留在家里，哪怕这样她会很孤独？"最终安选择了前者，但这简直如同一场战斗——每当遇到任何新情况时，都需要来这么一场战斗。然而，如果你不去推动他们、敦促他们，"敏感型"的孩子通常可

---

①是一种由家长陪同小宝宝一同玩耍的、类似于"幼儿园"的课程。由于家长也一起去，所以孩子的年龄限制更低，几个月大就可以。家长不但可以在老师教导宝宝们时观摩老师怎么跟孩子相处，更能在宝宝们的茶点时间倾听老师讲述科学育儿知识。——译者注

以成长为敏于思考、思虑周详的人，能在遇到各种情况时善于左右权衡。

脾气急躁型宝宝。这类孩子标志性的"狂风骤雨"般的脾气，从他们的婴儿期开始一直延续到了如今的学步期。他们很固执，任何事情都要按他们的方式来做才行。如果你在他们准备好之前就强行抱起他们来，他们一定会使劲扭动挣扎。妈妈想要教他某件事情该怎么做时，他会直接推开妈妈的手。他们最喜欢自己一个人待着，常常独自一人也能玩上很久。但是，他们可能缺乏在学习时或完成某项工作时所需的持久力，因此很容易陷入沮丧。心烦意乱时，他们很容易哭泣，而且哭得好像世界末日到来一般。因为这类孩子经常发现自己表达不清自己的意图，他们也容易对对方张口就咬，或者伸手就推。每当有家长敦促自家宝宝过来找我时，我总是这样对他们说："不要'让'他来找我。不要'让'他做任何事。要允许他按照他的而不是你的时间表来认识我。"这一点，对脾气急躁的幼儿尤其重要。你越是敦促得厉害，孩子就越是固执得厉害。还有，正如艾伦的父母所注意到的那样，你若胆敢提示孩子在人前"表演"，那就一定要承受得住后果。艾伦是一个非常可爱的小男孩，只不过，你必须让他自己来决定他要做些什么。假如你建议他当众"表演"一番（——"给你姑姑来几下'拍拍手'"），这个小男孩就一定会堆出满脸的不配合。（实际上，我很不喜欢看到任何孩子被推出来做这种表演。请见第 4 章第 114 页的引用栏。）另一方面，脾气急躁型的宝宝有时会像一个"穿越者"——他们往往富有洞察力，聪明机智，满脑子创意，甚至显得格外有智慧，仿佛他们从前来过这世间一样。

精力旺盛型宝宝。这是我们最为活跃的学步期孩子，他们非常健壮，很有主意，同时也容易发脾气。他们非常喜欢与人交往，充满好奇心，会比其他同龄宝宝更早地做出伸手指以及触摸某个人或某样东西的动作。这类孩子会是出色的冒险家，愿意尝试任何事情，而且非常坚定。当做成了某件事时，他们会表现出很明显的成就感。与此同时，他们需要非常明确的界限和规矩，这样他们才不会像压路机一样，横扫过挡在前面的任何人或物。一旦开始哭闹，他们的耐力和持久力都会变得相当可观，所以，如果晚上的洗漱还没有培养出良好的习惯与规律，那么每晚你都会陷入一场拉锯战。他们也很善于察言观色。比如小贝齐，她一边在我工作室的尿布台上蹦蹦跳跳，一边看她妈妈兰迪的脸色。再比如说，贝齐会把目光投向某样东西——也许是你告诉她不要去碰的那个插头——然后，一边逐渐朝那个插头走去，一边不时回头看一眼妈妈兰迪，以判断妈妈会有什么反应。和大多数精力旺盛型的宝宝一样，贝齐相当有主见。如果她和妈妈在一起，而爸爸想要把她抱过去，她有可能会伸手推开他。但是，只要对这类孩子引导得当，而且提供给他们释放能量的良好渠道，那么充满活力的学步期宝宝就有可能成为领导者，并且能在他们感兴趣的领域取得很高的成就。

也许你已经从上述描述中找到了你家宝宝的影子；也许他是两三种类型的综合体。不论你得出了什么样的结果，这些都只是用于启发你、指导你的信息，而不是向你报警的信号，毕竟，每种类型都各有其优势以及需要面对的挑战。此外，重要的不是弄清楚该给宝宝贴什么标签，而是要弄清楚孩子会出现哪些行为，以及你该如何对待自家宝宝的特质。事实上，贴标签并不是一个好主意。不论是孩子还是成年人，所有的人都会有很多不同的侧面，而不会仅仅只有某种单一特质。

比如说，一个"害羞"的孩子很可能是个敏感的、爱思考的、喜欢音乐的孩子。可是假如你认为那个孩子只是个"害羞"的宝宝，甚至更糟糕，一再将他的所有行为归咎于"害羞"二字，你就等于把他看作了一个"简笔画造型"，而不是一个充满活力的、生动的、完整的孩子。你当然也就看不清他这个真实而又立体的孩子。

还有一点请你一定要记住，当你告诉一个人他是个什么样的人之后，他很快就会真的变成那样的人。以我自己的家人为例，我有一个弟弟，小时候人人都说他是一个"不合群"的孩子。现在回想起来，他当年应该是个脾气急躁型的孩子，尽管这个标签绝对涵盖不了他完整的形象。他充满好奇、富有创造力和想象力。如今已经成年的他，仍然是一个充满好奇、富有创造力和想象力的人，而且，他仍然喜欢独处。假如你总是盯着他，希望他能多花点时间跟你在一起，那么你的一整天肯定就会因此毁了。但是，只要你能接纳他更喜欢自己的空间这一特质——不把这看作他不喜欢你的表现，并且记得他其实从小就喜欢这样——你就不会觉得他有什么不妥的了。事实上，只要你别去催促他，他可能会比你希望的还要更快地过来跟你在一起。

不消说，你可能不喜欢你在自己孩子身上看到的一切，甚至暗地里希望你家宝宝能换上另一种性格特质。可不管怎样你都必须面对现实，而不要心存幻想。作为父母，你的任务就是为孩子建立起一个良好的环境，让他的天性能在其中得到最大程度的扬长避短。

是天性还是学步期特性?

学步期宝宝有一个不变的特质,那就是他在不断地变化。这是因为他在不断地成长、探索和检验,所以每天都可能有不一样的地方。也许前一刻他还愿意配合,下一刻就变得固执己见。有时你会毫不费力地帮他穿好衣服,有时你必须追着他满地跑。也许他昨天还吃得津津有味,今天就变得格外嫌弃。在这样的艰难时刻,你可能以为自家宝宝的性子突然变了,但实际上是你家宝宝正处于又一个成长的飞跃之中。驾驭这些变化浪潮的最佳之法,就是不必过多予以重视。你家宝宝并没有遭遇挫折或是变得更糟,这只不过是他成长过程中的一小段而已。

接纳心爱的学步期宝宝的一切

只知道你家宝宝的类型是远远不够的,接受你所知道的信息同样非常重要。可悲的是,我每天都会遇到一些不肯接纳自家孩子天性的父母。这样的父母似乎从心底深处就无法欣赏从宝宝身上看到的和了解到的某些特质。或许他们明明有一个最可爱、最温顺,让其他父母都十分羡慕的孩子,可他们心里想的却会是:"他怎么就不肯跟其他孩子多些交往呢?"又或许,他们的宝宝因为想要一块饼干却遭到拒绝，所以正倒在地板上号哭，他们却说："我真弄不懂他——他以前从来没有这样闹过啊？"的确如此。这样的父母其实是在拒绝接纳自己的孩子。他们要么会为孩子的行为找借口，要么干脆质疑孩子的本性。他们并不知道自己的态度其实是在告诉自家学步期的宝宝："我不喜欢你——我要把你改造成我喜欢的样子。"

当然了，做父母的并不是有心不接纳自己的孩子，可他们的行为实际上就是如此。他们要么通过一副有色眼镜看到了一个难以相处的孩子，要么根本没看到孩子身上其实有多少优点。这是为什么呢？我已经挖掘出了几个原因，下面会以发生在我认识的几个家长身上的案例来向你解释事情背后的道理。

否认宝宝的迹象

家长在难以接纳自己的孩子时，往往会冒出下面这样的话来。如果你留意到自己说了这样的话，那就需要好好想想你的真正意念。

• "这只是阶段性的，他会走出这个阶段的。"这是你所相信的事实，还是你心中的希望？你可能不得不在这个阶段徘徊好长一段时间。

• "好了，没事的。"你这是想哄骗孩子去否定他自身的感受吗？

• "只要他能开始说话了，这孩子就会更好带了。"在不断的成长过程中，孩子的行为虽会出现改变，但极少会完全改变原本的特质。

- "哦，这孩子不会总是这么像一株害羞的紫罗兰似的。"可是每当他面对一种新的情况时，他可能还是手足无措。

- "我真希望他能……"或"为什么他就不能更……"或"他以前还曾……"或"他什么时候才能……"无论你想在省略号中填入什么，都可能意味着你并不能真正接纳他真实的天性。

- "对不起，我很抱歉，这孩子……"当父母替孩子向对方道歉时，无论是因为孩子做了什么，他们都是在暗示孩子错了，他不可以按照他的本来面目去说去做。我不难想象将来这孩子最终会坐到心理治疗师的办公室里说："我从来都不可以按照我自己的本来面目去说去做。"

成败焦虑：以阿梅莉亚为例。我真不敢相信如今竟会有那么多的年轻女子都很担心自己养不好孩子。这种焦虑从她怀孕起就已经出现，她会读一本又一本的育儿书，希望能找到最"正确"的育儿建议。但问题是任何一本书（包括这本书）中的建议，都不会是专门为你家宝宝量身定制的。你可能正在按照书中的指示使用某种技巧，可是你的孩子却并没有对此做出回应。于是你推断这是因为你自己什么地方弄错了。但是，这种对自我的怀疑并不能使你变成更为称职的父母。

更重要的是，成败焦虑使你无法清晰地看懂你面前的小人儿。且说回阿梅莉亚吧，她27岁的时候生下了伊桑，这个夫妻双方的家庭中唯一的宝贝孙子。阿梅莉亚阅读了大量育儿书，加入了妈妈网络论坛，并特别认真地按照书上的成长指标一路跟踪着小伊桑的发育。在伊桑的婴儿期里，阿梅莉亚就经常打电话给我，每次提问时总是这样开头："我看过的那本成长指标的书中说，伊桑现在应该是这样的……"每次电话都引出了她的某个新的担忧：宝宝的微笑、翻身、坐起。到了孩子学步期时，她的提问句式有了一些变化："我能做些什么来帮他爬得更好？"或"他现在应该喜欢拿手抓东西吃了。我能给他点什么吃才不会噎着他？"如果她读到了某个新的学说——比如说，应该教婴儿手语——她会立即跑去尝试。为幼儿开设了新的课程。她渴望立即加入，坚称伊桑"需要发展他的运动技能"或者"培养创造力"。市面上又有了什么新的玩具。她当然要买回来。在这位妈妈的生活中，似乎没有一天可以是白过的，她要不断地向小伊桑展示某种新的小玩意或是新的活动，好帮助他发育得更好、学会更多的动作。她认为这将有助于伊桑的发展，能教会他新的技能，或能让他比其他孩子更具优势。

"伊桑总是心绪不佳，"阿梅莉亚在她儿子 18 个月大的时候对我说道，"我担心他会变成一个有问题的孩子。"于是我和这对母子在一起待了几个小时。结果我发现，她在不断地硬塞些玩具给伊桑，或是硬要带他参与某些活动，在这个过程中，妈妈感受到的快乐远比孩子要多得多。她既不去观察也不想接纳孩子本身的天性，反而总是硬拽着他做这做那。她不给他机会自己去探索、去主动发掘感兴趣的事，只是不断地向他塞各种"好东西"。他的房间看起来已经像是个玩具店了！

想起我在他婴儿期就经常看到的皱眉，我对阿梅莉亚说道："伊桑从来都是这样的孩子，他并没有变。当初他是一个脾气急躁型的婴儿，现在他是一个脾气急躁型的学步儿。他喜欢依照自己的时间、选择和安排去玩耍、去活动。"我告诉阿梅莉亚，虽然她很想成为这世上最好的妈妈——这种热情显然已经过度了——可她并没有"看清"她眼前的这个小男孩。也许潜意识里她想要改变伊桑的天性，可这是无论如何也行不通的，她必须按照他的本来面目接纳他。

有句古话说得好：当学生做好了准备时，老师就会出现。阿梅莉亚后来的情形就是如此。她告诉我，她最亲近的小姨在过去的几个月里一直反复告诫她："在小伊桑的事情上，你做得太多了，也想得太多了，这个可怜的小家伙的日程被你安排得太满了。"阿梅莉亚坦率地对我承认："我根本听不懂她的话是什么意思。我想，也许问题的一部分原因在于每个人都称赞我是一个多么好的母亲，我越发觉得必须做点什么来证明我的确很好。"不消说，在阿梅莉亚开始学着慢慢放松下来之后，伊桑也变了，他变得更容易相处了。这并不是说他突然就变成了一个性情开朗的小男孩，而是他显然不再像以前那样做什么都不情不愿了。阿梅莉亚当然也变了。她意识到孩子的养育是一个漫长的过程，而不是一件可以一蹴而就的事情，她不需要让每一分钟都"丰富多彩"，都充满有意义的活动。她学会了在伊桑玩耍时克制住自己，容许他自己向她展示他喜欢做什么；她也开始懂得欣赏伊桑的独立性和干劲了。

完美主义：以玛格达为例。完美主义是上述成败焦虑被延伸到极致时的表现——它会进一步加深你戴着的有色眼镜的色调。我经常在30多乃至40多岁才决定当母亲的女性身上看到这种心态。此时她们已经在职业生涯中获得了成功，从容地掌控着一切。

玛格达就是一个典型的例子。人们认为她在 42 岁的年龄才决定生孩子实在不是明智之举。造成她"为母焦虑"的原因之一，就是她渴望能向别人证明她的决定其实是明智的。还有一个原因就是她妹妹的孩子"乖巧得如同模范宝宝"，所以她觉得自己也能生下这么一个天使型的宝宝，让她能轻轻松松地兼顾事业和孩子。

只可惜玛格达的孩子亚当是一个精力旺盛型的小宝宝，让她有些不知道该拿这个小家伙怎么办了。这很出乎她的意料，让她手足无措。她本是一个掌管着一家大公司的女强人，一向在董事会里对着众人指点江山，什么都能安排得井井有条。她生活中其他方面都非常成功，她想象着当妈妈也能像当女强人一样地轻松自在。当她的儿科医生将亚当哭闹的原因诊断为"疝气"时，玛格达还坚定地相信亚当就是一个天使型的宝宝——所以他再长大点就能顺利"走出困境"了。

但是，过了疝气的自然痊愈期（最多五个月）之后的亚当，仍然非常闹腾，当我遇到他时，13 个月大的小家伙就像是一个有发不完的脾气的可怕暴君。玛格达找出各种借口替他解释："他刚才没睡好……他只是有点起床气……大概是他在长牙吧……"她不但不肯承认亚当不是天使型而是精力旺盛型的学步儿，还为自己竟然需要我的帮助而感到羞耻。她的几个朋友曾经得到过我的咨询帮助，因此建议她也来找我做咨询。当她打电话给我时，竟要求我不要告诉任何人她找过我。

她的完美主义倾向使她把更多的精力都放在试图控制亚当而不是倾听与观察他之上。事情不仅如此，她还不知道应该为亚当设立明确的规矩与界限，反而一味地不断哄诱，指望她的甜言蜜语以及各种"贿赂"能让他安静下来，不再那么闹腾。玛格达比较独立。她很快就回到了工作岗位，虽然会抽出时间来陪伴亚当，但通常只有母子二人，最多再加上爸爸，极少跟其他家长和孩子们在一起。我敦促她参加一个宝宝小组，这样她就可以看到其他孩子彼此间是如何互动的。果然，与其他妈妈的交流，加上与其他宝宝的接触，使玛格达获得了全新的视角。她不再固守亚当终会改变的幻想，接纳了他的天性，也不再一味替他的行为找借口。她开始矫正自己对小亚当的期望值，为他设定了明确的规矩，并且能在要求宝宝守规矩时首先克制住自己的脾气。她还为亚当的日常生活安排了大量玩耍时间，从而为他的旺盛能量提供了适当的出口。

不难想象这个过程在一开始时走得十分艰难。与一个从未守过规矩而且精力充沛的学步期宝宝打交道并不容易。此外，玛格达仍然希望别人能将她视为完美妈妈，然而这是任何女人都无法实现的目标。"就如同你在任何行业都必须掌握一套相应的专业技能一样，"我解释道，"怎么做母亲也是我们需要学习的技能。"诚然，我们没有专门的育儿学校，但我告诉玛格达，她可以利用她周围的资源——她能信赖的孩子家长、育儿研讨会以及育儿咨询师。最重要的是，她需要将"遵守规矩"视为一种养育和教导的方式，而不是惩罚系统，因为惩罚只会使得她那精力旺盛型宝宝的天性变得黯淡无光（更多内容请参见第 7 章）。

受他人言语困扰：以波莉为例。有些家长会因为其他人的观点和期望而陷入困扰——无论这些"他人的观点和期望"是真实的还是自己想象出来的。我们都在某种程度上屈服于这一点。我们会听取自己父母的意见，我们会担心邻居、医生或朋友怎么看待我们。有人能向你提出些问题固然挺好，能采集他人所长来提高你的育儿技巧也很有意义（如果能对你有所帮助的话）。但是，有些时候，这些来自别人的意见会淹没你自己的内在智慧。

26 岁的波莉就是这种情况，她嫁给了 36 岁的阿里，一个有中东血统的富豪。他是再婚，之前的婚姻留给他两个孩子。在认识阿里之前，波莉是一名牙科护士，也是独生女，家庭出身比起她的丈夫来要卑微很多。现在她住在洛杉矶顶级社区贝莱尔的一栋豪宅里，有个将近 15 个月大的女儿阿里尔。有一天，波莉因为女儿的事情流着泪打电话向我请求帮助。她说道："我希望我为这个小女孩所做的一切都是对的，可现在我却觉得我所做的一切都是错的。她太难带了，我实在不知道该拿她怎么办。"

波莉感到自己很无能，十分羞愧。她自己的父母经常从外州打来电话，其中自然少不了对外孙女的关怀。波莉将他们的担忧视为批评，这有可能是真的，也可能是她以为的（我并未见过她父母，他们的话我只是听波莉转述的）。还有，阿里的母亲就住在波莉家附近，而且显然她不仅更喜欢儿子的第一任妻子卡门，更是对波莉的育儿手法相当不满意。做婆婆的经常随口对波莉说些不中听的话，比如说，"哎哟，卡门带孩子时可有一套了"，或是"我另外的孙子和孙女从不哼哼唧唧的"。有些时候，这样的指责还会变得毫不含蓄："我真不知道你在对这孩子干些什么。"

在与波莉进一步的交谈中，我发现她心里还有一个荒谬而且可悲的念头：只要小宝宝哭了起来，就意味着她不是一个好母亲。因此，过去的这一年中，她把大部分的精力都花在了尽量让阿里尔别哭这件事情上。结果，她的教科书型宝宝在学步期变成了一个索要无度的孩子，而且从没能得到机会学习自我安慰和耐心等待。更加糟糕的是，阿里尔现在已经学会了利用她母亲的焦虑心态，操纵起她母亲来越发得心应手。因为这个小家伙经常去抢其他孩子的玩具，甚至为了得到她想要的东西而伸手打人，所以阿里尔成了宝宝小组中不受欢迎的孩子，其他孩子家长更是对波莉从不管教她女儿这一事实感到相当不满。

我帮助波莉的第一步，是让她明白她自己的和听来的那些看法如何阻止了她看清楚阿里尔的真实天性。波莉需要自己去观察，认清阿里尔的行为并非出自她的本性，而是波莉没能为她设定规矩所造成的后果。阿里尔不是一个天生的"坏"孩子，学步期的她并非天生就"任性"甚至是"坏心眼"。后来的事实也的确表明如此，这个学步期孩子本是一个教科书型宝宝，当有了明确的规矩之后，她开始变得乐意合作。尽管我们还是为此花了好几个月的时间做调整，好在清醒过来的波莉不断地修正自己，逐渐懂得如何顺应阿里尔的天性，还学会了在阿里尔的情绪升级到大发脾气之前就熟练地转移她的兴趣点。（有关处理孩子大发脾气的技巧，请参阅第 7 章以及第 8 章。）

随着时间的推移，波莉甚至能够坦然告诉她婆婆，说她的那些话对自己没有什么帮助。她对我说道："有一天，我婆婆对我说她觉得阿里尔似乎'比平时更合作了'，我说，感谢她注意到了这一点；同时我也明白地告诉她，阿里尔其实一直就是个很容易带的孩子，只是我还需要多加练习，才能更好地回应她的各种需求。我还解释说，因为我能更明白地看懂自己的女儿了，小阿里尔于是变得更加愿意配合了。有意思的是，打那以后，我婆婆也变了，不但更能帮得上我，而且也不再那么挑剔了。"

受童年经历影响：以罗杰为例。从小宝宝刚出生的那一刻起，所有人都开始寻找宝宝与家人相像的地方："那是他爸爸的鼻子""那是他妈妈的头发""那是他爷爷皱眉的样子"。家长们几乎没人能忍住不去拿宝宝跟自己相比，这本是一件自然的事情。毕竟，这个可爱的小生命来自你的骨血，来自你的基因，谁能抗拒得了？然而，当对这种相像的期望值超越了孩子本身的天性时，问题就出现了。你学步期的宝宝可能看起来挺像你，甚至举止也有些像你。但是，不论像你还是不像你，他都是一个独立的人。而且，当你用你父母小时候对待你的方式来对待他时，他有可能并不会做出你小时候那样的反应。可问题是，有时候家长太希望孩子能像自己了，因此完全无法看明白这一点。罗杰就是这种情况。身为一名空军将领的儿子，他一心要把自己的儿子"培养"成一个男子汉。罗杰自己小的时候一直非常害羞，但他的父亲在他只有3岁时就下定决心要"把他变成一个真男人"。

转眼30年过去了。罗杰如今也成了父亲，他儿子萨姆现在是一个敏感型的学步期孩子。这个小男孩与罗杰小时候简直没什么两样。婴儿期的时候，小萨姆就很容易被突如其来的噪声吓到，日常生活中的任何变化都能让他张皇失措。罗杰一再问他的妻子玛丽："他这是怎么了？"萨姆8个月大的时候，罗杰便决定是时候让他的儿子"坚强起来"了，就像他父亲当年对他所做的那样。他不顾玛丽的反对，固执地把萨姆抛向空中。第一次尝试的时候，萨姆就害怕得厉害，足足哭了半个小时。罗杰不肯放弃，第二天晚上他又试了一次，直到萨姆直接吐了他一身。玛丽非常生气。可罗杰却为自己辩护说："我什么样的事情都经历过了，正因为如此我才变得像今天这般强壮。"

在接下来的一年里，罗杰和玛丽经常为了萨姆吵架。罗杰认为玛丽把他们的儿子当成了小姑娘来养；玛丽则认为罗杰对待孩子刻薄至极，毫无怜惜。萨姆2岁时，玛丽带他参加了宝宝音乐课。刚开始的几堂课上，萨姆都一直坐在妈妈的腿上，玛丽也一直耐心地等待他能自己动起来。可罗杰听到这种情况后却说道："让我带他去。我相信他能行的。"结果萨姆仍然不肯去拿任何一种乐器来玩，更不用说与其他小孩子互动了。于是，感到挫败的罗杰直接用上他父亲当年对他用过的方法，"激励"他儿子去参与活动。他不容置疑地说道："你拿上这个手鼓，进到那群人里去。"

不用说，从那天起萨姆便倒退了一大步。只要玛丽开着车进到音乐课所在的停车场，他就会尖声大叫。可是，他一再被强行送到那个可怕的地方。玛丽于是找我寻求帮助。听她讲述了她的困难之后，我建议让罗杰也一同参加我们的会谈。"你们俩有一个敏感型的小男孩，"我对他们两人说道，"他有非常明确的好恶。为了让他充分发挥天性，你们必须给他更多的耐心。要允许他以他能感到舒服的方式参与到大家的活动中来。"罗杰对此表示反对，还给我来了一通"我就是这么坚强起来的"激情演讲。他解释说，当年他小的时候，无论是在家庭聚会上还是在空军基地与其他孩子的活动中，他父亲总是坚定地把他推进"战场"。这些场景是否让年幼的罗杰感到不舒服，或者他是否做好了心理准备，全都不重要，罗杰坚持说："我通通经历了过来，也活了下来。"

我这么回答他："也许你父亲的方法确实对你有好处，罗杰，也许你已经忘记了当初你有多么害怕。可话说回来，我们都已经看到，你小时候的那套办法对你儿子不起作用。我劝你至少试一试另一种不同的做法。比如说，你可以给萨姆买一个手鼓，让他在家里自己玩。如果你能给他一个机会，让他以自己的方式和他的时间表——而不是你的时间表——进行探索，他可能就会变得更有勇气往前走。与此同时，萨姆需要你的耐心和鼓励，而不是你的贬低，才能建立起他的自尊与自信。"值得称赞的是，我的这番话罗杰到底听进去了。许多父亲都应该向罗杰学习，而且一旦他们真听进去了，那么这无疑是一份给自家孩子尤其是儿子最好的礼物。给予小男孩温和的支持，而不是以强硬手段逼迫他们变得坚强，会让这些小家伙更有意愿去探索这个世界，而且这还能培养他们遇事跟家长有商有量的能力。

"不合拍"：以梅利莎为例。有些父母会认为孩子跟自己"不合拍"，这种想法并不新鲜。大约 20 年前，当心理学家开始将一个人的特质视为与生俱来的现象之时，他们也很自然地开始观察父母的天性。有些父母与孩子的组合可能属于"易燃"类型，但是，即便他们之间再怎么"不合拍"，我们也没办法把孩子给塞回去！正因为如此，我们必须对亲子之间发生破坏性和危险性冲突的可能保持警觉。下面我们来说说梅利莎的故事。她是一个精力充沛的电影制片人，每天工作 16 小时对她来说根本不算什么事。她的女儿拉尼是个几乎任何时候都很乖顺的天使型宝宝。拉尼出生时我就和这个家庭在一起工作。我清楚地记得，当拉尼还只有 4 个月大的时候，梅利莎就开始争取让她女儿进入"合适的"幼儿园了。她还决定要把拉尼培养成一名舞蹈家。天哪，可怜的小拉尼还没站起来就穿上了芭蕾舞短裙！梅利莎并没有意识到这一点，她也不认为她现在对 2 岁的拉尼的日程安排已经有些过分。但是，在我所带领的一个学步期宝宝小组中发生的事情引起了我的注意。

"我们现在开始要上音乐课了。"梅利莎向其他妈妈宣布道。

"真的吗？"凯莉问道，"肖恩在刚才的活动之后拉了臭臭，我必须让他小睡一会儿，不然的话，接下来的一整天里他都会是个小磨人精。"

"我家拉尼在过来的路上已经在车里打了个盹,"梅利莎有些自豪地说道,"然后她就没事了。这样的她将来定会成为一个真正的演员。"

那天,等其他妈妈离开后,我把梅利莎叫到了一边。"前几天你曾对我提到过,拉尼最近情绪不佳的时候似乎更多了。梅利莎,我觉得她应该只是太累了。"梅利莎显得有些生气,但我继续往下说,"你看她,要么是在你为她报名的众多课程的一堂课中,要么是跟你一起去了电视台做表演。她只有2岁,白天几乎都没个喘气的工夫了,又怎么可能还保持得住对任何事情的兴趣。"

一开始梅利莎还辩解说拉尼"喜欢"跟她在一起做这做那,"喜欢"她为其计划的所有活动。但我向她指出其中还有另一种可能性:"她会跟你去,不是因为她真的喜欢,而是因为她太乖顺了。但在某些时候,她显然已经筋疲力尽。这就是她会变得没精打采的原因。如果你再不好好爱护她,终究会害人又害己的,你的天使型宝宝那时也许看起来会更像一个脾气急躁型的宝宝了。"

我建议梅利莎放慢脚步:"要让拉尼能真正参与并享受其中才好,事情贵精不贵多。"梅利莎并不是一个愚蠢的女人,她完全听明白了我的意思。然后,她向我坦承了一件任何精力旺盛型的人都能理解的事情:她其实很喜欢她给拉尼安排的那么多活动的"副产品",也就是她自己的社交活动,包括跟其他妈妈聊聊闲话、交换想法、比较笔记等。她也乐意到处炫耀她的宝贝女儿,因为拉尼实在是太可爱、太懂事了,她愿意看着拉尼在人群中穿梭。梅利莎还很喜欢与家人和朋友分享她在拉尼参加的各个兴趣班中的有趣事件,每每聊得眉飞色舞。

"再说了，特蕾西，这些对拉尼难道就没有好处吗？"梅利莎反问道，"她难道不需要跟其他孩子在一起吗？让她多经历一下外面的各种事情难道对她不好吗？"

"亲爱的，她还有好多好多年可以从生活中学习，"我回答道，"没错，她是需要跟其他孩子在一起，但是，她也需要你在她累了的时候尊重她的感觉。在她心情不好时，你总是来问我'她怎么了？'，其实，她闹脾气不是为了要惹你生气，她只是在告诉你：'我累得受不了了。如果你再把那个讨厌的手鼓塞给我，我就会直接把它扔还给你！'"

看清自己才能更好地爱宝宝

看过上述父母不愿接纳自己孩子天性的几个案例之后，你也许从中看到了自己的影子。你还可以对照下面这个检查清单，提高自己的敏感度和观察力，让自己看得更清楚。

• 自我反省。好好看看你自己是什么类型的，无论是今天的你还是孩童时期的你。要关注你自己的特质和性格，关注你自己头脑中的声音。

• 加入一个宝宝小组，好好看看其他孩子的行为和反应。认真观察其他孩子，也认真观察你家孩子与其他孩子的互动，这对你和孩子都非常重要。

• 请记住，有些旁人的意见是值得倾听的。请跟你能够信赖的其他家长多多交谈，并以开放的心态听取他们对你家孩子的观察结果。不要把别人的意见都当成是对你家宝宝的贬低，不要把别人的善意当成是批评。

- 把自家孩子当成别人家的孩子来观察——这下子你会看到些什么呢？稍微退后几步，尽量客观地观察。这个举动能带给你家宝宝以及你自己很大的好处。

- 做一个计划，努力让自己做出改变。要拿出具体措施，为你家孩子提供能满足其独特需求的支持。同时还请记住，改变是需要时间的。

做出改变的计划

在前面所写的每一个故事中，我都首先尽量让家长能意识到是什么遮住了他们的眼睛，以便他们从此能够更真切地看懂他们的孩子（以及他们自己）。可是，要带着客观的眼光去观察，不是每个人都能轻易做到的。比如上文中的梅利莎，她后来很认真地按照我的建议，"尝试"着放慢了脚步，努力将拉尼的需求跟她自己的需求区分开来，不过，她还有很长的一段路要走。前不久我还听人说，她又在向其他妈妈吹嘘她的拉尼有多"乖"，可以在《狮子王》的整场表演中端坐不动。所以我想，要改掉一个人的旧习惯当真是很困难的事情。

如果你从上面这些故事中看到了自己的影子，如果你听到自己说出了类似前面的插入栏中的那些话（第26页插入栏），你可能就是很难接纳孩子真实天性的家长之一。若果真如此，你需要做出一个自我改变的计划：

1. 退后一步。以诚实的眼光观察你的孩子。你有没有忽视或低估他的特质？再回想他小时候的情景，你会找到辨识他的性格特征的线索，很可能那是从他出生那天起你就已经注意到的事情。要留心这些信息，而不是把它们抛到脑后。

2. 接纳你所观察到的。不要只是口头上说你爱自己的孩子，要真心实意地拥抱你的孩子。

3. 好好观察你有哪些行为会与你家孩子的特质相冲突。比如说，你是否给你脾气急躁型的孩子留出了足够的空间？你是否对你敏感型的孩子说话声音太大，或是动作太快？你是否为你的精力旺盛型的孩子安排了充足的活动？

4. 改变你自己的行为，构建出能满足你家孩子需求的良好环境。当然，你也要留给自己做出改变的时间。此外，我不可能提供一张精确的路线图给你，因为每一个孩子都是独一无二的。不过，在下一章中，我会给你一套非常实用的"帮助诀"，指导你如何尊重孩子的天性，如何为他设立有利于他茁壮成长的框架和界限，从而助你走过这条蜿蜒曲折的育儿之路。

第 2 章

H.E.L.P. 策略：化解日常危机的方法

我请求你的原谅，亲爱的，

原谅我在本该倾听你的时候说了话；

在本该耐心待你的时候生了气；

在本该等待的时候先动了起来；

在本该替你高兴的时候害怕了；

在本该鼓励你的时候责怪了你；

在本该夸奖你的时候批评了你；

在本该说"行"的时候说了"不"；

在本该说"不"的时候说了"行"。

——玛利安·赖特·埃德尔曼

《衡量我们成功的标准》

两位妈妈的故事

我并不相信任何孩子会是"坏"孩子——他们只是还没有学会在与人交往中体谅他人；同样，我也不相信有"坏"的妈妈或爸爸。毋庸置疑，我遇到的家长当中的确有一些人似乎天生在养育子女方面比别人做得更好，不过，以我过去的经验（以及科研结果）而言，几乎所有人都能学着做得更好。说到这里，且让我以我所认识的两位妈妈的故事为例，来向你证明这一点。

一个宝宝小组正在活动中。四个可爱的学步期孩子，年龄都在 2 岁上下，相差不过数月，他们正在一堆玩具和布偶当中来回穿梭。而他们的妈妈——从宝宝们刚出生不久就相互认识的四位女性——正坐在屋里靠墙摆放着的几张椅子和沙发上。在这四位妈妈当中，贝蒂和玛丽安娜一直因为很"幸运"而备受艳羡。贝蒂家的塔拉和玛丽安娜家的戴维都是天使型的宝宝，在婴儿期里很早就能睡通宵，也很容易带着到处出游；而现在，已经进入学步期的他俩同样很容易适应各种社交场合。只不过，最近关于戴维的抱怨声偏多了，而只要你好好观察一下这两位妈妈与孩子互动上的差异，相信你不难发现原因何在——其中一位妈妈把自己的位置摆得很合适，靠直觉就能明白她怎么做会更有利于她的孩子。另一位妈妈虽然对孩子也很和善，可显然还需要一些指点。你大约很容易就能猜出谁是谁。

在孩子们玩耍的过程中，贝蒂很放松地向后靠在椅背上，用心观察着孩子；玛丽安娜则是上身前倾，屁股半挂在她座椅的边缘。假如塔拉还不太情愿加入其他孩子的玩耍，贝蒂会安心等塔拉做好心理准备后自己加入其中。相比之下，玛丽安娜却会急着将戴维推入场。当他表示抗议时，玛丽安娜是这么对他说的："好啦，有什么不愿意的？你不是喜欢和汉娜、吉米和塔拉一起玩吗？"

当孩子们忙于玩耍时——这对学步期幼童来说是件很认真的事情——贝蒂会让塔拉自己应对各种小麻烦。比如说，有个小伙伴走过来，打扰了塔拉正在做的事情，贝蒂看到了，却有意克制住自己不立即上前帮忙。她让两个孩子自己解决问题，毕竟还没发生谁在打人或是推人。可相比之下，玛丽安娜总是紧绷着她的那根弦，目光一刻不离戴维左右，每当她看到戴维似乎要遇到麻烦时就赶紧冲上去。她嘴里不断地冒出"不要那样做"的指令，有时是针对戴维的，有时是针对其他孩子的。

活动进行到大约一半时，戴维开始去其他妈妈那里找零食。他仿佛知道去找谁能找到吃的。贝蒂一向会带一些零食给塔拉备着，于是她拿出一个装满小胡萝卜条的包装袋，伸手进去抽出几根，递给了戴维。玛丽安娜面上有些尴尬，说道："谢谢，贝蒂。今天早上我们走得太匆忙了，没来得及准备些吃食。"其他妈妈都会意地瞥贝蒂一眼。这显然不是玛丽安娜第一次"忘记"了。

大约一个小时之后，这一次的宝宝小组活动已经接近尾声。塔拉开始显得有些浮躁。贝蒂见状，当即以一种不会让她的小宝宝继续勉强自己的态度，干脆利落地说道："我家塔拉已经累了，我们现在就回家啦。"看到贝蒂抱起了塔拉，戴维也将他的一双小胳膊伸向玛丽安娜，还带上了一点哼哼唧唧，这个动作很明显是在告诉他妈妈："我也很累了。"玛丽安娜的回应是弯下腰哄劝戴维继续玩下去。她给了他一个不同的玩具，这倒是起了一点作用，不过几分钟之后，戴维就崩溃了。他试图爬进一辆游戏小车——当他不那么累的时候，他很容易完成这个动作——结果却摔倒在地，然后他就哭了起来，怎么都哄不住。

　　我亲眼看见的、出现在我主持的宝宝小组活动中的几组镜头，突显出了两位妈妈在育儿方式上的重要且普遍的不同之处。贝蒂敏于观察，而且懂得尊重孩子的感受。她为可能的突发事件做好了预案，并且在孩子需要时迅速加以响应。玛丽安娜对戴维的爱当然不会弱于贝蒂对塔拉的爱，但是，她需要一点指导。她需要"帮助诀"，也就是 H.E.L.P.。

H.E.L.P. 策略的概述

　　如果你读过我写的上一本书，你一定知道我喜欢用首字母组成的缩略词，因为这个办法有助于家长牢记一些基本原则。在忙碌的日常生活中，我们很难维持思绪的连贯性；而在照顾小婴儿和学步儿的忙碌中，要记得很多东西那就更难了。为此，我想出了由四个首字母组成的缩略词，用来提醒你四个基本要素。这四大要素不但能帮助你和孩子建立起健康的亲子关系，保护你家宝宝远离伤害，同时还能促进你家学步期孩子的成长与独立。这个缩略词就是 H.E.L.P，其四个字母分别代表的意义是：

H：克制住你自己（Hold yourself back）

E：鼓励孩子探索（Encourage exploration）

L：立规矩设界限（Limit）

P：称赞孩子（Praise）

这个"帮助诀"可能听起来过于简单化，但事实上它归结出的是育儿之道的核心要素（顺便说一句，这些核心要素可不仅仅适用于幼童）。针对"亲子依恋"——孩子和父母之间培养出来信赖关系——的最新研究清楚地告诉我们，只要孩子有了安全感，他们就会更愿意自己去探索，更能处理好内心压力，更容易学会新的本领以及与人交往的能力，而且，更容易相信自己有足够的能力面对他们所处的环境。H.E.L.P. 所总结的就是帮助孩子培养安全感的主要因素。

通过"**克制住你自己**"，你就能收集到更多信息。你在观察，在倾听孩子，在了解事情的全貌，以确定你家宝宝的整体状况——如此这般，你就能够预料到他的需求，洞悉他对周遭的反应。同时这也是你在向孩子传递"他有能力"而且"你信任他"的信息。当然了，如果看到孩子需要你了，你也会向他伸出援助之手；只不过，这与你有事没事就赶紧去"救"他是不一样的。

> ### 关于"依恋"的好消息
>
> 对大多数孩子来说，他的主要依恋对象会是妈妈，当然了，任何一直照顾他、爱护他、对他投入了真感情的人，都可以成为他的依恋对象。而且，这些让他感到依恋

的人不会被相互替换，只要我们想想自己的奶奶去世时自己心里有多难过就能明白。最近的研究表明，宝宝对这一个人的依恋并不会削减他对另一个人的依恋。换句话说，宝宝妈，请你别担心。尽管你家宝宝整天都和爸爸或者其他看护人在一起，可他一看到你走来，仍会欢欢喜喜地向你跑去，还要让你亲亲他的"包包"①。

通过"**鼓励孩子探索**"，你告诉你家宝宝你相信他有能力去面对生活中遇到的一切，而且你希望他去尝试去探索，包括对物、对人，乃至对各种想法的探索。他会知道你就在那儿，他一回头就能看见你守在一旁，也知道你不会上前指手画脚。他明白你的意思是允许他"可以再往远处走走，看看那里有些什么"。

通过"**立规矩设界限**"，你以恰当的方式维持着你"成年人"的角色，确保你家孩子在安全范围内行动，帮助他做出更恰当的选择，阻止他做出对身心有害的不当行为——因为，你作为一个成年人，比他知道得更多。

通过"**称赞孩子**"，你强化着他的学习、成长和得体行为，而这些是他走入外界与其他儿童和成人互动时所不可或缺的。最新研究告诉我们，受到适当称赞的孩子会更愿意学习，更愿意与父母合作，更容易接受父母的意见。不但是孩子，父母也因此更乐于悉心教导孩子了。

现在，让我们来更详细地讨论一下 H.E.L.P. 中的每一个字母。

---

①指包扎起来的以及没包扎的小伤口，比如手指上的创可贴，或者额头上的一个小青包。——译者注

H——家长为什么要克制自己？

有些家长——我称他们为家长——天生就善于克制自己。他们往往在自家宝宝还是小婴儿时就已经学会了克制自己。可是，更多的家长却需要学习这项技能。他们就像玛丽安娜一样，都是些充满善意的家长，愿意为自家孩子提供最好的帮助，可往往"帮助"得过了头。他们可能会一直"罩着"自己的孩子。"罩着"这个词，用我认识的一位家长的话来说，就好像悬浮在孩子头顶一样时时刻刻监视着他的一举一动。针对这一类父母，让他们先理解为什么克制如此重要，往往会大有裨益。

不是我喜欢自夸，跟我一起学习过《婴语的秘密》的妈妈和爸爸们（我希望读过我这本书的人也一样），通常在他们的小婴儿成长为学步期宝宝时已经充分掌握了 H.E.L.P. 中的 H 字诀。这是因为许多家长都一直在运用"慢步诀"S.L.O.W.[1]，这是我在上一本书中传授过的一种技巧，专用来帮助家长理解小婴儿在试图"说"什么。

把 S.L.O.W. "慢步诀"装在心底的这些父母，学会了在孩子哭叫的时候克制自己，而不是立即冲上去。其实观察一两秒钟

---

[1] S.L.O.W. 四个字母代表的意义分别是：S：停下来（Stop）；L：倾听（Listen）；O：观察（Observe）；W：什么意思（What's up）。把四个词连起来，意思就是：看到小婴儿"有所表示"时，别立即行动，而是要先暂停一下，仔细倾听和观察，弄明白宝宝想表达的是什么意思。——作者注

也就足够了。这样的结果便是他们与小婴儿的交流越来越顺畅。随着小婴儿变成了学步儿，这套"慢步诀"训练得到的回报就更加可观。这时，不仅是孩子能更安心地独立玩耍，父母的心态往往也更加放松。他们对自己的观察越来越充满信心；他们知道自己的孩子有什么样的秉性、什么样的喜好，知道什么样的事会让孩子厌烦——最重要的是，他们知道什么时候自己应该干预。

幸运的是，你任何时候开始学习如何克制自己都不会太晚（尽管我强烈建议你在孩子上高中之前一定要学会这一项技能！）。此外，我敢保证，在知道了你不学这一招的后果之后，你肯定不愿甘冒风险：就在你不断地干预、提示、纠正、帮孩子避免某种经历的过程中，你实际上是在不断地阻碍孩子的成长（当然，真有危险时除外）。你没能培养出他需要的技能；你在无意识中反复暗示他，若没有你的帮助他将一事无成。更何况，当你想"替"他做事时，他往往会变得更加气恼（见下面插入栏）。

对家长干预的情况：五种类型宝宝的反应

所有类型的宝宝都痛恨你"替"他做他该做的事，但是，不同类型的宝宝会以不同的方式表达自己的愤慨：

性格温和的天使型或教科书型的学步期宝宝，在你干预时可能不会抗议。可是，如果你没完没了地管闲事，到了忍无可忍时他们也会不悦起来，甚至会对你说："我自己来。"

精力旺盛型的学步期宝宝可能会对你大喊大叫，使劲拍打东西。

脾气急躁型的学步期宝宝可能会把你推开，或开始乱扔乱砸，如果这还不起作用，他们就会大哭起来。

敏感型的学步期宝宝可能不会哭，但他们会放弃。父母的干预会直接扼杀他们的好奇心，并让他们相信自己是没有能力做好的。

显然，有些孩子希望并且需要父母或其他看护人跟自己互动。要弄清楚孩子的意愿，唯一的办法就是先克制住自己，同时观察孩子的行为模式。他的天性是好奇、大胆、谨慎，还是容易满足的？他是渴望与你互动还是更喜欢自己玩？用心看，你就会明白。

无论你看到了些什么，我都提醒你不要把你自己看作孩子小小人生的舞台编辑。父母的作用是提供支持，而不是充当领导。下面这些建议应该有助于你做到自我克制。

让你家宝宝领头。如果是件新玩具，请让他自己先上前把玩、操作。如果是新情况或新地点，请等他自己从你的腿上爬下来，或是松开他握着的你的手。如果是与人初次见面，请等他在准备好了而不是你准备好了的时候，主动伸出他的双臂。当他寻求你的帮助时，你当然要随叫随到，但请只给他他需要的那么多的帮助，而不是全盘接管过来。

让事情顺其自然地逐渐展开。在你观察孩子的时候，脑海中可能会预想出各种可能性："呃，我觉得他不会喜欢那个玩具的。""如果那只狗靠得再近一点，他就该害怕了。"这么去预测固然挺好的，但请你不要过早下结论，更不要"放马后炮"。孩子昨天的口味或畏惧对象可能与今天的完全不一样。

别做讨嫌的人。每个人都讨厌爱管闲事的人或无所不知的人，学步期的孩子也不例外。不消说，你知道怎么搭积木才不会总是塌；你知道怎么更快捷地从架子上拿到那样东西。可你都已经长大了啊！与此同样重要的是，如果你总是这般替他做，他就没机会学到自己解决问题的本事；而你的一再干预也是在反复暗示他没本事做到——这个意念会一直跟着他，并在他将来面对任何新挑战时影响他的决断。

不要拿你家宝宝与任何其他孩子相比较。让他按照自己的时间表成长。我知道，这可能很难做到，尤其是当你们在公园里玩时，坐在你旁边的一位妈妈偏要拿你家孩子跟她家孩子进行比较（"哎哟，我看到你家安妮还只会爬呢"）。只要你为此心生焦虑，你家宝宝几乎在一瞬间就能感受到。请你把自己放在孩子的位置上，将心比心：如果有人拿你跟你的某位同事相比，甚至是跟你的"前任"相比，你会有什么感觉？不乐意，对吧？你家宝宝不会比你更乐意的。（更多有关比较的话题，请参阅第4章开头部分。）

请记住，你是你，不是你家孩子。所以，不要将你的感受投射到他的身上。没错，苹果是不会掉到远离树冠的地方去的①，但是，请允许孩子按照自己的步调成长，不能以你的偏见来逼迫他，正如前面讲过的罗杰所必须学习的那一课一样。如果你听到自己在说些诸如"我也不喜欢大型小组活动"或是"孩子爸爸也很怕事"之类的话，那么你可能对你家学步期宝宝的艰难过于感同身受了。有同理心固然很好，但在表达同理心的时候，应该先等你

---

①谚语，意思是孩子往往像其父母，其行为、各种习惯或倾向往往跟父母相差不大。——译者注

家宝宝自己（通过语言或行动）告诉你他的感受，然后你就可以回应说："我知道你的感受。"

E——鼓励和过度干预之间的细微差别

有时我向妈妈们讲解 H.E.L.P. 时，尤其是讲到不要干预的话题时，总会有听众变得眼神呆滞，看上去一脸迷茫。我很理解问题出在哪里。我们以格洛丽亚，也就是 11 个月大的特里西娅的妈妈为例，来分析一下许多家长大概都会有过的经历。格洛丽亚第一次把几何图形镶嵌板递给特里西娅时，她先是和宝宝一起坐下来，然后自己立即拿起里面的木块，对宝宝说道："看到了吗？特里西娅，这个是正方形的，那个是圆形的。"她一边说一边把每个形状的几何块都放进了相应的凹槽里。然后，她重新示范了一遍。直到这时候为止，特里西娅都还没有机会把她的手放到眼前的新玩具上。终于，格洛丽亚说道："现在，该你来做了。"她一边握住特里西娅的手，一边拿起一块正方形木块，放进了女儿的掌心，随后指着一旁的正方形凹槽，说道："放这里。"这时候，小特里西娅对这个新玩具已经完全失去了兴趣。

格洛丽亚显然在帮助孩子学习和扼杀孩子天然好奇心之间的这条窄缝上栽了跟头。妈妈的本意是为了避免女儿陷入沮丧而"救场"（说实话，这个孩子其实还没来得及对新玩具感到沮丧），可她这完全是在根据她的而不是她女儿的感受行事。她不是鼓励女儿自己做，而是直接"替"女儿做了，却不知道这一举动直接剥夺了特里西娅琢磨新玩具的乐趣。

我们来对比一下，一个善于鼓励的——懂得善用"帮助诀"的——家长会怎么做。她会克制住自己，先观察片刻，等着看孩子会先做什么。如果她看到孩子陷入迷茫，不知所措，她也不会因此就对孩子感到失望，而是会在这时做出适当的指点。她会这么说："看，珍妮，这个木块是正方形的，可以装进正方形的凹槽里。"珍妮可能会努力尝试好几分钟。但没关系，这本就是孩子学习耐心和毅力的途径。此外，学习的最佳动力是努力之后的成功，是成功时内心感受到的由衷快乐。可如果你过多地或过早地帮助孩子，你也就夺走了孩子体验这种成功和喜悦的机会。

"但我怎么知道她什么时候沮丧到了需要我干预的程度呢？"格洛丽亚问道，"如果看到她要将手指插入电源插座，我当然知道要立即阻止她。但是，像玩玩具这种她本就很安全的情况下，我就感到很为难了。我怎么知道什么时候是时候了呢？"

我告诉她："可以先问问特里西娅自己的感觉，如果她好几次都没能把木块放进方形槽里，你可以对她说：'没关系。我看到你正在努力。你想让我帮你吗？'如果她说：'不。'请尊重她的意愿。但是，如果她尝试了几次之后仍然放不进去，而且你明显看出她越来越心浮气躁了，你就可以再次尝试向她提供帮助：'我看到你已经觉得沮丧了，那就让我来帮你吧。'等方形木块终于进入了凹槽时，你要为她欢呼：'哇！你做到了！你放进去了！'"

这里的底线，是在你的孩子明确表示需要你帮忙之前，请不要主动干涉。更好地了解你家孩子，能使你更容易觉察到他的意愿。

"适度干预"的指导原则

只要你有耐心，能留给孩子充足的探索机会，能提供适合他年龄段的玩具，能给他以适当的引导，你就能成为一个懂得观察、尊重孩子、善于提供帮助的家长。在你打算向孩子提供帮助时，请参照以下指南：

• 了解孩子在沮丧时的声音和样子。克制住自己，观察他，直到你看到他陷入沮丧的那些迹象。

• 从告诉孩子你的观察开始："我看得出来，你遇到困难了。"

• 在你伸手相助之前，一定要先问问他："你想要我帮你吗？"

• 如果他说"不"或"我自己来"，请尊重你的孩子，即使这意味着他要不穿外套就走出家门。这本就是孩子的学习过程。

• 请记住，你家孩子所知道的实际上比你想象的要多很多——比如说，他知道他是否冷了、饿了、累了、在某个活动中玩够了、在某个地方待够了。不要试图以你的想法哄骗或说服他，因为那么做最终会让他不再相信自己的感受和判断。

了解孩子在沮丧时的表现。特里西娅还不太会说话，这意味着她不能直接告诉妈妈她感到沮丧或是需要妈妈出手相助。因此，我告诉格洛丽亚："你必须首先弄明白特里西娅感到挫败时会有什么表现。她会发出些哼哼唧唧的声音吗？会皱紧她的脸吗？会哭吗？"等特里西娅已经学会了说话时，格洛丽亚就会更容易权衡她是否需要帮助，因为她的词语中已经包含一部分的情绪描述。在等待她学会用语言表述的过程中，妈妈必须好好观察孩子的面部表情和肢体语言。（第5章中你会看到关于如何教导孩子使用语言表达情绪的更多内容。）

了解孩子的承受程度。有些类型的孩子会比其他类型的孩子更有耐心，更能持久，因此对挫折的容忍度也就相对高一些。脾气急躁型或敏感型的学步期宝宝在玩七巧板时可能只会尝试一两次，若还"对不上"就会立即扔到一边不再理会。天使型和精力旺盛型的学步期宝宝往往会有更长的持久力。至于教科书型的学步期宝宝，这取决于在他的环境中发生着的其他事情以及他的发育程度——比如说，当他正在练习走路时，就可能对玩七巧板没什么耐心。与其他四种类型的宝宝相比，敏感型的孩子容易在父母干涉过多时失去兴趣，这就是为何"帮助诀"中的"克制"这一条对他们来说尤其重要。特里西娅是一个敏感型的学步期宝宝，因此，格洛丽亚可以表示自己愿意提供帮助，但当特里西娅已经失去了兴趣时，格洛丽亚需要克制住自己，不再劝诱。

了解孩子的发育程度。懂得一些孩子成长发育的知识，对你确定何时该干预会很有帮助，对教科书型宝宝而言尤其如此，因为他们的成长进度似乎总能跟书上的提示相吻合。不论你家孩子属于哪种类型，你都需要时时问自己这样一个问题："我家孩子已经准备好参加这项活动了吗？"（在第4章中，我将谈及不可超出孩子的"学习三角"①的重

---

①一种有关幼儿认知的原理。这个"三角"的三条边分别是：学到了什么知识；能做到什么程度；实际上做出的结果。因此，在教导孩子时，要注意不可超出孩子的理解能力，不可超出孩子的动手能力，才能得到更理想的实际效果。——译者注

要性。）比如说，我注意到特里西娅手里拿着的东西放不下来，这在 1 岁或更小的幼儿中很常见。特里西娅是想要放下手里的东西的，可她的手心仿佛涂着胶水，东西被"粘"在了那里。这时，妈妈要求她"放下"就有可能超出了特里西娅的学习三角，这反过来又加重了她的挫败感，导致她更快地对几何板失去兴趣。

对幼儿来说，稍微有点挫败感是件好事，因为这能扩展他的能力范围，帮助他培养耐心，学会延迟满足。只不过，怎么提供恰到好处的挑战程度是很费脑筋的事情。如果孩子需要完成的工作是适合他年龄的，一般来说不太可能需要你过早干预"救场"；但与此同时，你也应该在那点挫折变成流眼泪或发脾气之前就采取应有的行动。而要掌握好这里的分寸，需要你仔细探查清楚自家学步期孩子的小小世界里面的一切。

关于 E 的补充—— 鼓励你的孩子在他的世界里探索

有些家长喜欢让家里堆满玩具，以及各种带有按钮、铃铛、哨音的小玩意。我总是忍不住要提醒这样的家长，给孩子提供能培养他各种技能的充足机会，其实是可以不用这么花钱的。这些家长坚称他们的目的是"最大限度地发挥孩子的潜力"，是为了"丰富孩子的成长环境"，而这时我总是强调在任何地方、任何环境中孩子都可以学到东西。只要家长有这个意识，有头脑、有创意，那么，每一天的每一刻都能帮孩子找到探索和体验的机会。

我喜欢见到另一种类型的家长。他们能意识到最丰富的学习环境就在他们的眼前，正等着他们的孩子去探索。他们能信手拈来各种学习机会，而不需要求助于价格昂贵的玩具仓库。布利斯和达伦是住在洛杉矶的一对30多岁的夫妇，那里的风气是"养孩子也要紧跟潮流"，影响着许许多多的家长，但是，这对夫妇却能做到"逆流而行"。布利斯和达伦的两个孩子分别是3岁的杜鲁门和18个月大的悉妮，他们为孩子们布置的小世界一直非常简单。小兄妹有很多的书、制作手工的材料、可以搭建的玩具，同时还非常善于利用家里的各种物品充当玩具——厕纸卷里的纸筒子、没用的纸盒子、碗碟等。他俩也花很多时间在外面玩耍，比如用泥巴修城墙，用木头搭碉堡，在水洼里踩水玩，等等。圣诞节的时候，杜鲁门和悉妮从父母那里收到的礼物只有两份，而不是像我在许多人家的圣诞树下看到的铺满一地的礼盒。

有一次，杜鲁门和悉妮来到我的办公室时，我有机会看到了这种教育对他俩的影响。我注意到杜鲁门喜欢我桌上的一套纸板积木，便问他是否愿意把它们带回家。他的脸上立刻绽放出笑容来，说道："真的？谢谢你。"他十分真诚地重复了一遍："谢谢你。"

不仅仅是杜鲁门的这份彬彬有礼，更重要的是他显然真的很感谢我给他的这份礼物。至少我可以说，他对这套简易玩具的回应令人耳目一新。如今，许许多多的幼儿被淹没在了玩具里，他们很快就对礼物或新奇东西没有什么感觉了。更糟糕的是，他们只玩那些专为他们设计的"自动"的、不需要他们动脑筋的玩具，于是他们被剥夺了动手、创新和解决问题的宝贵机会。

尤其是学步期的孩子，他们有着满满的好奇心，是正在成长中的小科学家。他们的眼睛睁得很大，头脑敞得很开，随时随地探索着一切。他们不需要用任何东西来刺激他们的好奇心。学步期宝宝们在收到生日和节日礼物时，往往喜欢去琢磨拆下来的包装盒，而不是盒子里面的礼物，你以为那是为什么？那是因为盒子可以变成孩子想象中的任何东西，而大多数新玩具都只能以某种特定的方式"操作"。纸盒子能让孩子享受好几个小时的、充满想象力的快乐玩耍。孩子们可以躲在里面，将纸盒子当作房子或堡垒；他们可以在纸盒子上乱跳，把盒子踩扁……无论他们怎么玩那纸盒子都不会有"正确"或"错误"之分。

在厨房里，你也能找到一个几乎每个孩子都会喜欢的玩具仓库：锅碗瓢盆、大小量杯、塑料碗盘、木头勺子。一个装满干豌豆的塑料容器（请密封好，用胶带固定）就是一个手鼓，一套小量匙就是一串响板，一个倒扣过来的塑料碗是一个鼓，一把木勺当然就是鼓槌。不要扔掉纸巾卷或厕纸卷里面的纸筒子，请你把它们都交给你家孩子。孩子们对它们更感兴趣，因为这些东西可以在他们手中变成任何东西，绝对不同于玩具商家们设计出来的。

我并不是说益智玩具都不值得买，里面许多东西都非常适合提升宝宝的技能。我这里想表达的是如今的家长们往往买得太多了（或者反之，如果他们买不起商店里那些昂贵的玩具，他们就会十分愧疚）。当然，这也是可以理解的。过去的小小玩具摊已经被现代的大型儿童玩具商场所取代，这些大型商场里装满了从婴儿到稚童所需的一切，甚至更多的是些他们并不需要的东西。

因此，当你有心使用"帮助诀"中的 E 字诀时，请不必太过铺张。创造良好教育环境的原材料其实唾手可得（参见下面的插入栏）。多鼓励你家孩子探索他所处环境中的任何事物，带他观察大自然中的千奇百态，允许他用还在成长中的头脑去思考、去创造、去动手搭建。

让你的家成为宝宝的探索世界

现在，世界各地的城市都为年龄稍大的幼儿（通常是5 岁以上）设立了"探索馆"，在那里，孩子们可以看到科学和物理学的原理是怎么起作用的。你在自己家里也可以做同样的布置。可以根据你家孩子的体力和智力来调整你的布置，确保你的"探索馆"适合孩子独立玩耍。下面是我的一些建议——相信你还可以想出更多的好主意来。

• 在屋内创建几个不同的玩耍区：在地毯上，用枕头做"城墙"，围出一方小天地；在餐桌或其他桌子上放一张大床单，让孩子爬进里面去；在孩子的小屋里搭个小帐篷。

• 在外面布置一个沙坑，里面备上大大小小的量杯，以及各种形状的容器。

• 让孩子在浴缸或水槽中，在你的陪伴下玩水（请参阅第 4 章第 94 页的安全提示）。给孩子一些水杯、水壶、挤压瓶等。在炎热的夏天里还可以给你家学步期宝宝玩冰块。

- 播放一些欢快的歌曲，并给孩子提供一些纸筒子、塑料容器、锅碗瓢盆、木勺子等，鼓励孩子一边听音乐一边自己"演奏音乐"。

- 确保孩子在白天能有一些在婴儿床里玩耍的时段。他不但能在那里感到安全自在，还能将他的婴儿床与乐趣联系起来，更有可能在早晨醒来时愿意独自在里面玩上一阵子。婴儿床里要放上一个他最喜欢的玩具、两三个毛绒布偶，以及一个"百宝箱"。

L——学会给孩子立界限

当然，你也要多加小心。对成长中的学步期宝宝来说，这个世界是一个充满了危险的地方。除了周围环境中的危险之外，你的小宝贝还全然不懂生活中需要遵守什么规矩，而这要靠你去教导他。这就是"帮助诀"H.E.L.P.中的L的意义所在：界限与规矩。幼儿需要界限与规矩。你不能给他们彻底的自主权，因为他们还没有足够的智力和心力来应对这种没有边界的自由。我们也需要向他们强调我们和他们之间的区别——我们是成年人，所以我们比他们懂得更多。

现在，你家宝宝的行动能力和认知能力都在突飞猛进地成长，所以你要为他设置好下列几种不同类型的限制。

有限的刺激。 新生儿的父母当然必须防止对宝宝的过度刺激，而这样的防护在学步期里也十分重要。让孩子兴奋起来，四处活动，听欢快的音乐，这些当然都非常好。但是，学步期宝宝承受刺激的能力会因人而异，因此你需要弄明白你家孩子能承受多少刺激、能持续多长时间。孩子的天生特质是你的首要参考因素。比如说，敏感型的学步期宝宝仍然保持着他们在婴儿期对刺激的承受度偏低的特质。我们在第1章里聊过的那个敏感型的2岁小女孩蕾切尔，当她走进一个挤满了同龄小伙伴的房间时，即使他们都还比较安静，她也往往会一直把脸埋在妈妈的身上。当她和保姆一起去到一个有很多孩子跑来跑去的公园时，她甚至可能根本不想爬出她的小婴儿车。而对像贝齐这样的精力旺盛型的学步期宝宝来说，一旦她"兴奋起来"，那就很难再恢复平静。再说说脾气急躁型的学步期宝宝艾伦，如果受到的刺激太多了，他就会号啕大哭，仿佛已经是世界末日，这当然只会让他更加难以平静下来。话说回来，即使是天使型和教科书型的学步期宝宝，受到过多的刺激也会过于疲劳，而且往往会一通哭闹。聪明的妈妈爸爸都知道要在此之前就停下脚步，或直接带宝宝离开现场。如果已经到了该睡觉的时候，那么，不论是哪种类型的孩子你都必须停止对他的刺激，这一条特别重要（下一章我还会详细介绍）。

有限的选择。当初，我为了观察新生儿的成长，曾花了大量时间住到新生儿的家里去。这让我有机会观察到了许多家庭中学步期宝宝的行为。类似下面这段故事中的早餐场景，总是让我感到忍俊不禁。

妈妈已经喂饱了小婴儿巴迪，现在该19个月大的米奇吃早饭了。他正坐在宝宝餐椅里，等着妈妈给他拿熟谷食物[1]。"亲爱的，"

---

[1] 西式早餐中的主食之一，是加工好的各类谷物熟食，一般都做成小颗粒，可以冲泡牛奶，也可以就那么抓来吃。颜色、形状、味道、质感多种多样。下一句中的可可泡芙、小麦圈、玉米脆、脆米丁，都属于这类食品。——译者注

妈妈很温柔地问道，"你想要可可泡芙、小麦圈、玉米脆，还是脆米丁？"米奇只是呆呆地坐在那里，茫然无措。他才刚刚学会说几个字，但词汇量不足已经不是眼下的主要问题了。米奇是陷入了困惑，他不知道该怎么处理这么多的选择。妈妈不由得看向我，问道："他这是怎么了？特蕾西，他听不懂我的话吗？让孩子自己选不好吗？"

"当然好了，"我回答道，"你当然应该给孩子选择的机会，但是，在他这个年龄，两个选项就绰绰有余了。"事实上，给孩子有限的选择会让他觉得对自己的小世界有一定的掌控权，我在本书后面会有更详细的解释（见第 7 章）。但是，太多的可选项目会令孩子陷入困惑，反而成了有害无益的事情。

限制不当行为。有些家长担心，若是每当有人说个"不"字，自家孩子就会大哭大闹，那是不是表明他是个"坏"孩子呢？恰恰相反，每当我看到这样的场景时，我总是会说："可怜的小家伙，这是没人给他设置过界限啊。"孩子需要知道别人对他有什么期望和要求，而他能知道这种期望和要求的唯一途径，就是父母的教导。事实上，教导孩子学会活在界限之内，无疑是你能赠予孩子的最宝贵的礼物之一。我后面会用整个第 7 章的篇幅来讲解如何约束孩子遵守规矩，我更愿意将这种约束看作情绪教育而不是对孩子的管制。在第 7 章里我会讲到我所提出的一二三法则：一是当某种行为首次出现时，比如打人或咬人，家长看到了当即就要出手制止。二是提醒你，如果已经第二次看到那种不良行为出现，你应该能琢磨出孩子的某种行为模式了。三是说等你第三次看到时，说明你已经对那种行为过于放纵了。此外，在日常生活当中，假如孩子的情绪已经失控了——任何形式的失控，包括尖叫、号哭、大喊大叫、狂暴——他们通常很难再回归理性。不消说，此时要让孩子平静下来肯定不太容易，但是，如果你能留心观察，往往可以在孩子情绪失控之前就掐断爆发的苗头，及时缓解他正在"飙升"的情绪。

任何事情都要限量，否则过犹不及。对大多数孩子来说，电视和甜食会排在这个限量表的首位。学者们针对这两者的大量研究表明，不论是过量的电视还是过量的甜食，都会使孩子兴奋起来。敏感型和精力旺盛型的学步期孩子特别容易因此受到伤害。可能还有些其他类型的活动、食物，某些玩具、某种场合也会对孩子造成不利影响。如果你注意到了这样的影响，请接受孩子在某种条件或环境下更容易表现不佳的事实，尊重孩子的反应，而不可一味地敦促孩子去"适应"。

对孩子的要求不可过高。尽管你家学步期宝宝的能力每天都在增长之中，但请不要试图推他走得更快。给他一个超越了他年龄的玩具，指望他能耐心看完一部太长的电影，带他去过分讲究、不适宜小孩子闹腾的餐馆吃饭，等等，这么做不但孩子会承受不住，你也是在自找麻烦。还有，若推着孩子快些抵达其成长里程碑，也会造成同样的后果（在后面的第 4 章中将进一步讲解）。比如说，爸爸妈妈强行握着小朱厄妮塔的手帮助她"走路"，便是罔顾了朱厄妮塔内在的成长时间表，而那是老天帮她预设好的。为什么要急于求成呢？往往就是这样的家长又会打电话来找我说，朱厄妮塔半夜爬起来站在她的婴儿床里哭，不知道该怎么坐下去，问我该怎么办。我想，如果能让孩子按照老天的安排，顺其自然地学会走路，或者白天就教会她站起来之后该怎么坐回去，朱厄妮塔也就不会有夜间啼哭的问题了。

限制你自己的不文明举止。小宝宝的学习是通过重复和模仿来进行的。在每个醒着的时刻，你家宝宝都在观察你、聆听你、模仿你、学习你。因此，请注意你在无意中都"教"了他些什么东西。如果你说脏话，那么不要惊讶于孩子学着吐出的第一个词就是你骂过的字眼。如果你举止粗暴，你的孩子也会有样学样。如果你把脚放在咖啡桌上，一边看电视一边咀嚼薯条，我保证等你勒令你家学步期宝宝"不许在客厅里吃东西"或者"不许把脚放到茶几上"时，想要让他"就范"肯定不容易。

如果你在读过了上面的诸多限制之后，觉得自己似乎必须担负起裁判或警察的职责来，那么，从某种角度而言，也的确如此。学步期的孩子渴望你为他设好界限，否则的话，他要面对的内在世界和外部世界都太大了，大得可怕，他确实会应对不过来。

P——称赞孩子的方法

在所有的教导方式中，对孩子的喜爱，对孩子成就的称赞，是最为正面的教导。喜爱，是孩子永远也不会嫌多的东西。当我还是个小女孩的时候，有时我奶奶会没来由地突然亲我一下。我抬起头来问她："你为什么要亲我一下，奶奶？"她总是这么回答："就是想亲亲呗。"于是我便觉得自己是这世上最受喜爱、最被珍惜的孩子了。

甚至连科学家们也都同意，爱是育儿方程式中最为神奇的元素。当一个孩子感到自己被爱时，他不但会有安全感，而且更愿意顺从父母的心意。随着年龄的增长，他还会想要为这个世界也做些有益的事情。

尽管爱是不会有"爱过头了"这回事的，但称赞却是另一回事，也就是说，"称赞过头了"的事情是真会有的。不要"过头"的诀窍，是只称赞孩子完成得不错的工作。你要先问问自己："孩子做的这件事情的确值得称赞吗？"如若不然，你的称赞将会变得毫无意义，再也起不到任何作用，孩子最终会漠视你的所谓称赞。还有一点请你记住，称赞孩子，跟给孩子一个拥抱或亲吻是不一样的，后者的目的是让孩子心里觉得更舒坦，而前者的目的是推动他更好地完成工作，促使他举止更加得体，强调他在与人交往上的进步，比如愿意与人分享、乐意跟人合作，以及待人友善等。简而言之，称赞是为了让你的孩子知道自己做的事情是对的、是好的。

然而，父母有时会被自己的爱蒙蔽了双眼，弄不清喜爱和称赞之间的区别。他们由衷地相信不断称赞孩子可以增强孩子的自尊与自信。但是，如果掌声或赞美太多了，事情却会走向反面：孩子会不再相信你没完没了的溢美之词。

此外，当急切的妈妈或爸爸为了一点小小的成果而对孩子大加称赞时，他们可能会发现被自己强化了的是错误的东西。比如说，有一天，罗里扯下了他的一只袜子，爸爸托尼兴奋地大声称赞："好孩子，罗里！"第二天，罗里不肯穿上袜子，托尼想不明白这是为什么。其实是因为托尼对罗里扯掉袜子这个动作的称赞过了头，让罗里觉得每当他扯下自己的袜子时都该得到相应的回报。（请不要误解我的意思。我们当然应该为孩子尝试替自己做事而为他叫好，但在称赞时不能过火。关于这一点的更多讲解请参阅第4章。）

　　家长有时会犯的另一个错误，是用称赞来表达自己期望孩子能做出某种行为来。说到这里，我想起了最近在一堂音乐课上亲眼看到的一幕场景。当时，我们正在播放《忙上忙下小蜘蛛》①的录音带。贾尼丝跟所有妈妈一样，坐在自家宝宝也就是11个月大的苏琳身后。四个听歌的学步期宝宝当中，只有一个——是最年长的一个，这毫不奇怪——在试图模仿老师的手指动作。其他孩子，包括小苏琳，都瞪大了眼睛，一脸迷茫，小手安放在膝盖上。歌曲结束时，贾尼丝大声赞叹："做得真棒！"然后，只见苏琳转身看向妈妈，一脸的不解，仿佛在说："你说的是什么啊？"贾尼丝的本意是鼓励孩子模仿老师，但她这句称赞到底教了苏琳什么呢？啊！妈妈喜欢我坐着不动！

称赞孩子的准则

　　在你称赞孩子时请遵循以下准则，以避免过度称赞：

　　• 只有当孩子确实做了好的或正确的事情时才予以称赞。可以用语言称赞（"干得好！""好样的！""漂亮！"），可以为孩子欢呼（"耶！"），与孩子对掌（"来，击个掌！"），或用肢体语言（拥抱、亲吻、竖大拇指、鼓掌）来表达。

---

　　①这是在宝宝小组活动中非常流行的儿歌之一，老师会一边跟着录音带里的歌声唱，一边用双手的手指、手掌以及手臂做出各种简单有趣的动作。这是帮助小孩子熟悉和练习手脑配合的一种做法。——译者注

• 称赞日常生活中的某个具体动作（"你勺子用得很好"），而不要夸他的外表（"你真漂亮"）或泛泛而论（"你表现得很好"）。

• 抓住他的某个"亮点"加以称赞（"你打饱嗝的时候说了一句'对不起'，很懂礼貌"，或者，看见他递了一个玩具给小伙伴时说："你愿意跟人分享，真棒。"）。

• 对孩子的具体行动表示感谢（"谢谢你帮忙清理或布置好了这张桌子"）。

• 以某种具体奖励表达赞许之意（"你今天在小组游戏结束时帮忙收拾玩具了，干得很好。在回家的路上我带你去喂鸭子吧"）。

• 晚上把孩子安置进被窝后，帮他回想一下白天他有过的良好举止（"你今天在鞋店里真的很有耐心"或"银行那位女士给你一个棒棒糖时，你对她说了'谢谢'，很有礼貌"）。

• 为值得称赞的行为做出你的好榜样来，比如你自己要举止有礼、尊重孩子。

H.E.L.P. 策略：每日一查

请你天天把 H.E.L.P. 这四字诀放在心上，尤其是当你发现自己陷入困境的时候。不消说，带着学步期宝宝的你，一天当中很可能掉进困境中好几次！你要时时想想每个字母，同时问问自己……

H：我是不是克制住了自己，还是在孩子需要之前就已经给出了所谓的帮助，干涉了他、侵扰了他？这里请记住，H 的目的是观察他了解他，并不是要你疏远、推拒或忽视你家宝宝。

E：我是在鼓励孩子探索，还是又"罩"在他头顶上了？在一天之中有很多可供孩子探索的机会，其中有些机会可能被父母所阻挠。比如说，当他正和另一个孩子安静玩耍时，你会替他跟另一个孩子说话吗？你会替他装好镶嵌板里的木块，还是会看看他是否可以自己完成这项任务呢？你是会替他把积木搭成塔，还是会让他尝试着自己搭呢？你是不是经常在一旁指点他、监督他、指挥他？

L：我有没有做出适当限制，还是已经任事情发展得太远了？对稚嫩的孩子来说，很多好东西往往会是"过犹不及"的。你是否给了太多的选择？太多的刺激？在孩子发脾气、表露出攻击性或其他激烈情绪之前，你是不是等待太久而没有更早采取行动？你有没有限制你给孩子的"量"，比如吃甜食或看电视？你是否将孩子带入了不适合其年龄的环境（有可能发生危险、导致孩子痛苦或陷入挫败感）中去？

P：我对孩子的称赞是恰到好处的，还是已经过度了？我是否在恰当的时候（看到他与人合作、待人友善、举止得体或出色完成任务）给予了称赞？你还别说，我真见到过孩子坐在那里什么都没做却听到父母称赞说"干得好"的。这样的过度称赞不但不恰当，而且最终这些赞美之词——无论是不是应该的——对孩子来说都会失去意义。

你是一位"辅助型"的家长吗？

正如我在本章开头所说，有些家长天生就是我所说的辅助型父母——他们会本能地使用 H.E.L.P. 帮助诀，知道什么时候该克制，什么时候该介入，懂得既应该鼓励孩子的独立性，也应该设立适当的限制和规矩，还会在适当的时候给予孩子称赞。这类家长通常对学步期宝宝的行为有很高的包容度——而且，也往往很自然地会有个更容易相处的小宝宝，无论宝宝是属于哪一种类型的。

假设有一把育儿模式的量尺，这一头是权威压制的极端，另一头是放纵宠溺的极端，那么，辅助型父母便处于这把量尺的正中间。也就是说，他们既不偏于严格也不偏于宽松，而是非常明智地介于两个极端之间，是两头的平衡点。然而，更多的妈妈或爸爸的育儿模式却往往会偏向于这把量尺的某一侧，比如说，他们更懂得怎么爱孩子，却不太懂得该怎么为孩子设置界限，还有些家长则是反过来的。下面是一份简单的自测问卷，可以帮助你弄明白自己的育儿模式。这份问卷里的内容算不上非常科学，但里面都是一些我在家长们身上看到的常见行为。如果你能诚实地回答这些问题，你就能清楚地看到你的育儿模式会落在这把量尺中的哪个点上。

检测你的育儿模式

针对每一个问题，请圈出最能与你的做法相吻合的字母。要尽可能诚实，要认真反思。你将在下面找到对计算结果的说明。

1. 当我家学步期宝宝走向危险的地方时，我会

A. 让他自己去发现接下来会发生什么

B. 在他到达目的地之前引开他的注意力

C. 立即冲过去抱走他

2. 当我家宝宝拿到一个新玩具时，我做的第一件事通常是

A. 由着他自己把玩。即使他在那里挣扎，我也会告诉自己："他终究会自己琢磨出来的。"

B. 在一旁等待，在他看起来很沮丧时才出手相助

C. 直接向他演示该怎么玩

3. 当我家孩子因为我不给他买糖果而在商店里发脾气时，我通常会

A. 生气地把他带出商店，并告诉他以后再也不带他一起来买东西了

B. 坚持我不买糖果的立场，把他带出商店

C. 在他的尖叫声中试着和他讲道理；如果道理讲不通，我就让步

4. 当我家学步期宝宝在小组活动中伸手打另一个小宝宝时，我通常会

A. 把他从那个宝宝身边拉开，并朝他生气地大喊："不许打人！"

B. 立即伸手抓住我家宝宝的手，说："打人不好。"

C. 只是对他说句："那样不好。"并认为这只不过是自家宝宝的阶段性行为

5. 当我家学步期宝宝不肯尝试某种新食物时，我通常会

A. 对此感到沮丧，并对他提高我的声音；有时我让他一直坐在那里，直到他吃下去为止

B. 在不同的时间点反复提供相同的食物给他，每次都温柔地劝他尝一尝

C. 可能会哄他劝他，但从不强求他；我会认为他是不喜欢那个东西

6. 当我对自家宝宝的行为感到愤怒时，我最有可能做的会是

A. 恐吓他，说我马上要采取某种行动

B. 走出房间，直到我自己冷静下来

C. 克制住我的愤怒，给孩子一个拥抱

7. 当我家宝宝大发脾气时，我做的第一件事通常会是

A. 愤怒地回应他，并伸手试图钳制住他

B. 不去理会他；如果这没起到作用，我会把他带出刚才的活动区域，并告诉他："不可以再闹脾气了。等你冷静下来再回去玩。"

C. 试着跟他讲道理；如果讲不通，我会拿他喜欢的东西来哄他，直到他心情好起来

8. 当我家宝宝不愿上床睡觉而哭闹时，我通常会

A. 告诉他必须去睡觉；必要的时候，让他自己哭着睡着

B. 让他平静下来，确保他的需要得到满足，然后鼓励他自己睡觉

C. 假装陪他一起睡，或者把他带到我的床上

9. 当我家学步期宝宝在新环境中表现得有些害羞或是拘谨时，我通常会

A. 告诉他没什么好害怕的，敦促他变得勇敢起来

B. 温和地鼓励他向前，同时也允许他继续畏缩不前，直到他准备好加入进去

C. 马上带他离开，因为让他为难并不好

10. 对我的育儿理念的最好总结，是我相信自己应该

A. 好好教导我的孩子，把他教育成适合我们家和这个社会的人

B. 提供同等量级的爱与限制，尊重孩子的感受，同时也予以引导

C. 跟随我家宝宝的指引，以免破坏了他天生的本性和兴趣所在

家长测试

在你统计上面自测问卷的得分时，每个 A 答案算一分，每个 B 答案算两分，每个 C 答案算三分，然后将得分加总。要弄明白你在"育儿模式量尺"上所处的位置，请继续阅读下面的说明。

分数在 10 到 16 之间：你可能属于我称之为控制型的家长，也就是说更偏向于育儿模式量尺上的"权威"一端。控制型家长很严格，甚至对标准也非常严谨，他们在替孩子设限制立规矩以及惩罚不当行为方面一点困难都没有，但是，他们往往在给孩子留出回旋余地方面处置不当。比如说，多丽从小艾丽西亚出生的那一天起，就一直为她界限立规矩的高手。对多丽

来说，最重要的事情是孩子在公共场合能彬彬有礼，而小艾丽西亚确实做到了这一点。但是，从小就非常外向的艾丽西亚，现在尝试新鲜事物或是与其他孩子玩耍时，总显得过于拘谨。她会不断地回头看看妈妈是否同意她继续往下做。我毫不怀疑多丽很爱她的女儿，但她有时并没有考虑到她的小女儿也应该有自己的感受。

分数在 17 到 23 之间：你可能是一位辅助型的家长，在宠爱和设限这两者间表现出良好的平衡。你的天性与 H.E.L.P. 的精神非常一致。你可能很像萨里，她就是一位辅助型妈妈，我从她儿子达米安还在婴儿期时就开始关注这对母子。萨里一向是个敏锐的观察者，总是允许达米安犯各种错误，只有当他遇到危险或要去尝试超越他能力的事情时她才会出手制止。而且，正如下面的一段故事"萨里、达米安和果汁壶"中所描述的那样，她也是一个善于以创造性思维解决问题的人（见后面的故事栏）。

分数在 24 到 30 之间：你可能更会是一个纵容型的家长，即对孩子比较放纵，不太会去限制他。你担心过多的干扰会破坏孩子的自然倾向。你甚至可能相信，如果你对他施加管教，就有可能失去他的爱。同时，你还往往有些保护过度。你可能总是想"罩"着他，而不是容他自由探索。克拉丽斯就是这样一位纵容型的妈妈。从埃利奥特还是个小婴儿起，她就密切注视着他的一举一动。随着宝宝年龄的增长，克拉丽斯在宝宝玩耍的过程中不断地监督着他，跟他说话、向他解释、朝他做示范。她很善于教导，却太不善于设定界限。这位妈妈显然很尊重她的儿子，但是她对他的尊重显然太过头了，让旁边的观察者不禁心中暗想："这两人到底谁管着谁呢？"

萨里、达米安和果汁壶

有一天，萨里正在往孩子的吸嘴杯里倒橙汁，刚刚两岁的达米安过来对妈妈说道："让我来！"萨里知道，直接给他这么个沉重的玻璃壶是不行的。所以她告诉他："这壶太重了，我另找一个专门给你用的壶。"说罢她从柜子里拿出一个小塑料壶，往里注入了几十毫升的橙汁，然后把达米安带到了洗碗槽前，说道："你可以在这里练习往杯子里倒果汁。这样一来我们就不必担心果汁会洒出来，也不用费力清理地板了。"达米安对这样的安排很高兴，在接下来的好几个早上，他都会拖一把小椅子站到洗碗槽前，说："达米安倒果汁。"短短的一两个星期之后，这个动作他已经做得非常娴熟，还让妈妈给他的小壶里灌入越来越多的橙汁。很快他就能自己从冰箱里拿出果汁盒，走到洗碗槽前，把盒里的果汁注入他的小塑料壶里，一滴也不会洒出来。他还向观看他此番操作的访客解释说："这里是我们倒果汁的地方。"

毫不奇怪，我收到的求助电话中，纵容型的家长总是多于控制型的家长。像克拉丽斯这样不善于设定限制的家长会发现，他们的孩子在生活中更需要框架的支持和稳定的结构。我从这类家长那里接到的电话通常都是关于孩子饮食习惯不规律、睡眠有问题或是行为有问题的。而像多丽这样善于设定限制的家长，他们的孩子往往会是很懂规矩的。尽管如此，控制型家长的刻板和严格，却也往往会损伤孩子的好奇心和创造力。比如说小艾丽西亚，她似乎总也不敢相信自己的判断，所以总是要看看妈妈的反应，这不仅是为了获得妈妈的认可，也是需要妈妈来告诉她，她应该有什么样的感受。

诚然，要做一个辅助型的家长并不容易，因为这需要懂得把握宠爱与限制的平衡，知道何时该介入何时该克制，能在正确的时刻恰到好处地称赞孩子，还要知道什么情况下该约束孩子，如何拿捏好约束的尺度，以确保对孩子的惩罚能与他的"罪行"相称（更多内容请见第7章）……话说回来，你也可能的确更偏向于让自己落在这把育儿模式量尺的某一侧，而不是正中间。可是无论如何，只要你弄明白了自己在这把量尺上的位置，至少你会对自己的行为模式、反应模式、怎么对待孩子等做出更有意识的选择。毕竟，你所做的一切都在塑造着你的孩子。

影响育儿模式的因素

不消说，能做一个辅助型的家长，我认为是最好的（而且这也得到了科研方面的证实）。但是，我们总是更容易落在育儿模式量尺上的某一侧。这里的原因有很多。

也许，你的父母就曾是这样的模式。你可能会表示反对："我永远不会像他们那样对待我的孩子。"但问题是，他们是你的榜样。许多人的行为模式都是在童年时代起就已经建立了的。正如一位特别令孩子窒息的妈妈对我说过的那样："我妈妈特别特别爱我，所以我也要这样对待我的孩子。"照你父母以前的做法去做并不一定就是坏事，只是你必须弄明白那样的方式是不是适合你、适合你的孩子。

也许，你的做法和你的父母正好相反。小时候你遭受的经历令你一切都要反其道而行之，只不过你并没有意识到这一点。我的建议还是一样的，你必须首先考虑清楚你最想要的结果是什么，能达到这一目的的最好方式又是什么。你父母当年的做法可能并不是彻头彻尾的错误。因此，最好你能有选择地从他们那里学一些东西，取其精华去其糟粕。

每一位家长的每一个孩子都有他自己的独特个性，而且可以肯定的是，你家孩子所拥有的独特个性，同样会影响到你的行为，影响到你在各种日常情况下对他的反应。正如我在第 1 章中强调过的那样，你自己的特质既有可能与你家孩子的天性相契合，也有可能不相契合。有些孩子会比其他孩子更努力、更固执、更敏感、更好斗——需要家长在跟他们打交道时，对这一切能有一个清晰的认识。如果你发现自己在对待孩子时过于刻板或是过于放纵，请好好问问自己："我这么做会是对我孩子最为有利的吗？"

在接下来的章节中，你还会不断看到有关 H.E.L.P. 的更多信息，我相信，这个 H.E.L.P. 策略是你构筑健康育儿模式的重要基石。还有一块同样重要的基石，是如何维护好孩子日常生活中的规律性。对此，我将在下一章中与你探讨。

第 3 章

规律与习惯：舒缓学步期宝宝的焦虑

雨滴能在石头上打出个洞，不因其力大，只因反复滴落。

——卢克莱修[1]

日常生活中哪怕最微小的仪式，也是极重要的心灵慰藉。

——托马斯·穆尔[2]

《心灵教育》

①Lucretius，古罗马诗人、哲学家。——译者注

②Thomas Moore，19世纪爱尔兰著名作家、诗人。——译者注

"日常规律哪儿有那么要紧？"

当我建议肥皂剧名演员罗莎琳把她和她儿子汤米的日常生活安排得更有规律时，她就是这么回答我的。她之所以来找我咨询，是因为她刚刚 1 岁的儿子每次在她离开家时都会哭得好像没有了明天一样。

"日常规律与他跟我暂别有什么关系？"她问了一句，然后不等我回答就接着道，"我讨厌规律性，因为日复一日的一切都一个样。"她说话时音色低沉，但很坚持，表明了她自己对日常生活中的纷繁变化与新鲜刺激的需求。毕竟，在她的职业中，每一天都会有全新的体验。

"你说得是，"我回答道，"但是，请想一想你每天往返摄影棚的生活。每个早晨你在同一时间起床，洗漱，用餐，然后以几乎相同的模式开始你一天的工作。当然，你的台词会有变化，有时还会加入一些新的演员，可是身边总有一些你知道可以信赖的熟人，比如编剧、导演、摄影师。虽然你每天都会面临新的不同挑战，但是，那些你预料之中的人和事，对你来说难道不是很好的心理依托吗？事实上，你的生活日程相当有规律，只不过你自己可能没有从这个角度去看而已。"

罗莎琳看着我，没说话，可她脸上的表情分明说的是："你在说些什么鬼话呢，特蕾西？"

我继续说道："你已经摆脱了那种每天单调重复的无聊工作，可有些演员却还是要做那些无聊的事情。他们担忧着下一份薪水，甚至可能是下一顿饭。唯独你拥有了两全其美的优势——既有一份稳定的工作，又能每天都遇到一些新的变化、新的要求。"

她点了点头："也许你说得不错。"她犹豫了一下，接着说道："但我们要说的不该是我吧，我们要说的该是一个1岁的小孩子。"

"对他来说也是一样。实际上，这对他来说更为重要，"我解释道，"他的一天当然不必单调无聊，但给他增加一点稳定性——更重要的是可预测性——就可以让他不再那么焦虑。其实，如果你参照一下你自己的职业生涯，也许会更容易理解我的话。你之所以能够把自己的演技打磨得日益精湛，正是因为你不必担心接下来会发生什么事情。我想要说的是，汤米应该得到——而且渴望得到——和你一样程度的安全感与依托感。如果他知道了接下来会发生一些什么，他会变得更加和顺，因为他会觉得自己也能一定程度地掌握他自己的小世界。"

我遇到过很多像罗莎琳这样的妈妈。她们要么没有意识到日常生活规律化仪式化的重要性，要么认为这么做束缚了她们自己的生活。她们带着陷入困境的孩子来找我：睡眠困难、饮食困难、行为问题，或者像上面的小汤米所经历过的那样，出现分离焦虑。每次她们来找我咨询时，我做的第一件事就是帮助她们检查一番孩子的日常生活是否有规律，是否有仪式——我喜欢将这两样合称为 R&R。

了解 R&R

首先，请让我解释一下我所说的 R&R 是什么意思。在本章中，我常常会交替使用"仪式"（Ritual）和"规律"（Routine）这两个词，因为这两个"R"总是交织在一起。事实上，当你一再重复和强化某个动作时，你就是在让这个动作变成R&R，仪式和规律。

规律构成了我们处理孩子日常生活中各个"固定项目"的固定方式：醒来、吃饭、洗澡、睡觉。我们的大部分日常活动都被仪式专家芭芭拉·比齐乌（请参阅第82页的引用栏）称为"无意识的仪式"——我们往往在没想到其重要意义的前提下就已经在那么做了。比如说，醒来时的拥抱、告别时的挥手、夜晚临睡时的亲吻，这些都似是固定不变的套路。白天你把宝宝送到托儿所后向他告别时，总会说些同样的话；或者你离开家门时总会向孩子比画一个竖起大拇指的手势——所有这些，都是仪式化的行为。当我们反复提醒宝宝要说"请"或"谢谢"时，我们不仅在教他们礼貌用语，也是在教他们礼貌仪式，一种与人交往的仪式。

这样的日常仪式使孩子能够预料接下来会发生什么，他们可以期待什么，以及人们对他们有什么期待。对这些套路熟悉后，幼儿就会感到心安，感到笃定。对此，芭芭拉·比齐乌是这么说的："日常行为的仪式化，可以帮助我们自己以及我们的孩子更好地理解这个世界。仪式甚至能将很平凡的事情——比如洗澡或吃晚餐——变成亲子连心和家人团聚的神圣时刻。"这里的诀窍在于家长要更加有意识地对待这些生活日常，让每一刻都能更具目的性。

R&R可以给每个日常的或特别的时刻打上印记。本章的内容将着重讲述这两个R，其中第一个R主要致力于日常生活中的规律性，第二个R主要致力于家庭传统、节庆传统、庆祝孩子成长的新里程碑等其他特殊时刻的仪式。但首先，请让我来解释一下这两个R的重要性。

为什么孩子需要 R&R？

为新生儿的妈妈和爸爸提供咨询时，我总是建议他们让日常生活遵循一定的规律，这不但能给婴儿提供一个良好的生活基础，而且能让父母在养育新生儿的最初岁月中得到休息和恢复活力的机会[①]。最好是你家小宝宝从医院一回到家就能开始享受有规律的生活，这么做会让他觉得自己的生活是安定的，也是可以预期的。现在，你家宝宝已经进入了学步期，R&R，也就是保持日常生活的规律，保持日常生活的仪式，对他而言甚至比在婴儿期时更为重要。

R&R 能给予孩子安全感。学步期孩子的小世界里充满了挑战，这些挑战不但会令宝宝感到困惑，而且常常令宝宝陷入恐惧。他的生命在这个阶段正以无与伦比的速度日新月异地发展着，不但每每让你感到震惊，也让他自己莫名震撼。每天他都要面对许多新的较量和尝试，可怕的危险潜伏在每个角落。然而，每当你家宝宝试探性地迈出一步时，R&R 都会给予他支持，不但从身体感官以及理解能力两方面予以他帮助，还能从情绪管理和社交活动

[①]在我的上一本书中，我讲述了保持日常生活规律的放松诀，也就是 E.A.S.Y.，这四个字母分别代表了小婴儿在一天中的主要生活内容：哺乳（Eating）、活动（Activity）、睡眠（Sleep）以及留给你自己的时间（time for You）。不过，即使你当初没有用过 E.A.S.Y. 放松诀，随着你家宝宝从婴儿期成长到了学步期，也应该自然而然地形成了这样有规律性的生活。如果到此时都还没有形成规律，那么你应该赶紧帮他建立起来。——作者注

等更多方面予以他支持。

日常仪式[①]的要素

《日常仪式的喜悦》和《家庭仪式的喜悦》的作者芭芭拉·比齐乌，将仪式的要素分解为以下几点：

1. 意图。每一个仪式，即使是那些我们每天都不加思考地做着的仪式，都有着深层次的意义。例如，睡前仪式的目的是放松，尽管我们可能不会把这一点大声地说出来。

2. 准备。有些仪式还需要加些配件，这些配件都应该提前准备好。对孩子来说，做好准备是他能继续往前走的关键。这类配件通常都很简单——例如，吃饭时的高脚椅、洗漱时的专属毛巾以及他睡前要听的故事书。

3. 顺序。每个仪式都须依照从开始到中间到结束的固定顺序。

4. 跟进。每次你重复一个仪式——无论是日常生活中你每天都在重复的仪式，还是每年在特殊的家庭日以及节庆日的仪式——你都是在进一步强化它的意义。

——上文摘自《日常仪式的喜悦》(*The Joy of Everyday Rituals*)和《家庭仪式的喜悦》(*The Joy of Family Ritual*)，作者芭芭拉·比齐乌(Barbara Biziou)，圣马丁格里芬出版社(St. Martin's Griffin Press)，2001 年出版。版权所有。

---

①尽管这里英文原词用的是"仪式"，但实际上指的是日复一日的有规律的行为套路。比如，睡前仪式，指的可以是从带孩子洗漱到哄孩子进被窝到给孩子讲故事到最后的亲吻和"晚安，宝贝"，这整套动作。——译者注

R&R 能减少学步儿与你的较量。安静躺在更衣台上与你愉快合作已成为过去，你的小家伙现在就像是个"劲量小兔"①，总想爬起来继续到处走。这意味着你现在需要扮演"交通警察"了，有时甚至是当个"看守长"。这并不是说我们可以一下子就彻底消除在日常生活中孩子与你之间不可避免的"拔河赛"，但是，制订出能让他心中有数的用餐时间、就寝时间和游戏时间等的规律性日程，肯定会减少很多亲子间的"战斗"。这是因为可以预期的规律性日程能让孩子清楚地知道接下来他会做些什么。反之，缺乏日常规律更容易令孩子陷入困境之中。

且举一个例子。我接到丹尼丝的求助电话，讲的是关于她学步期宝宝的"睡眠问题"。她平时的做法一直是这样的：晚上，她给1岁的阿琪洗澡，接着是按摩，之后给她读两本故事书，然后用奶瓶装一点牛奶给她喝，最后抱她上床睡觉。此时，阿琪会咿咿呜呜几下，然后很快睡着。只不过，当这一整套的事情全做下来之后，已经到了晚上8点了。丹尼丝希望阿琪能在晚上7点30分之前上床睡觉，因此，她决定取消读故事的环节。这下子糟了，阿琪不再像往常那样心甘情愿地去睡觉，而是尖声大叫。这是为什么呢？丹尼丝忘记了孩子的茁壮成长依靠的是作息规律，而不是作息时间。丹尼丝只是想节省半个小时的时间，可是，她擅自改动了阿琪的日常习惯，结果是母女俩都因此大受其苦。我建议她恢复之前的睡前程序，但是每天晚上可以早半个小时开始。于是，阿琪的"睡眠问题"转眼便"奇迹般地"消失了。

R&R 有助于舒缓孩子的分离焦虑。这是因为 R&R 能帮助孩子预

---

① 是一种流行于北美的机械玩具兔，粉红色身子，戴着墨镜，敲打着印有"劲量"标志的低音鼓。——译者注

期每天都会重复发生的事情。事实上，研究表明，4个月大的小婴儿就已经可以生出预期之感。我们可以充分利用这一点，从小教导婴儿懂得"即使妈妈离开了，她也会回来的"。以前面小汤米的故事为例，为了减轻他的分离焦虑，我建议罗莎琳将她每天的离去变成一套仪式。训练可以从只离开房间几分钟开始。她每次都要给他时间做好心理准备："妈妈一会儿要跟你说再见了，汤米。"然后，当她离开房间时，她每次都说："再见，宝贝，我马上回来。"同时还给他一个飞吻。随着汤米能在妈妈不在场时表现得越来越好，我建议她逐渐延长每次离开房间的时间。后来，她终于可以每次都用这套R&R从容地离开家。罗莎琳次次都做同样的动作，说同样的话，不但使得汤米做好心理准备，还让他觉得对事情有所把握。汤米的恐慌并没有立即消退，但是，通过她定下的离开和回归时——"嘿，汤米宝贝，我回来了"，同时给他一个拥抱和亲吻——的规律套路，汤米很快意识到，即使妈妈离开了，她也会回来的。（有关分离焦虑的更多内容，请参见第6章和第8章。）

对日常生活规律的学习

"一旦让家庭日常生活中的每一个细节都形成规律，孩子就能在按照习惯套路进行就寝、听故事、醒来、用餐、洗澡等经常出现的、他能预料到的事情时，表现出与家长有意识的合作。形成规律是一种能让孩子对事情心有预期而避免与家长对抗的有效方式，有助于孩子在可以预期的日常生活细节中逐渐学会合作。"

——摘自《从大脑神经元到我们的社区》

R&R 有助于孩子学习各种新本领——肢体功能、情绪控制和与人交往等。孩子是通过不断地重复和模仿来学习的。父母与其督促或刺激孩子学习，不如日复一日地做出同样的事情来，让孩子自然而然地学会该学的东西。且举教孩子礼貌为例。远在孩子学会说话之前，妈妈每次递给宝宝一块百吉饼让他啃的时候，都可以说一句"谢谢你"。随着时间的推移，妈妈的话会被宝宝的第一个"哒"所取代，然后逐渐变成准确的一句"谢谢你"。最终，R&R 促进了孩子的成长，不仅教会了他们各种动作技巧，还教给了他们道德观、价值观以及彼此之间的尊重。

R&R 有助于父母给孩子设界限立规矩，而且只要守好这套规矩就能有效避免亲子冲突。学步期的孩子会不断地试探父母的界限在哪里，而父母则常常在孩子的一再试探下步步后退，这使得孩子在操控父母方面变得越发娴熟。有了 R&R，我们就能提前设定好该说的、该做的程序，让孩子心有预期。如此一来我们就不太容易经常看到自己手上有一个失控的小宝宝了。且以妈妈韦罗妮卡和宝宝奥蒂斯的故事为例。妈妈不想让 19 个月大的奥蒂斯在沙发或床上跳，于是我建议她："当他又这样跳时，你可以温和地纠正他，这样对他说：'奥蒂斯，你不能在沙发上跳。'同时你也要指给他一个可以跳的地方，比如说，你放在游戏室里的一张旧床垫。"韦罗妮卡照做了。第二天，当奥蒂斯开始在他的小床上跳时，她就重复了一遍这套说辞："奥蒂斯，你不能在你的床上跳。"她一边说一边把他领去了游戏室。奥蒂斯只用了三四次就意识到了是怎么回事——哦，我明白了。我可以到这里跳，但是不可以在沙发上或小床上跳。

R&R 有助于孩子为接受新体验做好准备。在第 6 章中，我会与你探讨如何带领孩子预演即将发生的改变，从而一步步地帮助孩子培养出独立性来。而在这里我想要说的是先在自己家里让孩子慢慢熟悉他将要去外面体验的新经历，一点一点地增加难度，直到最后一家人可以出门上路。比如说，为了让 10 个月大的格雷西为稍后去餐馆吃饭做好准备，她妈妈就先让她正式参加家庭晚餐，并形成了一套常规仪式。妈妈让她坐进她的高脚椅里，和哥哥姐姐们并排坐在餐桌前，一起参加他们每天的晚餐仪式——点燃蜡烛，手牵着手，一同念出祈祷词。在这套仪式的辅助下，格雷西尝试了新的食物，学会了如何自己使用餐具吃东西，还学到了在餐桌上应有的行为举止。妈妈后来还逐渐增加了她安静坐在餐椅里的时间，为她后来去餐馆吃饭做好铺垫。不消说，后来她在餐馆里的表现果然很好。

R&R 能让每个人都放慢脚步，让最平凡的时刻成为亲子连心的时光。 还有什么能比沐浴或故事时间更温馨呢？如果我们做父母的能放慢自己的脚步，并且有意识地利用这些时光（"我想利用就寝时光与孩子拉近关系"），那也就是在以我们的实际行动教导孩子该如何让生活中的每一刻都过得更有意义。这样的美好时刻不但能强化亲子之间的联结，而且也在向孩子传递一个非常重要的信息："我爱你。你需要我的时候我总会在你身旁。"

在养育我自己的两个女儿的过程中，很多地方我都用上了 R&R。当然了，我从不在运用 R&R 时过于刻板，总是留有充足的容忍度。在孩子们都还很小、尚未形成时间概念之时，我仍然几乎事事都有条有理地保持日常生活的规律性，所以她们总能知道接下来会发生什么。比如说，每当我下班回家后，她们就知道我会全心全意地陪伴她们一个小时，不让任何事情来打扰这段亲子时光。我不会打电话，也不会做家务。因为她们都还太小，不认识时钟，所以我总是设置好家里的计时器，而孩子们也就知道只要那个计时器一响起来，我就必须去做晚饭以及其他家务了。这时她们总会心甘情愿地允许我离开，还会主动帮我做些她们力所能及的事情。这是因为我们刚刚一起度过的神圣亲子时光已经让她们的心灵感到了充分的满足。

创造性地制订 R&R 养成计划

需要请你注意的是，虽然几乎我认识的每个家庭都有他们各自的 R&R——睡前读本书或是讲个故事等——但是，你家的 R&R 必须适合你家的情形。在你继续阅读后面的一些建议时，还请你考虑到自家孩子的天生特质、你自己的养育模式以及其他家庭成员的需求。正如后面的表格中所显示的那样，有些家长在安排和维护日常作息规律方面会比其他家长做得更好。你也要考虑到自己的日程安排。总之，要根据你家中的实际情况来做。如果你不能每天都赶回家跟孩子一起吃晚饭，请保证一星期内有两到三天与孩子共进晚餐。此外，你安排的仪式也要最贴近你们自己的心。只有每个参与者都用心投入其中，设计出来的 R&R 才会更有价值，而且你也更容易保持那些能让你们一家人都喜欢的仪式和习惯。因此，虽然有些家庭会在用餐时一起感谢神的恩典，但你家里不一定要这么做。又比如，在有些家庭里，晚上给孩子洗澡可以变成爸爸的亲子时光。

"习惯养成计划"自测表

　　说到帮孩子建立起以及维持好规律性的日常作息习惯，有些家长做起来会比其他家长容易一些。下面，我将按照第2章中描述过的不同育儿模式，分别列出各类家长在这一点上是怎么做的。你不妨看看自己属于哪一类。

	控制型	辅助型	纵容型
理念	非常认同日常生活的规律化和程式化。	知道设立和维护作息规律是很重要的。	相信过多的设定会束缚孩子的天性以及自主性。
实践	善于设定日常作息规律，但可能会更多地考虑他们自己的需求，并非把孩子的需求放在首位。	善于制订不但能满足孩子需要，也能满足自己以及其他家庭成员需求的日常作息规律。	相信家长的设定是在压制孩子。他们一整天都是围绕着孩子的需要转的；一个星期当中没有哪一天是同样的。
适应性	可能难以适应孩子的不同需求，也难以在必要时及时做出相应的改变。	有足够的灵活度，可以在必要时及时做出调整，事后再回归正轨。	在极端情况下，他们依靠的经常是"直觉"而非逻辑或知识。他们给"适应性"这个词赋予了新的含义。
可能的结果	孩子的需要有时会被牺牲；若是没能守住应有的时间表，家长可能会感到沮丧和气恼。	孩子感到安全；他生活中的每一个环节都是可以预期的；他的创造力在合理的范围内得到充分的鼓励。	这种率性而为的做法常常让事情陷入混乱。因为父母做事没个定数，每一天都是不一样的，这让孩子完全无法预料接下来会发生什么事情。

下面，我们来浏览一下在一整天的生活中从早到晚的各个环节，看看有哪些是每天都在重复的习惯性行为。尽管这些日常惯例会随着孩子的不断成长而发生一定的变化，但是，不论怎么变，这些作息规律都会是一个家庭中的生活支柱：起床、吃饭、洗澡、出门、回家、收拾、午睡以及夜间就寝。我这里要讲的不是解决问题的办法，而是如何预防问题出现的办法。我们通过一再重复这些日常活动，教导孩子你期望他如何配合，基本上就可以在问题发生之前将可能出现的问题消除了。

针对以下每一项日常活动，我会提供有关意图（目的）、可能需要准备的事项、事情的顺序（如何开始、继续和结束）以及在适当的情况下进行跟进的相关建议。当然了，对每天都在重复的日常活动而言，是不必担心后续跟进的。保持一致是这里的关键。同时请你一定要记得，只有你自己才能找出最合适你家的做法，让 R&R 变成对你们一家人来说都既可靠又有趣的事情。要戴上你的"思考帽"。

起床。学步期孩子只有两种醒来方式——要么愉快要么哭闹。在婴儿期，醒来的模式是由宝宝的天生特质所决定的，但是，当小婴儿成长为学步儿时，他们醒来的模式更多地取决于父母在养育过程中强化的是什么，而不再是孩子的天生特质。事实上，良好的 R&R 其实是可以超越孩子的天生特质的。

意图：让孩子觉得婴儿床是一个很享受的好地方，训练宝宝在里面愉快地醒来，再气定神闲自言自语地独自玩上 20 到 30 分钟。

准备：白天一定要安排时间让宝宝在婴儿床里独自玩耍。能在婴儿床里度过一段快乐时光，可以强化宝宝对婴儿床的两个认知：（1）这里很安全；（2）这里是个玩耍的好地方。如果你家宝宝还没有形成这种认知，请你在白天将他放入婴儿床里一两次。要放些他最喜欢的玩具在里面。刚开始时，你应留在他身边，让他因你在场而安心。可以跟他玩躲猫猫等小游戏，让他在婴儿床里的时光成为一种有趣的体验。最初阶段你不要离开房间，可以在他的屋子里做些诸如叠衣服、收拾橱柜、读书写字等事情，这样既可以让他感觉到你的存在，又不会打扰他的独自玩耍。过一段日子之后你可以离开他的屋子，但是要慢慢地逐渐加长你离开的时间（请参阅第95～98页离家和回家的相关内容）。

从开始到结束：早上，试着揣度你家宝宝从独自叽里咕噜地玩耍到终于哭起来需要多长时间。然后，在他哭出来之前，你就要赶紧出现在他眼前。如果你自己的时间另有安排，那你可能不得不早点进去先照顾好他。或者，如果你知道他需要换尿布了，也请不要拖延，赶紧进去。

你要兴高采烈地走进去，和他一起迎接新的一天。有些父母会唱一段起床歌，或说独特的问候语，比如："早上好，我的小南瓜，非常高兴见到你。"这个晨起仪式的终点，是你高高兴兴地把他从婴儿床里抱出来，开始愉快的新一天。

提示：无论你怎么做，如果看到孩子哭了，请不要表示怜悯。你只需抱起他，用你的怀抱安慰他，但切莫这么说："哦，你这可怜的小东西！"你要表现得快快乐乐的，仿佛非常高兴能开始新的一天。请你记住，孩子是通过模仿来学习的。

不少家长向我诉说他们学步期的宝宝早晨一醒来就哭泣。这通常表明孩子在自己的婴儿床上感觉不舒服了。我通常会问他们这些问题：

• 你会不会一听到他有声音就立即冲进他屋里去？那么，你可能在无意识中给了他反向训练，他哭是因为你冲进去得还不够快。

• 他是否表现出焦虑情绪？也就是说，当你进来抱起他时，他是不是大声哭泣，并用双臂紧紧搂住你？这便说明宝宝已经觉得婴儿床是一个很可怕的地方了。你要立即采取措施改变他的这一认知（见下一条）。

• 他白天有没有机会在自己的婴儿床里独自愉快玩耍？如果还没有，你最好在孩子的玩耍日程中加入这一条（参见第89页"起床"的"准备"和第8章利安娜的故事）。

用餐时光。学步期的宝宝是出了名的挑剔食客——这是一个事实，也是许多来找我咨询的家长格外关心的事情（第4章会详细讲解如何进食，以及提供什么食物）。我总是对满心焦虑的父母说："你要退到一边去。你关心的重点应该放在如何保持用餐时光的规律化上面，而不是如何让你家孩子把东西吃进去。"我向你保证，孩子肯定不会死于营养不良——大量研究表明，尽管孩子会偶尔出现食欲不振的情况，但是，只要父母不逼迫孩子吃东西，健康的幼儿一定能吃下足量的而且均衡的食物（请参阅第4章）。

意图：在用餐时间教导孩子何为用餐，即要坐在餐桌旁，要使用餐具，要尝试新食物，以及最重要的，与家人一起吃饭。

准备：每天的每一顿饭都应该大致安排在同一时间。小婴儿一般都是些饕餮型的食客，可是学步儿却往往相反。他们总是太忙于探索这个世界而且流连忘返。饥饿不再像以前那样是他们进食的原动力。不过，我们仍可以通过让宝宝"预料到"下一顿饭很快就该到了，来帮助他们适应这种生理需要。

让你家孩子从 8 到 10 个月大时就开始跟家人一起用餐，因为通常来说这么大的宝宝已经能够坐下来吃固体食物了。你要为他准备一把单独的餐椅（既可以是加上餐板的普通椅子，也可以是儿童专用高脚椅）。这里的关键点在于让他明白，一旦坐进了他的"吃饭椅"里，那就意味着该是他安心吃饭的时候了。如果家里还有较大的孩子，请让他们也都过来一起进餐。不论你有多忙，请每星期抽出几个晚上陪孩子一起吃饭。哪怕你吃过饭了，也请拿些零嘴，陪他们一起吃。你的在场会给"用餐时光"带来"全家人一起吃饭"的感觉。

从开始到结束：洗手是非常好的餐前仪式，让孩子知道马上就该吃饭了。一旦孩子可以独自站立，你就应该给他准备一个小而坚固的踏脚凳，这样他就可以自己够到水龙头而不需要你帮忙了。让他看你是怎么洗手的，然后给他肥皂并鼓励他自己试试看。水槽旁边应该设有挂钩或栏杆，上面要挂上专门给他用的小毛巾。

可以以点燃蜡烛、道感恩词作为开始用餐的标志，也可以简单地说一句："可以开始了。"要边吃边进行交谈，就如同成年人在一起共进晚餐时一样。你可以聊聊你的一天，也问问孩子们的情况。即使你家学步期宝宝一开始无法回答你的提问，他也能开始理解这种你来我往的对话形式。如果他有哥哥姐姐，那么光是在餐桌旁听他们说话，他就能学到很多东西。

当孩子停止进食时，请接受这个表示他已经吃好了的信号。毫无疑问，许多父母因为担心孩子吃进去的食物或营养还不够充足，总是试图偷偷多塞一口到学步期宝宝的嘴里，或者哄劝他再吃一口，即使他已经扭过头去表示抗拒。更糟糕的是还有些家长会跟在他身后追，试图在他玩耍时再塞几口进去（请参阅第373～377页香农的故事）。再次提醒你记住，用餐仪式的意图是教你家宝宝熟悉用餐时的一整套程序。还有，吃饭的时候是不可以玩的。

用餐结束时，可以以适合你家人的任何方式完成收尾仪式。有些家庭会再做一次祈祷，或是吹灭蜡烛。还有些家庭会花点时间感谢准备好这顿饭的家人。也可以只是简单地摘下孩子的围兜，说上一句："晚餐结束了，我们一起来收拾吧！"一旦你家宝宝可以自己拿着东西走路了，就可以让他将自己的碗碟（最好是不会摔破的）放到洗碗槽里。我也喜欢让孩子养成饭后刷牙的习惯。这个习惯应该在宝宝开始吃固体食物后就立即培养。

提示：要让你家宝宝习惯刷牙，请你从帮宝宝清洁牙龈开始。用一块柔软干净的绒布包住你的食指，在宝宝吃过东西之后帮他揉擦牙龈。这样，到了他开始长牙齿时，他就会习惯这种感觉。你要为他买柔软的婴儿牙刷。孩子一开始时可能会吮吸刷牙水，但用不了多久他就能学会如何刷牙了。

跟进：无论你带着孩子走到哪里，都请保持用餐时光的R&R。比如说你带孩子去别人家做客、去下馆子，甚至是离家长途旅行，请尽可能多地保留上述用餐时光的每一个步骤。这能使孩子更有安全感，还能强化他所学到的关于用餐时光的一整套程序。（更多关于带孩子进入"现实世界"的详细内容，请参阅第6章。）

洗澡时间。有些小婴儿会害怕进入洗澡盆，但到了学步期时孩子却常常不愿离开浴缸。保持一致的洗澡仪式可以大大减少孩子在这种时候与你的对抗。

意图：如果是晚上洗澡，目的是帮助你家宝宝放松并准备入睡。如果是早上洗澡（我认识的家庭中这种情况并不常见），目的是让你家宝宝为新的一天做好准备。

准备：用愉快的声音向宝宝宣布："该洗澡了！""我们现在要去洗澡喽！"往浴缸里放水，将杯子、挤压瓶、鸭子等各种漂浮玩具放入其中。如果你家宝宝没有皮肤敏感，你还可以加入些泡泡。想当初我家孩子还很小的时候，我们放在浴缸里的玩具简直比玩具盒里的还要多！另外，请准备两块毛巾，一块给你用，一块给宝宝用。

提示：一定要先打开冷水龙头，然后再加入热水。为防止孩子不小心先打开热水而烫到自己，请购买一个覆盖热水龙头的盖子；如果是冷热合一式的手柄，请购买一个能覆盖整个水龙头的盖子。此外，请使用橡胶浴缸垫以防止打滑，并将热水器上的恒温器设置为不高于52摄氏度。

从开始到结束：把你家宝宝抱进去；如果他足够有能力，让他自己爬进去。（当然要小心看护，我们都知道浴缸里面很滑。）我总是喜欢边洗澡边唱歌。"这是我们洗胳膊的方式，洗呀洗胳膊，我们晚上早早就洗好了胳膊。这是我们洗后背的方式，洗呀洗后背……"。这样唱歌可以帮助孩子认识自己的身体部位，还常常能激发出孩子动手给自己洗的意愿。

因为大多数学步期宝宝都不愿意离开浴缸，所以请不要直接把孩子从浴缸里抱出来。相反，你要先一个个地将玩具从浴缸中捞出来，然后拔下浴缸塞，一边放水一边说："看，水都流到下水道里去了。咱们的洗澡时间结束啦！"最后用柔软的毛巾包住宝宝，好好跟他亲昵一下。

提示：尽管你现在可能对孩子的能力更有信心了，可是，请记住他还是个学步期的小宝宝，你在任何情况下都不可以将他单独留在浴缸中。（更多有关安全防护的提示，请参阅第4章。）

离家和回家。所有的孩子都会经历一个难以与父母分离的阶段，哪怕妈妈只是到厨房去做饭也不行。不消说，有些学步期宝宝会比其他孩子更难以接受分离，不过，有些时候也取决于父母是怎么做的。假如他们每天都要去上班，总是在一定的时间离开家、一定的时间回家来，而且从孩子还在婴儿期时就已经是这样了，那么，等孩子长到了学步期时，自然早已经习惯了日常生活的节奏，知道什么时候会发生什么事情。可是，当父母一方或双方以不太有规律的方式离家和回家时，孩子往往会难以适应。还有，我也曾见过原本似乎已经适应了父母离家的孩子突然又变得害怕分离的情形。

意图：让你家宝宝感到安全，知道哪怕你离开了，也一定会回来。

准备：让宝宝习惯你的暂时离开。如果从宝宝只有6个月大开始就逐渐让宝宝适应你的短暂离开，那么等到宝宝8个月大时，他也许已经可以自己玩上大半个小时了。你还可以通过先和他玩躲猫猫游戏来帮助宝宝习惯你会暂时躲起来。这样的游戏会让宝宝渐渐明白，即使他看不见你，你仍然在那里。但是，不要在你家宝宝已经疲倦或心浮气躁时这么逗他，否则事情会适得其反的。如果你刚开始躲猫猫，孩子就已经很害怕而且开始哭起来，请换个时间再来尝试，也许等上一两天再说。

当到了你可以随意离开孩子身边的状态时，请一定要先保证孩子是在安全的地方——在婴儿床或游戏围栏里，或是在其他人的注视下——你才可以离开。每次离开时，你都要告诉孩子："我要去厨房（或我的卧室等）喽。如果你需要我，叫我一声我就过来。"当孩子当真叫了你时，一定要马上回来，这样孩子就会知道你说的话是值得信赖的。如果你有室内对讲设备或是对讲机，那么你去到另一个房间时可以对着对讲机说话，比如说，"我现在在厨房里，宝贝"，这会对孩子起到很好的安抚作用。当然，必要时你还是要亲自过去安抚他。请逐渐延长这种你在孩子视线之外的时间，让他能越来越适应你长时间都不出现的情况。

当你需要离家时，无论你是去办 15 分钟就能回来的事情，还是出去上一整天的班，都要对孩子如实相告。如果你计划离家 5 个小时，不要对宝宝说："我马上就回来。"甚至更糟糕的说法"我 5 分钟内就会回来"。即使学步期宝宝还没有时间概念，可是，假如几天后你又向他保证说你会在"5 分钟"内带他去公园玩，他一定会十分恼怒，因为他会认为那是很长很长的时间。

从开始到结束。你离家时，每次都要对宝宝说同样的话，做同样的动作："我要去上班啦，亲爱的小乖宝。"同时给宝宝一个大大的拥抱和亲吻。你可以说"我下班回来后就带你去公园玩"，但要注意不可承诺你无法兑现的事情。还有，了解怎么做最能对你家宝宝起到安慰作用也很重要。比如说，有些孩子走到窗前对你挥挥手会更好受些，可有些孩子却会因此更加难过，因为延长你离开的过程便增加了他离别的痛苦。

诚然，尊重孩子的感受（"我知道你不想让我去……"），跟向孩子陈述现实（"可是妈妈现在必须去……"），这两者之间的界限十分微妙。请记住，让孩子难过的往往不是你要离开，而是你怎么离开。如果你总是走开几步后又回来安慰孩子，这么反反复复只会加剧孩子的分离焦虑。你等于是在（间接地）告诉他："你的哭闹能让我回到你的身边。"

提示：为了能让你自己安心：假如你离开时孩子哭得一塌糊涂，那么你不妨等会儿在车里或等到了办公室之后给孩子的监护人打个电话。我敢向你保证，大多数孩子在妈妈离开之后用不了 5 分钟就已经没事了。

当你回家时，也请每次都说同样的话，做同样的动作。比如说，你一边走进屋一边对宝宝说道："我回来了。"或"嘿，宝贝，我回家了！"别忘了多给孩子几个拥抱和亲吻来表达你的喜悦，然后对孩子说："妈妈现在要赶紧去换身衣服，等我换好了就出来跟你一起玩。"（如果你还记得的话，电视节目里的罗杰斯先生 [①] 每一集都是从换鞋开始的，这就是一种仪式，是在对观众们说："下面就是我们在一起的时间。"）之后，花上个把小时和孩子在一起，并让这段时间成为你们的一段美好的亲子时光。

有的妈妈还喜欢提前打电话给家里，这样的话保姆就可以告

---

①Rogers（1928—2003），他自己编、导、演的幼童电视节目就叫《罗杰斯先生的邻居》，深受孩子喜爱，长兴不衰。——译者注

诉孩子："妈妈就要回家啦。"（这需要假设你不住在洛杉矶，那里的交通堵塞非常严重，很难报出准确的预计到达时间！）保姆还可以在你快要进入车库时将孩子带到窗边观望。有趣的是，许多正常上班的父母的孩子会在不知不觉中自己找到预示父母应该下班了的规律，比如说，在我家里，只要姥姥下午晚些时候把水烧上，我女儿萨拉就知道我已经在回家的路上了。

提示：下班时你切莫带礼物回家。你自己就是最好的礼物。

收拾。因为学步期孩子经常在转换活动的过渡环节遇到麻烦，所以我喜欢在两段活动中间加入收拾东西的惯例。例如，在我主持的宝宝小组活动中，哪怕是只有8个月大的孩子，我们也总是在开始"演奏音乐"的活动之前先"收拾"好玩具，让孩子能借此时机转换心情，准备好进入另一项有趣的活动。此外，这也是在学习负责任和尊重人，而这样的学习从来都不嫌太早。

意图：教导孩子责任感，也教导给他对自己以及他人财物的尊重。

准备：孩子应该有他专用的盒子、几个挂钩，如果可能的话，在橱柜里给他留一层适合他身高的储物层。

从开始到结束：当你带着孩子一同走进屋子时，说一句："来，挂好我们的外套。"然后，你去壁橱挂上你的，他也会跟着照做。在他玩耍过后到了吃饭或准备睡觉的环节时，对他说一句："现在该收拾玩具了。"刚开始时，你得帮忙收拾。在我带领的宝宝小组活动中，我会对宝宝们说："我正在把玩具收进盒子里。"然后让宝宝跟着我做。我们都知道，宝宝这时可能会走到盒子前，从盒子里往外拿玩具。此时，你只需一再对他说："不对，我们现在正在把玩具收进盒子里。我们正在收拾东西。"他会通过你一再重复这套动作弄明白什么是收拾东西。

跟进：无论你家宝宝去哪里，比如说去奶奶家，去宝宝活动小组，或是去表妹家玩，你都要带着他重复这套收拾仪式。

午睡和晚间就寝。没有什么能比睡觉前跟孩子依偎在一起读书更温馨的了。不论是父母还是学步期宝宝通常都很喜欢这样的时光。然后就是让孩子入睡的环节。有些孩子可能比其他孩子需要更多的帮助——睡眠是孩子必须学习的一项技能。不过，即便你家宝宝是一个"倒头就睡"的孩子，即不论是午睡还是晚间就寝都比较轻松，保持规律性的入睡程序仍然十分重要。随着你家宝宝变得越来越灵活，睡眠可能会突然出现问题，这通常会发生在宝宝 1 岁到 2 岁期间。做梦会打扰他的睡眠；没有耐心也会，因为他想赶紧爬起来去玩！我会在第 8 章详细讲解有关睡眠困难的处理，不过在这里我先讲讲有关睡觉的 R&R 建议。

意图：在午睡以及晚上就寝时间到来时，帮助孩子安静下来，从玩耍时的紧张与兴奋状态进入更加放松的状态中。

准备：结束刺激性强的活动，比如看电视或玩游戏。带领孩子一起把玩具收起来（重复前面的"收拾"仪式），向孩子宣布："差不多该睡觉了。"然后，拉上窗帘，拉下遮光板。为了帮助孩子进一步放松身体，请你将洗澡作为晚间就寝仪式的一部分。如果你家宝宝喜欢，还可以给他按摩。

从开始到结束：洗过澡、穿上睡衣之后，对宝宝说："我们去选一本书吧。"如果你家宝宝年龄尚在 8 到 12 个月之间，而且还没有哪本书是他的"最爱"，请你替他选一本。开始读书前，先跟孩子说好，你要读几本书（或是同一本书你要读多少遍），然后每天都坚持那么做——否则的话，你就是在自找麻烦（请参阅第9 章）。

除了上述建议之外，有些家庭还可以根据他们自己以及孩子的喜好来设定这套仪式。比如说，罗伯塔和她的小女儿厄休拉每晚都会一起坐在摇椅上读书，厄休拉最喜欢的绒兔依偎在她俩中间。罗伯塔读完一本书，她俩会拥抱一下，然后厄休拉就会心满意足地爬进她的婴儿床。德布的儿子杰克在读书的时候要搂着他的"小毯子"，通常伴随着一盘他最喜欢的磁带，听他最喜欢的画本书。如果杰克从德布的膝盖上跳下来想玩他的小卡车，德布就温柔地提醒他："不玩玩具，杰克，你该睡觉了。"

一些学步期宝宝在睡前还要奶瓶，或是找妈妈哺乳。如果这么做能帮助孩子放松，那当然挺好——只要他不需要含着奶嘴或乳头才能入睡就好（请参阅第 8 章第 343 页利安娜的故事。此外，含着奶嘴入睡对孩子的牙齿不好）。19 个月大的达德利睡前仍然想要他的奶瓶，于是他妈妈让他到楼下喝奶。这样一来，他既感受到了熟悉的奶瓶带给他的安全感，又不用含着奶嘴入睡。达德利的安慰仪式中还有其他细节。他会向窗外的月亮和星星挥手道晚安。如果爸爸不在家，他会亲吻爸爸的照片。

当你将孩子放入婴儿床安顿好之后，就寝仪式便应该到此结束。有些家长立即离开房间，还有些家长则需要多停留几分钟，唱支摇篮曲，用手拍拍孩子的屁屁或按摩几下背脊。如果你足够了解自己的孩子，你就会知道什么能让他安静下来。（请参阅第 8 章中有关在仪式结束后孩子仍不肯睡觉时的相关提示。）

特殊场合的 R&R

正如我在本书开篇时曾说过的那样，在每一个家庭的每一天、每一个星期或每一年中，会出现无数的场合，这些场合可以通过有意识的仪式来加以强化。与日常生活中的仪式一样，这种仪式所蕴含的个人意义是一个很重要的因素。对某一个家庭有意义的事情可能对另一个家庭而言是没什么意义的。此外，有些家庭还有他们自己特殊的需求，比如说芭芭拉·比齐乌就在她的书中描述了"有你节"，以庆祝收养孩子进入这个家庭的那一天。我相信，你家里也有传承自家族的、具有独特意义的传统。以下是一些常见的特殊场合。

家庭"团聚"时间。 无论是每星期一次还是每个月一次，重要的是你们要把家庭团聚时间安排得有一定规律。这是你可以和家人分享想法、联络感情或是单纯享受快乐的时光。有些家长会依照自己家中传下来的老传统，有些家长会建立起自己的新惯例，还有一些家长会将新惯例和老传统结合起来。

意图：促进家人间的合作、交流和联系。

准备：如果你家里除了学步期宝宝之外还有 4 岁以上的孩子，你可能更愿意采纳芭芭拉·比齐乌设计的、更加正式的"家庭会议"仪式，其中有家庭分享、相互宽恕或是其他有趣的活动。如果家中只有你、你的爱人和学步期宝宝三个人，你们只需每星期都留出几个小时的一家聚会时间就好。你可以参考芭芭拉·比齐乌的家庭会议仪式，从中汲取灵感，让你家的做法更适合你家小宝宝。哪怕是非常年幼的孩子，你也可以将家庭会议中的几个主要元素融入其中——比如"说话棒"①，这是让学步期宝宝学习耐心与倾听的好方法。

---

①当手上握住象征"可以发言了"的"说话棒"时，孩子才可以"发言"。如果这个"说话棒"还没有传递到他手中，他必须忍住不说话，只听手中有"说话棒"的人发言。这也是《正面管教》中家庭会议以及课堂会议上的做法。——译者注

从开始到结束：以你宣布"这是我们的特别家庭时光"开始。也可以点燃蜡烛表示仪式开始，注意不要让孩子碰到火苗。即使你不打算举行正式的家庭会议，也依然应该将这样的聚会烘托出"神圣"的气氛来，不允许任何其他事务打扰。也就是说，不要打电话、做家务或处理你自己的事情，那会破坏这种气氛的。这是和你家学步期宝宝在一起的美好时光——可以是吃饭、去公园玩，也可以是在客厅里聊天、玩耍、唱歌（最好不要看电视）。时间为1到2个小时。然后，吹灭蜡烛，表示仪式结束。

跟进：如果你家小宝年龄还很小——比如说才刚刚1岁——你可能觉得这种做法有些荒谬。"他不会理解的。"你坚持道。好吧，这话有可能是真的，但也可能不是真的。不过有一点我知道肯定是真的，通过一再重复这种家庭聚会，你家宝宝不仅会了解它的重要性，而且还会期待它的再现。

爸爸时光。正如我在前面的"导读"中所说，虽然今天的爸爸花在孩子身上的时间肯定比前几代的爸爸更多了，但是，与我交谈的妈妈们仍然觉得孩子的爸爸——以及爷爷——需要再接再厉。另一方面，在某种程度上，也有"领地之争"的因素在里面。有些妈妈并不想放弃自己对孩子的掌控权，有些妈妈则是无意中阻止了丈夫的参与（见后面插入栏）。还有一部分原因是"能不能"的问题。比如说，爸爸整天待在办公室里，只有妈妈独自一人在家照顾孩子，他就没有办法弥补这种不足。但即使是在妈妈也上班的家庭中，更多时候爸爸也只不过是个"帮手"，而不是真正的育儿伙伴。（如果家有"全职父亲"，情况就可能倒过来，只不过这样的家庭我很少见到。）

许多妈妈会在无意中因为下列举动而破坏了家里学步期宝宝与爸爸之间的亲近程度：

• 妈妈告诉爸爸应该怎么去想、怎么去做：格蕾塔和爸爸正在玩玩具吸尘器。妈妈过来说道："她现在不想玩那个东西，刚才我们已经收起来了。"请注意，由爸爸自己去弄明白格蕾塔喜欢什么、不喜欢什么，这是很重要的事情。

• 妈妈当着宝宝的面批评爸爸："这件 T 恤你不该那样给孩子穿。"

• 妈妈的举动让宝宝认为跟爸爸在一起并不安全：每当爸爸和格蕾塔一起玩时，妈妈总会在一旁监视。一旦看到格蕾塔哭了，妈妈就会立即从爸爸手中"救出"她来。

• 妈妈让爸爸扮演坏人：每当格蕾塔不肯睡觉时，妈妈就会让爸爸进去"搞定"她。每当格蕾塔有不当行为时，妈妈总是说："等着吧！等你爸爸回来！"

• 妈妈不愿放弃她的"主角"位置：爸爸正在给格蕾塔读故事书，这时妈妈走进来，把格蕾塔从爸爸腿上抱下来，说："剩下的故事由我来读完吧。"

在一个家庭里之所以孩子们能享受到均衡的父子时光和母子时光，都是因为不但爸爸付出了真诚的努力，用心单独陪伴孩子，而且妈妈积极支持爸爸这么去做。不过，家里老二诞生之后，爸爸不太容易做到花同样的时间在老大和老二身上。一则爸爸对照顾小婴儿感到有些无所适从，再则学步期的老大此时正是最容易看护的时候。马丁先生就是一个好例子。当他儿子奎因刚刚出生时，马丁仿佛对孩子有些"疏远"，可现在奎因已经18个月大了，马丁每个星期六早上都高高兴兴地带他去公园。要知道，马丁还是大湖球队的铁杆球迷，所以他必须提前安排好自己的时间，才能不耽误按时去看比赛。这样的"轮班"还能让他的妻子阿琳得到休息，更重要的是，这给了马丁机会直接观察和了解儿子，而不仅仅是通过阿琳的眼睛去认识奎因。值得一提的是，马丁第一次单独带奎因出去玩的时候，其实是有些不情愿的。等感受到了跟儿子独处的快乐之后，他才真正有了意愿，让这件事变成了每星期一次的惯例。许多父亲都有过跟他一样的经历。

意图：帮助孩子与父亲建立起良好的亲子关系。

准备：爸爸妈妈之间可能需要一起商量着安排出一个合理的计划来，提前解决好在时间安排上可能出现的冲突，特别是在父母双方都要上班的情况下。还有，一旦爸爸安排好陪伴孩子的时间，那就一定要坚持下去，不可让自己被别的事情绊住脚。

从开始到结束：让孩子知道这是他和爸爸在一起的特别时光。与前面强调过的一样，每次爸爸都要说同样的话，做同样的动作，有助于孩子知道这标志着父子时光的开始。比如说，马丁会对奎因说："来吧，伙计，我们该走了。"马丁一边说一边把奎因拎起来，拉开他的双腿，让他骑到自己的肩膀上。只有1岁多的奎因本能地知道爸爸时光和妈妈时光是不同的。马丁喜欢唱歌，所以在去公园的路上，他会边走边唱道："爸爸和奎因，奎因和爸爸，往公园里走，因为是星期六。"奎因还不会跟着爸爸一起唱出歌词来，但马丁说奎因后来开始用他的"宝宝腔"跟着哼唱了。他们在公园玩了1个小时左右，这时马丁又对奎因说道："来吧，伙计，我们该回家了。到了休息时间啦！"当他们回到家时，马丁以很夸张的动作脱下自己的球鞋，然后又帮奎因脱下了他的球鞋。公园之旅就此结束。现在奎因该去睡一会儿觉了。

不过，爸爸时光不一定要局限于玩耍时光。爸爸也能接管日常生活中的其他环节。最常见的父子时光似乎是晚间的洗澡环节。还有些爸爸喜欢做早餐。其实，做任何事情都可以成为爸爸和孩子的亲子时光，关键是爸爸要坚持住，把一件事情变成定期的、规律性的惯例。

家庭庆祝。家人的生日、周年纪念日和其他特殊的家庭日，都是庆祝的好理由。但这里有两点请注意：其一，场面不要太庞大、太花哨，也不要有其他不适合小宝宝参加的活动，否则会对孩子刺激太过；其二，不必将家庭庆祝活动的主题都局限于你家宝宝身上，换句话说，不必次次都让你家小宝宝站在聚光灯下当主角，也要给他机会学习如何为他人喝彩，这一点同样很重要。

意图：帮助你家宝宝理解某个特定日子的重要意义，而不要像人们通常做的那样强调收了多少礼物或礼金。

准备：活动开始前几天，让你家宝宝知道"重要的一天"即将到来。由于孩子对时间的理解有限，太早告知他反而会使得他的期待没了味道。如果是孩子的生日，请只邀请几个近亲。一个很好的简单规则是孩子每增加1岁就多请一个小朋友。因此，如果是为了庆祝你家宝宝的2岁生日，请只邀请两个小朋友。许多父母都不愿遵守这条规则，那么请你尽量限制小客人的数量，而且尽量只邀请经常跟你家宝宝一起玩的孩子，比如他宝宝活动小组中的小伙伴。

如果这个庆祝仪式是为了别人的某个重要日子，比如孩子的兄弟姐妹或祖父母的生日，请帮助你家宝宝理解这个特殊日子的意义。鼓励他为此做点什么，比如说画一幅画，用橡皮泥捏一个物件，也可以是一张由他口述再由你写下来的贺卡，当然还要请他亲手签名（涂鸦）。如果你家宝宝还太小，无法制作这类简单的手工作品，你可以建议他将自己的一件玩具送给对方——"今天是娜娜的生日，你愿意把这个小布偶送给她吗？"给祖父母的另一个好礼物是教你家宝宝唱（或跟着你拍手）生日快乐歌。

从开始到结束： 假如一个1岁孩子的父母为宝宝的生日举办了一场大型烧烤派对，我能理解，这个派对其实更多是为了他们自己的需要而举办的。真正以孩子为核心而举办的生日派对，应该简单而且短暂。派对应该以小宝宝们自由玩耍开始，以吃点心、吃蛋糕和最后的吹灭蜡烛作为结束。不过，无论是为了庆祝什么，都请尽量将时间限制在2个小时之内。我知道很多父母会雇用小丑演员和各种艺人来烘托派对气氛，但是，请恕我直言，小宝宝是不需要这些娱乐活动的。一位妈妈最近告诉我，有个1岁的宝宝在自己的生日庆典上大哭起来，妈妈不得不抱着宝宝离开了生日派对！如果你一定要雇请艺人，至少要确保这个人能唱些小朋友们熟悉的歌曲。

只要你能牢记举办这些活动不仅仅是为了庆祝某个重要日子，同时也是为了培养孩子的家庭亲情观念，以及帮助孩子学习礼貌待人和慷慨大方，那么，你的行动就不会迷失方向。假如派对是为小苏茜举办的，你要带着她对大家说"谢谢"，或者至少每次有人递给她一件礼物时，你都替孩子说一声"谢谢"。假如派对是为苏茜的兄弟姐妹或其他家人举办的，比如说是母亲节庆祝活动，你一定要带着苏茜对妈妈说点什么、做点什么，以示庆贺之意。

跟进：假如派对是为你家学步期宝宝举办的，那么，现在就开始教她如何写感谢信肯定不算为时太早。即使她还不会说更不会写，你也可以替她写几封感谢信。要大声朗读给宝宝听，然后请她亲自"签名"（涂鸦）。感谢信应该言简意赅，而且不超过你家宝宝能够理解的范围：

亲爱的奶奶，

　　谢谢你来参加我的派对。我很喜欢你送给我的新娃娃，谢谢你。

爱你的

玛贝尔

庆贺节日。我很高兴看到如今有很多家庭开始让孩子在欢庆节日的同时，还尽量保留节日的原始意义（——毕竟，节日实际上意味着"节·日"），使这些日子不再有那么浓重的物质主义的味道。诚然，要与我们文化中肆意横流的物质主义相抗衡是件很不容易的事情。

意图：在庆贺节日的过程中，更多地向孩子强调节日本身的缘由，而不是孩子收到的礼物。

准备：买一本讲解该节日的图画书，然后读给你家宝宝听。想一想除了收获礼物之外，你家宝宝还可以通过哪些方式参与该节日的庆贺，比如说，布置节日装饰品、为他人制作节日礼物、帮妈妈制作节日食品等等。还有，利用这个机会，提醒孩子把他已经不再用的玩具清理出来，捐给有需要的孩子[1]。

从开始到结束：让我们以冬日节庆为例（尽管下面我讲述的基本原则适用于任何节日）。无论你是庆祝圣诞节、元旦还是春节，都可以在礼拜堂或是请亲朋好友来你家一起度过这一天。在其他庆祝活动开始之前，请你先跟孩子们讲讲有关这个节日的故事和意义。在高尚精神的熏陶下长大的孩子，会对他人的需求变得格外敏感。你还可以帮助孩子学会克制，比如说只允许在除夕夜拆开一份礼物。在任何场合下我们都应该限制给孩子的礼物数量。

跟进：请参照前面"家庭庆祝"中的跟进内容。孩子们也应该为收到节日礼物写感谢信。

家长学习 R&R 的必要性

那些为孩子建立起规律性惯例的父母，喜欢将这些规律称为"锚"，因为它们有助于日常生活的稳步进行，保持家庭的价值观。这些生活中的大大小小的惯例会一直伴随着孩子的成长，伴随着他们的飞速进步与日益独立。重要的不仅仅是这些惯例本身，还是父母会怎么看待这些惯例。R&R 使得父母和孩子都对日常生活中的各个环节以及某些特殊日子抱有更清晰的认识，在生活中保持更平稳的心态。在本书接下来的一些章节中，我还会时不时提

---

[1] 美国幼儿园和学校的传统。老师会在圣诞节之前组织一次学生自愿参与的慈善捐助，包括玩具和食物，由学校统一转交给慈善机构，最终送到穷人家孩子手中，当作他们的节日礼物。——译者注

及一些其他类型的家庭惯例，其中既有标志着发育变化（比如宝宝断奶）的 R&R，也有帮助孩子接纳新环境（比如家里添了新生儿）的 R&R，甚至是帮助孩子管理情绪的 R&R（比如让孩子冷静下来）。通过花时间重复这些规律化的惯例，放慢忙碌的生活节奏，这些 R&R 不仅可以加深我们与孩子的亲子关系，还可以让任何一个时刻都变得更富有意义。

第 4 章

扔掉尿布：迈步走上独立之路

跟别人攀比很令人生厌。

——14 世纪的流行谚语

走到一段旅程的终点固然很好，
但更重要的却是这段旅程本身。

——厄休拉·K. 勒古恩①

---

①Ursula K. Le Guin(1929—2018)，美国著名女作家，在科幻、奇幻以及青少
年文学方面著作颇多，获得多个文学奖和荣誉。——译者注

生长发育并非"越早越好"

　　我最近拜访了琳达，她的女儿诺埃尔刚刚满月。在我拜访期间，她的大儿子，15个月大的布赖恩，正好约了最好的朋友斯凯拉到他家来玩。因为我正在写这本书，所以我很自然地特别关注这两个学步期宝宝的活动（幸运的是，小诺埃尔在我刚到她家不久就睡着了）。

　　我和琳达照看着两个小男孩。琳达在一旁解释说，她和斯凯拉的妈妈西尔维娅是在一次育儿讲座上认识的，那时她俩都还怀着孩子，很高兴地发现她俩竟然住得很近。后来，每当她俩当中有一位需要去看医生或是出门办事时，另一位通常就会负责照看两个男孩，今天其实就是这样的情况。因此，她俩的孩子几乎从出生后就一直在一起玩。看着两个小男孩在一起玩，琳达忽然转头看向我，几乎是带着歉意地解释道："你知道，斯凯拉什么事情都比布赖恩先会做，那是因为他比布赖恩早出生了三个星期。"然后，她的声音里带上了一丝焦虑，略有些急切地补充道："但是，布赖恩追赶他的进度也不错，你觉得呢？"

　　可叹的是，我遇到过很多像琳达这样的父母。他们不懂得好好享受宝宝的每个成长阶段，跟宝宝一起活在当下，而是不断地衡量宝宝成长的进度并为之烦恼，不断地想要推动宝宝长得更快一点。他们总是拿自己的孩子与其他孩子进行比较。无论是在幼儿班、游乐园，还是在某家人的客厅里玩耍时，几乎每一个小玩伴的家长都在相互攀比。孩子已经会走路了，妈妈会一个劲地自夸；孩子还没有学会走路，妈妈又一个劲地着急。她们会过来问我："为什么卡伦还不会这样做呢？"或者，像琳达一样，她们会替宝宝找借口："他晚出生了三个星期。"

就在最近，我参加了两个出生在同一天的 1 岁小宝宝卡西和埃米的生日会。卡西已经可以相当稳当地来回走动，可埃米还几乎无法靠自己站稳当。然而，埃米已经能够说出好多东西的名称，能叫出她家狗狗的名字，而且，同样令人赞叹的是，她已经知道从街上隆隆驶过的大卡车是一辆"卡"（卡车），跟她家里的玩具"卡"是一样的东西。看着埃米，卡西的妈妈忍不住问我："为什么卡西还不会说话？"她不知道的是，就在刚才，埃米的妈妈也过来问了我一句："埃米为什么还不会走路？"我向两位妈妈分别解释道，如果一个孩子在肢体能力方面发育较快，那么在语言能力方面的发育往往会慢一点，反过来也是一样。

这样的相互攀比，实际上从宝宝的婴儿期就开始了。可这还只是问题的一部分而已；另一部分则是父母往往将宝宝的正常发育步骤视为孩子了不起的成就："看，他已经可以抬起头来了。""哟，他可以翻身了。""现在他可以坐起来了。""哎哟！他站起来了！"这样的赞叹总是让我感到有些不理解，毕竟这些成长里程碑并不是真正的"成就"。相反，宝宝每走过一个里程碑，都是老天在告诉你："注意：你家宝宝正在为下一步的成长做准备。"

不要炫耀

"你看，"妈妈一脸骄傲地对她家的访客说道，"他现在可以拍巴掌了。"然后，可怜的小可爱只是傻乎乎地坐在那里，妈妈又一脸沮丧地道："那个，他今天早上真的拍巴掌了。"

小宝宝不是马戏团里的演员。父母不应该要求小宝宝为爷爷奶奶或是自己的朋友"表演马戏"。儿子可能听不懂他骄傲的妈妈说出的话，但是，他肯定能听懂她的语气，也能看得懂他没能按要求"表演"时妈妈脸上的失望。

孩子会在他能力到了的时候做他能做的事。如果他能拍巴掌了，他就会拍巴掌，他不会故意不拍的。当你要求你家宝宝"表演"某件他曾经做到过一两次的事情时，你就把宝宝推到了他可能遭遇失败并令你感到失望的悬崖边。如果他碰巧按你的要求做到了，他固然会得到掌声，但是，你是在欣赏他的表演技巧，而不是在为他是他自己而喝彩。

诚然，如今父母身上的一些压力是来自上一辈的。比如说："为什么露西娅还没有坐起来？"来自爷爷奶奶或者外公外婆的这类提问，足以让一些年轻父母陷入惶惑之中。比上面那句话还要糟糕的是下面这句话："你不觉得应该撑着她坐起来，好让她早点学会坐吗？"天啊！这不仅意味着小露西娅的发育一定很慢，也意味着妈妈和爸爸对宝宝的成长还不够用心。

当然，父母也好祖父母也好，对幼儿能力的提高感到兴奋是很正常的事情。如果你用没有攀比意味的眼光去观察其他孩子，那么某种程度上的比较是很自然的，甚至是很可取的。亲眼看到其他宝宝在"正常"发育范围内有着多种多样的行为和成长模式，肯定会让你感到安心。然而，若父母过于在意与其他宝宝做比较，甚至试图通过"努力训练"来推进自家宝宝的成长进程，反而会给孩子的成长造成很大的阻碍。因为，他们带给孩子的并不是所谓的领先优势，反而更可能是烦恼，是焦虑。

为了减少相互间的攀比，避免父母强行推动孩子练习，我总是尽可能地让我主持的宝宝小组活动处于非常轻松的气氛中。我有自己的一个模式，比如说，每次宝宝活动即将结束时我会播放音乐，让活动在一种温馨的、平静的气氛中结束。我会断然远离任何带有教学味道的东西，因为宝宝小组活动的目的，是让宝宝学会合群，而不是"教导"他们。然而，我也听到和看到过其他人主持的类似课程，他们和我的观点并不一样。在一些宝宝活动中，老师并不是指导父母如何观察宝宝是否已经有了准备学走路的迹象，而是指导妈妈爸爸如何让宝宝保持直立姿势，并宣称那么做可以加强宝宝的腿部力量，从而让宝宝更快地学会站立。

问题是，虽然有些孩子果真开始站立起来（那是因为他们的时间到了），但有些孩子仍然站不起来。相信我，亲爱的，有些父母会一星期又一星期地呕心沥血，每天花上一小时又一小时的时间不断地把小宝宝拽起来，可只要妈妈一放手，宝宝就仍然扑通一声倒下去，因为他还没准备好，时间还没到。可是，他父母接受不了这一现实，于是又去购买某种旨在让宝宝"更快走路"的装置或设备。然而，宝宝是否准备好了，与健美操或辅助装置什么的毫无关系。

接下来发生的事情就更令人痛心了。当小朱尼尔扑通一声趴下时，爸爸妈妈对他感到很失望——班上的其他孩子都"领先于"他了。你觉得朱尼尔对此会是什么感受？往轻里说，他会很困惑：为什么我的父母总是把我拉起来，而且看起来很伤心？往重里说，这甚至有可能损伤他的自尊心，形成自卑心理：我没有达到我父母的期望，没有人爱我，所以，我一定不是个好孩子。

事实上，等宝宝长到 3 岁时，他们几乎都能做到同样的事情，不管他们的父母在此之前为了推动他们的发育付出了多少努力。其实，孩子的发育遵循的是"自然进程"，也就是说，一切都会自动出现。有些孩子的身体发育比其他孩子更快，有些则要慢一些；而无论他们发育得是快还是慢，都很可能是在追随他们父母当年的脚步，因为生长发育的速度和模式会很大程度上受遗传基因的影响。

这并不意味着你不该陪孩子玩耍，不该鼓励他努力。这并不意味着当他对一项新技能表现出兴趣时你不该予以他帮助。相反，这意味着你必须是一个善于观察的引导者，而不是一个不断推他往前的教导者。我完全赞成让孩子早早独立，但你需要给他留出做好准备的时间。你必须让他自己的身体和心灵发挥主导作用，而不是试图"拔苗助长"地刺激他。

在本章中，我将帮助你去发现孩子的成长迹象，让你知道该何时介入，以及在孩子自然发展的过程中，你可以采取哪些措施来引导孩子越来越独立。本章中涵盖很多领域——行走、玩耍、饮食、穿衣和如厕训练。（在接下来的两章中，我将着眼于孩子在认知、情感和社交方面的成长。）在你开始阅读下面每一节的内容之前，我们再来温习一次在第 2 章讨论过的 H.E.L.P. "帮助诀"。

> ## H.E.L.P. 策略
>
> H, 克制住你自己: 等待你家孩子自己表现出准备就绪的迹象, 然后你再过去帮他。
>
> E, 鼓励孩子探索: 根据孩子的发育进度为他提供探索机会——让他在力所能及的范围内尝试新的挑战并扩展他的技能。
>
> L, 立规矩设界限: 要用心将他限制在他的 "学习三角" 之内 (见第 2 章第 54 页译者注; 请参阅本章后文)。永远不要让他去尝试注定会令他陷入极度沮丧、情绪过激或可能发生危险的事情。
>
> P, 称赞孩子: 称赞他完成的一项成果、掌握的一项新技能以及他做出的令人欣赏的行为。但是请记住, 过犹不及。

宝宝总动员——留心学步期宝宝的成长!

学步期宝宝的内驱力源自他现在的行动能力。你家宝宝会不断地走动, 而且想要不停地走下去。在他看来, 其他的一切——很不幸的是, 也包括吃饭和睡觉——都会妨碍他继续向前。但是, 请想一想这当中的奇妙之处: 在你家宝宝生命最初的 9 到 10 个月内, 他已经从一个几乎无法控制自己四肢的一团肉, 成长为一个能蹒跚前行的学步儿，可以利用任何能承载他身体的"构件"——他的膝盖、他的臀部以及他的脚——在屋子里四处挪走。更重要的是，他不断增长的肢体能力让他走上了一个又一个全新的有利位置。当你能坐起来时，你所看见的世界会大不一样；当你能站起来时，那就更不一样了。而且，我的朋友，当你可以在没有任何人帮助的情况下独立行走时，你就有了足够的能力走向你喜欢的东西，远离让你害怕的东西。换句话说，你自由了！独立了！！

爬行之谜

人们早就认识到，有些孩子会从能坐起来直接成长到能站起来。如今，这类孩子的数量正在不断增加。科学家们认为，原因是现在婴儿以俯卧位卧在床上的时间越来越少，而这是预防婴儿猝死所带来的副产品。

在 1994 年兴起"仰卧睡姿"运动之前，大多数婴儿都是面朝下以俯卧姿势睡觉的。为了能更好地观察这个世界，这些宝宝早早学会了翻身，而这是他们学习爬行的前奏。可是现在不同了，父母得到的建议往往是让婴儿以仰卧姿势睡觉，于是小宝宝不再需要从趴着的姿势翻过身来。最近的两项研究（一项在美国，一项在英国）得出的结论是，有许多以仰卧姿势睡觉的宝宝（在美国的研究中，数量占了三分之一）没有照自然规律按时学会翻身或爬行，有些宝宝甚至完全跳过了爬行阶段。但是，如果你家宝宝也是其中之一，请不要担心。到了 18 个月大时，有过爬行阶段和没有过爬行阶段的宝宝，最终的发育结果几乎没有任何区别，两者都会在大约同一年龄段开始行走。而且，以前人们曾经认为的爬行是大脑发育所必需的这一观点，如今已经被推翻了。

请记住，发育阶梯中的每一步都是缓慢进行着的，并且有着它自己的时间表。毕竟，孩子并不是在 8 个月大的时候忽然就能坐起来了，这是在一天一天的成长之中身体越来越成熟，四肢也越来越强壮的结果。从他能自己稳稳当当地坐着，到他能抓住东西自己站立起来，通常来说需要两个月左右的时间。爬行也是如此。从你家宝宝第一次趴在床上"游泳"并双腿乱踢开始，他就已经在练习爬行所需要的各个"分动作"了。他需要这么练上四五个月，才能逐渐将所有必要的"分动作"最终整合到一起。

第 123 ～ 125 页的列表显示了孩子行动能力的一个个里程碑——由婴儿期到学步期的典型发育进程。不消说，当你家宝宝的生理技能成熟到一定程度时，他的自我意识、群体意识、处理精神压力和分离焦虑的能力等也都会相应地成熟。我们不可以假装不知道各个领域的发育进展是相互关联着的。当然了，行动能力的发育程度是一个很好的观察起点。孩子的身体成熟度决定了他能不能坐在餐桌旁吃饭，能不能玩玩具，能玩什么样的玩具，能不能和其他孩子相处，等等。

在你浏览这张列表时，还请记住一点，掌控着宝宝早期肌体能力发育的力量，是家族的基因。虽然有大约半数的婴儿可以在 13 个月大时蹒跚学步，但是，如果你或你爱人小时候就是走路较迟的人，那么你家宝宝很可能也会比其他小朋友更晚学会走路。有些孩子能较快地赶上来，还有些孩子则可能会落后一两年。到了2岁时，你家宝宝可能还不会像同龄小伙伴那般敏捷地奔跑和跳跃，不过，等到了3岁时，这种差异（如果真有的话）就已经微不可见了。

无论你家宝宝的成长进度如何，一路上都会有挫折和失败，甚至会出现一些倒退。如果他今天重重摔疼了自己，那么明天再次尝试时自然可能会有点胆怯。但你不必担心——他很快就会从跌倒的地方爬起来继续往前走。等他赤着脚走路越来越稳当了，你可以鼓励他在不同质感的表面上尝试行走——这有助于进一步提高他的运动控制能力。

提示：如果你家宝宝跌倒了，请你不要立即冲上去，而是先判断一下他是否真的受了伤。你的焦虑也会伤害宝宝的——那会吓到他，破坏他的自信。

你也许已经注意到，我很少提到各个成长里程碑的"典型"年龄。那是因为我希望你能更多地关注孩子成长的过程，而不是那些"典型"的结果。即使你家宝宝"迟到了"，他也可能只是在按他自己的"时间表"成长。我们成年人在做事时不也一样有我们自己的时间表吗？这有些类似于你在健身房里的情形。想想看，在你能熟练掌握一架新的健身设备之前，你的大脑、肌肉都需要有一段熟悉过程，然后才能真正协调起来。同样，假如你开始学习一种新的健美操，刚开始时这套动作对你来说一定十分陌生，不论是你的大脑还是你的肢体都会觉得相当别扭。你可能学得很快，很容易就上了手；你也可能需要比同伴们花更多的时间练习。不过，等过了12个星期之后，别人就很难看出谁曾经起步较慢了。

你家宝宝在尝试他的每一个发育新台阶时，也会是同样的情形。如果你仔细观察，会找得到他是否已经准备好了的迹象，你也就能适时鼓励他按照他的自然进程往前走。要尊重他的天性。与其任自己陷入焦虑而不断催促他，不如转换一下念头，告诉自己那就是他此刻应该走到的位置。如果你实在觉得你家宝宝远远落后于他所在小组中的其他宝宝，或者哪怕你不再敦促他了他依然不见有任何反应，那么，请你在下次带他去看儿科医生时向医生提出你的担忧。定期请儿科医生给宝宝做例行身体检查，你自然会知道孩子的发育是否正常。

一位聪明妈妈的来信

2岁的宝宝都有个外号，叫"磨人精"。我觉得，对待这个年龄的宝宝的最佳做法，是把他看作一个"小精灵"。我不由得想到了我的儿子摩根，一个好像一年四季都患有"经期综合征"的小子，时不时地就会要么大发脾气，要么崩溃大哭，要么做出各种"不良"行为。我也不由得想到了我自己在"经期综合征"时有多么无助，激素的起伏有多么剧烈，情绪的变换有多么迅速。试想一下那就是2岁的你，不知道为什么自己会有这样的感觉，不知道为什么周围的人都因你而苦恼和沮丧，偏偏你还无法解释你的感受是什么，更无法解释你真正想要的是什么，因为你也不知道怎样才能让自己感觉好一些！我今年都已经32岁了，能清楚地知道自己正在经历什么，可我仍然觉得自己无法应付。那么，一个才只有2岁的宝宝呢？唉，我都不敢往下想了。所以，为了他的一个小小的进步，我们俩会一起为他祝福，一起用爱帮助摩根走过这一历程。我们会相互支持，一起努力为他做好各种铺垫，当他遭遇挫折时用爱去滋养他，当他处于危险中时用心去引导他，尽我们最大的能力跟他讲道理。

最后一点：飞速的发育会犹如一股风搅动湖面的平静。我很高兴收到像上面这位妈妈发来的电子邮件——她的心态的确非常好。可我也同样经常收到父母的诉苦邮件，觉得他们家宝宝的变化好像十分糟糕："他过去常常能睡通宵的，可是，最近他开始半夜站起来，然后又不知该怎么躺回去。他这是出了什么毛病？"他没出什么毛病，这说明你家宝宝正在成长，越来越独立。他可能有时候会陷入困惑中，这取决于你是否肯给他机会，让他练习他刚刚发现的新技能。

提示：突然生出的前所未有的活动能力，常常会导致宝宝睡不安宁。这时，你家宝宝的四肢充满了活力，就和你刚刚锻炼过后的感觉一样。宝宝一时还习惯不了。学步期的孩子可能会在半夜醒来，自己扶着婴儿床站起来，然后哭喊着让你去救他，因为他还不知道该怎么躺回去。这就需要你教他了——当然，是在白天教他。你可以让他下午在婴儿床里度过一段独自玩耍的时光（不论是不是为了教他，你都应该坚持天天这么做。请参阅第3章）。等他站起来之后，你牵过他的双手，让他握住婴儿床的竖直栏杆，然后，用你的双手扶住他的双手，沿着竖直栏杆慢慢向下滑动。当他的手低到一定程度时，他自然会弯曲膝盖坐下来。两三次之后，他就会弄明白的。

事实上，学步期宝宝正在走过一个又一个的新阶段。就在你刚刚习惯了宝宝的某种行为时，他又开始了另一种新的行为。说实话，你唯一可以预见的，就是宝宝会不断地改变他的行为。你无法控制这种改变，也不能（而且更不应该）阻止这种改变。但是，你可以改变你对待这种变化的心态。请想一想，成人世界中的各种变化会让一个成年人多么心烦意乱——换新的工作了，亲戚去世了，离婚了，家里又添宝宝了。请再想一想，一个学步期宝宝又该是什么样的感觉！所以，请理解你家宝宝生活中这种不断出现的、迅速的变化。最重要的是，你要以积极的心态看待这样的变化，而不是在那里大放悲声："唉，我的天啊！他怎么又不一样了！"你要放开胸怀，拥抱这美好的奇迹。

宝宝动作发育"大事表"

能力名称	宝宝会经历的各阶段	提示与建议
坐	1. 如果让他坐下，他可以不靠任何支撑物坐住，能靠自己的双臂大体上保持住平衡；但他的坐姿僵硬而机械，有点像是一个缝制的布娃娃。 2. 可以伸手去拿身边的玩具而不会倒下。 3. 可以左右转动身躯。 4. 可以在没有任何人帮助的情况下自己坐下来。	为了安全起见，应在他的身体周围放上一些防护垫。

能力名称	宝宝会经历的各阶段	提示与建议
爬行	1. 练习肚皮朝下趴着"游泳"和踢腿。这是他下一步爬行时需要用到的动作。 2. 发现通过蠕动身躯可以挪动自己的位置。 3. 开始用脚蹬着挪动身体，但只会倒退着挪动。 4. 像"虫子"一样，向前蠕动着爬行。 5. 四肢并用，摇摇摆摆地向前爬。 6. 终于可以四肢协调地随意爬行了。	这个阶段宝宝可能会非常沮丧，他越想向前爬抓到一个玩具，就越是远离那个玩具。 一旦宝宝能挪动自己的身体了，请记得盖好家中所有的电源插座，挡好电线使他够不到。2岁以下的宝宝不可无人在旁照看。 喜欢靠四肢爬行而能够在屋里"飞来飞去"的宝宝，反而会不急于学走路。如果你家宝宝跳过这个阶段而直接学会走路，也没有什么不好的。
站立	1. 在婴儿期，会出现一种僵硬反射，然后很快消失。 2. 在第4个月或第5个月时，他会喜欢"站在"你的腿上。你要用双手护在他的腋窝下。 3. 拉住什么东西让自己站起来。	当他能够站起来时，伸出你的手指让他握住，帮助他站稳一点。
游走	1. 双手扶着家具或旁人的手来回游走。 2. 单手扶着什么就可以来回走动。	如果他已经这么游走了2个月或更长时间却还没有足够的信心放开手自己走路，你可以挪动一下他经常要去扶的东西，比如椅子和桌子，稍微拉大一点距离。这样一来，为了能继续向前，他必须鼓起勇气跨过这点距离。

能力名称	宝宝会经历的各阶段	提示与建议
蹒跚学步	1."妈妈,看!手不扶!"试探性地独立行走,但稍走几步就会摔倒。 2.对躯体和四肢的控制能力越来越强,并且能够更好地控制住自己仍然超大的头颅;他蹒跚向前时也不再需要注意自己的脚。	一旦你家宝宝开始蹒跚学步,请保持地面干净,同时确保他头部可能碰撞到的地方都没有锋利的边角。当他赤脚行走越来越稳当时,鼓励他在不同质感的表面上尝试行走。这能进一步改善他的运动控制能力。 要时刻注意他,例如,确保他可能蹭到的任何物体(椅子、婴儿车、手推玩具)不会太轻,以免他一碰就翻倒。
行走	经过1个月左右的蹒跚学步,宝宝练习走路的距离已经有数千米,他的行动能力也在这个过程中不断增强: 1.可以拿着一个玩具走路。 2.走路时可以抬起头。 3.走路时可以双手举过头顶。 4.走路时可以转身、上下斜坡,蹲下然后毫不费力地站起来。	记得清理你的甲板,亲爱的!像《木偶奇遇记》里的小木偶一样,你家宝宝现在已经变成了一个真正的小男孩(或小女孩)! 如果你家中有玻璃门,现在是时候蒙上防护膜了,因为宝宝虽然已经学会了走路,可还做不到想停就停下来,他有可能直接穿门而过!
请你来命名吧!(比如,跑动、跳跃、旋转、踢腿、跳舞、攀爬等)	他会慢慢学会跳跃、旋转和舞蹈。他会不停地奔跑,甚至可以和小朋友们玩"追猫猫"游戏了。屋里的一切他都要去拽一拽、扯一扯,不论哪里都想爬上去看一看。	他不知道什么是安全的,什么是不安全的,所以你需要在脑后也长出一双眼睛来。要给他攀爬的机会,但也要告诉他哪些地方不能攀爬,比如你客厅的沙发。(有关让他远离沙发的更多建议,请见第3章。)

让宝宝学会独自玩耍

玩耍实在是学步期宝宝最重要的工作。这是他进行大量学习和思维拓展的好时光。玩耍的模式多种多样，既有独自玩耍，也有和其他孩子一起的共同玩耍（请参阅本章关于玩耍日和游戏小组的相关内容），既有室内玩耍也有室外玩耍，既可以玩玩具也可以玩你家中的任何物品。玩耍能培养宝宝的肢体运用能力，促进他的思维，让他为探索这个世界做好准备。你提供给他的玩具、安排给他的活动，都必须适合他的年龄。而且，你还必须给他安排一定的独立玩耍时间，鼓励你家宝宝自娱自乐。最后，你还需要在宝宝该去做其他事情的时候协助他停下玩耍。

你家宝宝长到 8 个月大时，他应该已经有能力独立玩耍 40 分钟左右了。有些孩子天生比其他孩子更独立些，有些则更缠人。如果你家宝宝已经快 1 岁了还需要你一直陪伴在身边，则可能是因为他有了分离焦虑（这对 8 ～ 18 个月大的宝宝来说是正常的）。但是，你也需要反省一下自己，看看你是否给了孩子足够机会学会独立。你是不是走到哪里都要带着他一起？他玩耍时你是不是总会陪伴在他身边？是不是你需要你家宝宝更胜过他需要你？是不是因此你无意中向你家宝宝传达了一个信号，即你不信任他有能力独自一人玩耍？（见后面的插入栏。）

建立亲子之间的信任

词典中对"信任"的定义如下：有信心，坚定地相信，依赖，关怀，期待，把自己托付给对方。信任这个词的每一层含义，揭示了父母与孩子的关系的每一个侧面。我们是孩子的看护人，我们需要帮孩子建立起他对我们的信任，然后孩子才会信任他自己。

信任是一条双向通道。你需要培养孩子独立玩耍的能力，让他知道你信任他有这能力。但是，你首先必须通过以下途径建立起他对你的信任：

- 你能从孩子的角度考虑问题，并能预料事情的变化。
- 能让孩子逐渐习惯你的离开。
- 不要让你家宝宝承担超出他所能承担范围的责任。
- 不要让你家宝宝做他还没有能力做到的事情。

若果真如此，请你从现在开始就向孩子发送新的信号。比如说，如果你家宝宝正在地板上玩耍，请你去坐到沙发上。逐渐坐在离宝宝越来越远的位置上，让你自己忙于其他事情，以免你始终只是关注宝宝。这样让他适应了几天之后，你就可以去到房门外面了。逐渐增加你家宝宝独自在屋里玩耍的时间，让他知道你就在隔壁房间。（如果宝宝房间里的安全防护设备还没有到位，那么赶紧帮他安装好。）

有些父母烦恼的事情恰恰与此相反，因为他们的孩子玩得太投入了，很难停下来，不愿离开游戏小组，不肯跟父母去到餐桌旁或准备睡觉。孩子们需要知道应该如何划定他们的玩耍时间，理解他们需要有不同的活动——有些活动涉及刺激、想象、感知，甚至弄脏自己（玩耍时总是容易弄脏自己的），还有些活动则需要安静坐好或躺好，比如吃饭和睡觉。而若要帮助孩子理解这些，则需要父母替孩子设定他们可以预期的玩耍时间的进程——从开始到中间，再到最后结束。

开始。以你宣布"现在该玩了"来标志又一段快乐时光的开始。当然，你可能无法每次都这样宣布一声，因为宝宝一天中大部分的时间都是在玩耍。但是，你仍然应尽可能多地以某种方式表明玩耍时间的开始。这也是在现实世界中会经常发生的事情，比如说，在其他小朋友家里、托儿所和学前班，所以，你不妨让你家宝宝早早习惯。

中间。宝宝在玩耍时，你要尽量减少玩具的数量。比如说，当你给孩子积木时，不要一开始就给他一整套积木。一个 1 岁的宝宝刚开始时只应付得了 4～6 块积木，1 岁半时可以一次给他至少 10 块积木，到 2 岁时，他应该准备好接受一整套积木了，因为那时他已经喜欢上搭起一座积木塔然后推倒的游戏了。另外，宝宝已经不再玩的玩具请你都清理出去（请参阅第 129 页的插入栏）。

结尾。学步期宝宝对时间还没有概念，所以你说"请你在 5 分钟之内结束游戏"是没有任何意义的。你不但要用语言告诉宝宝该结束了，还要给他一个视觉上的提醒。比如说，你可以拿出清理玩具的盒子，对宝宝说："游戏时间快结束了。"如果此时他非常投入，请不要立即把他的玩具收走。比如说，他正在尝试弄清楚方形木块是否能装进圆形凹槽里，那么你应该尊重他要完成这个动作的意愿。另一方面你也需记住，你是成年人，必须为孩子设定界限。如果你家宝宝拒绝停下来或拒绝收起玩具，你固然应该表示你理解他的感受，但也要坚持你的要求："我看得出你还不想停下来，但现在已经到了晚餐时间。"然后，请你带着宝宝一起进入清理仪式（请参阅第3章）。

提示：如果你知道自家宝宝很难离开眼下的活动或结束眼下的游戏，请拿出一个计时器，设置好结束时间，并告诉他："当计时器响起来时，我们就必须……"说出你计划中的下一个活动，比如吃饭、去公园、准备睡觉。当扮演"控制者"角色的是这么一个小装置时，你就不必承担"唠叨者"这个令人不快的角色了。

当宝宝静悄悄时……

切勿让2岁以下的宝宝处于无人看管的境地。你一定要把宝宝放在婴儿床或游戏围栏里，或者让另一个成年人照看他。宝宝2岁以后，如果你知道某个区域对宝宝来说是安全的，而且你之前已经观察过宝宝在那里的玩耍状况，知道他不会轻易做出有危险的事情，那么你信任他在那里独自玩耍一段时间，则会有助于建立他对自己的信心。他也可能会自己走出你所在的房间。然而，无论你家宝宝多么有能力或是多么谨慎，如果你听到或看到以下迹象，一定要立即起身去查看一番：

- 完全寂静
- 突然哭泣
- 不寻常的走动
- 一声巨响，接着是突然响起的哭声

不同时期的游戏选择

　　不消说，孩子的玩耍不仅需要有时间上的合理安排，还要考虑他玩什么玩具合适。我的建议是家长一定要始终把这两个因素限制在孩子的学习三角之内——即你提供给他的玩具或活动，既不会超出他的能力范围，又能让他从中获得乐趣。玩具和活动都应该适合孩子的年龄，这样才可以既起到扩展孩子能力的作用，又不会因为难度过高而导致孩子陷入沮丧，甚至以哭闹而告终。这并不是说我们不可以让孩子去面对挑战，但是我们要把这样的挑战控制在合理范围之内，既有一定的难度，给孩子机会尝试自己解决问题，又要确保孩子的安全。诚然，让孩子感受到一定的挫折是件好事——我们都是这样学习的——但是，过多的失败会导致孩子直接放弃。如果你想知道怎么才不会超出你家宝宝的学习三角，不妨先看看他能做到些什么。

　　他可以坐稳当了。你让他坐到厨房的地板上，他就可以探索你的锅碗瓢盆；坐在外面的草地上，他会琢磨伸手可及的每片树叶、每根树枝，这便足以让他快乐得合不拢嘴。他的手现在明显比以前更灵巧了，他的手眼协调能力也比以前更好了。事实上，以前他喜欢用嘴巴探索世界，现在他的手成了最有效率的探索工具。

　　他可以盯住某件东西，伸手去拿过来，然后抓在两只手里来回地倒腾。他最喜欢的活动包括拍拍掌、躲猫猫、滚球球，以及翻动硬纸板书的书页。他还喜欢用自己灵巧的手指，从地板上捡起你的吸尘器漏掉了的渣子。他很善于用手这个好工具去探索，喜欢到处戳戳摸摸感受一番。不过，虽然他善于捡起东西来，但还不太会放下手中的东西。从这时起你就应该开始为他设立限制了，这当然可以是你的口头指点，不过更好的做法是在需要时你直接以具体行动来阻止他。

他学会爬行了。你家宝宝现在已经可以更好地控制他所有的肌肉了。他开始指指点点地打手势、会打开和关上某样东西、点头摇头、动作笨拙地抛球，还能把第二块积木放到第一块积木上面。他喜欢百宝箱（有按钮、转盘、拉杆之类的玩具盒），喜欢能回应他的动作的玩具，比如"跳跳盒"里弹出个东西来（这在几个月之前很可能让他吓一大跳）。他现在可以像捡起东西那样容易地放下东西了。因为他已经可以四处挪动，你很可能会发现他在你各个橱柜里钻进钻出（希望这时你已经做好安全防护措施了，即里面没有尖锐的棱角、易碎的东西、太重的物品，或小到足以吞咽的玩意）。不过，他注意力持续的时间很短，会很快从一样东西转到另一样东西上去，因为他现在更感兴趣的是他能去到哪里，而不是琢磨某样东西。他喜欢推倒你为他搭建的积木塔，但他可能没有耐心等你搭到两层以上！一个简单的捉迷藏游戏可以帮助他开始理解什么叫"存在"——他看不到的东西（或人）并不意味着那样东西（或人）不存在。他喜欢用东西砸出声音来，现在他的双手已经更协调，于是就能一只手拿勺子另一只手抓住锅敲着玩了。在阳光明媚的日子里，他可能拿上一桶水到外面泼着玩（你要守在他身边，以确保他的安全），这会提供给他最喜欢的声响和触感。但是，不论你给了他什么东西，随着他的活动区域越来越大，好奇心也越来越强，他都似乎只对能伤害自己的东西感兴趣，只对四处搞破坏感兴趣。因此，现在是时候加强你家屋里和院子里的安全防护了，以免真的出事故。

提示：若你家宝宝正在爬向电源插座、滚烫的锅、某件贵重物品，你只是简单地警告他一句（"你最好不要碰那个"）是远远不够的，要立即采取行动。请记住，在这个年龄段，你的行动比你的话更有效。这时你有三种行动选择：（1）分散他的注意力（"看，宝贝！一只小狗！"）；（2）打断他的行动（很多时候叫一声他的名字就已经足够了）；（3）直接过去将他抱走。在采取行动的同时，你还应给孩子一个简单的解释："那很危险。""那很烫。""这是妈妈的餐盘，不是玩具。"

如何收拾玩具

现在大多数孩子的屋里都往往会有数量惊人的玩具。除了因为买得太多之外，还有一个原因就是家长不知道应该收起孩子已经不感兴趣的或者不再适合他年龄的玩具。你可以将这些不再使用的玩具清理出来，放在阁楼上留给将来的孩子，也可以把它们捐赠给慈善机构。我个人更赞同后者，最好让你家宝宝也参与这个过程。帮助孩子看到行善的美好永远不算早。你还可以把收拾玩具变成一种惯例，比如在你的家庭日历上做些标记，每三到六个月就有一天是"玩具赠送日"。如果你家宝宝太小或不太愿意帮助你清理他的玩具，你不妨在他睡着的时候做。宝宝可能根本不会注意到某个玩具不见了。可如果他注意到了，那就把那个玩具再找出来——那一定是他最心爱的玩具之一。

玩具也分适合男孩还是适合女孩吗？

在我主持的学步期宝宝的小组活动中，我注意到有些男孩子的妈妈对于哪些玩具适合男孩子、哪些适合女孩子有非常固执的想法（女孩子的妈妈要好一些）。举例来说，19 个月大的罗比喜欢玩具盒中的布娃娃，但是，他妈妈艾琳总是会在他拿起布娃娃时过去阻止他："那是给女孩子玩的，宝贝。"可怜的罗比看上去垂头丧气。当我向艾琳询问这件事时，她解释说，如果她丈夫知道他儿子玩布娃娃会很不高兴的。

这真是无稽之谈！正如我们鼓励孩子通过玩玩具来拓展他们的新技能和新思路一样，我们也应该鼓励他们超越刻板的性别观念。当一个男孩玩布娃娃时，他学会了养育；当一个女孩玩消防车时，她懂得了兴奋与活跃。为什么要剥夺男孩女孩中的任一方享受所有体验的机会呢？毕竟，等今天的学步期宝宝们长大之后，他们都需要既有爱心又有能力。

他可以扶着东西站起来，扶着东西游走了。你家宝宝从此有了全新的视角，因为他现在可以站着看这个世界了，而且，他的认知能力有了进一步的提高。他可能会递给你一块饼干，然后把它收回去，对着你哈哈一笑——这是他第一次懂得怎么跟人开玩笑。他可能会把高脚椅上的东西扔到地上去，看看会发生什么事情，也看看你会有什么反应。他觉得让自己站起来这么一个简单的行为就已经好玩得不得了了。他还因此得到了更多的回报，因为现在他可以摸到更高位置上的东西了。你摆放在那里的贵重物品，他曾经一直深感好奇，现在终于可以拿到手上了。所以，请小心！除此以外，这里还有一个同样重要的安全问题：当你家宝宝试图抓住各种物体把自己拉起来时，他很容易和被抓住的那样物体一同翻倒在地。随着他的自主意识越来越强，如果你干预他的探索，他很可能会大发脾气。所以，牢记 H.E.L.P. "帮助诀"策略在此时就显得十分重要。你可以在一旁关注他，但是，除非他正面临危险，否则的话请不要轻易干预，而是要等他自己来要求你帮忙。要为他提供探索新能力的机会。播放音乐，让他跳舞。最好的玩具是他抓得住的、结实的玩具，而且可以转动、打开和关上，这样他就有更多的机会使用新获得的灵巧性。你现在还可以教他玩秋千了，但要注意安全。先给他使用婴儿秋千座椅，直到他学会如何握紧秋千绳，学会了保持更好的平衡之后，才可以使用秋千凳。

他已经蹒跚着走动了。刚开始时，宝宝可能因为他的速度过快而很不容易停下脚步。一旦他的脚步变得稳稳当当之后，你就可以给他能拉着或推着移动的玩具了。（若更早给宝宝的话，这些玩具有时可能比宝宝移动得更快，结果撞到他的脸上。）在他蹒跚而行一个月或更长时间之后，你给他一些可以提着、抱着、背着的东西，这会让他既忙碌又快乐，而且——并非偶然——还能提高他的平衡能力以及手眼协调能力。给他一个自己的小挎包或小背包，让他可以无休止地装进和拿出他最喜爱的玩具，而且走到哪里都随身携带。他现在开始对某些物体或活动表现出明显的偏好，因为他已经对事情有了更多的了解。他也开始懂得包括"我的"在内的一些新的概念，并因此对自己的玩具有了更明显的占有欲，尤其是在有其他孩子在场的情况下。当然了，他现在也可以当你的小助手了。比如说，在睡觉仪式开始时，你可以说："去选一本你要读的书，然后我们准备进浴缸啦。"他可以从低矮处他的抽屉里拿出他的睡衣，铺好浴巾，然后把他想要的玩具放进浴缸里。虽然他有能力打开水龙头，但我不建议你鼓励他这样做，因为当你不在他身边时，他可能会自己打开热水龙头而烫到自己。如果你家后院或附近公园里有秋千，秋千凳的高度有时可能和你家宝宝头部的高度齐平，因此要注意正在蹒跚学步的宝宝，不要一头撞上去。

他已经可以很熟练地行走、攀爬、跳跃和奔跑了。他现在对手指的运用已经更加灵巧了，所以要多多给他机会练习拧紧、拧松、敲打、搭建和灌水等动作。布置一块厚海绵垫，让他在上面蹦蹦跳跳、翻来滚去，鼓励他多多探索自己全身各部位的协调性。到了这个年龄段时，他开始学着自己解决问题了，比如，当发现有个玩具放得太高他够不着时，他会拿个小板凳过去垫在脚下。他还可以帮忙做一些简单的家务，比如帮你搅拌沙拉，把不锈钢餐具或塑料餐盘（请别给他陶瓷盘子）端到餐桌上去。给他一些粗杆蜡笔，他现在已经知道用蜡笔来涂鸦了，不会再像几个月前那样放进嘴里啃。他已经能够应付简单的木制拼图，最好是那种大块的、上面还有一个小钮子的拼图木片，这样摆弄起来会更容易些。由于他的思维也在飞速发展，所以他现在会更加自信，也更加好奇。他许多看似"破坏性"的或"坏"的行为，其实是他在好奇探索。他在不断地想，如果我把这个……扔地下，压扁它、撕扯它、踩踏它，会发生什么？它会弹跳起来吗？我可以把它推倒吗？里面有什么东西吗？现在是把"戳戳板"藏起来的时候了

（成年人称它为"遥控器"）。否则，你会发现原来设好的程序已经被改动了。他还可能把你的录像带播放机当作"邮箱"使用，往里面塞一张祝贺卡。你可以反过来主动给他一些成人物品的"小号版"，比如玩具吸尘器或儿童小汽车。不过，既然他现在已经学会了"假装"，所以他可能会拿起一根棍子假装自己正在用吸尘器清理地板，要么拿起积木块充当食物，假装自己在"吃东西"。他还会将电话听筒放在耳边并假装在跟人对话（其实只是在叽叽咕咕而已）。我奶奶曾在真电话旁边放了一部玩具电话，只要她的真电话响了，她就会把玩具电话递给我们玩。这是让我们在她说话时有事可忙的一个好办法。你家宝宝此时会继续对自己的东西有明显的占有欲，不过现在正是你开始教他跟别人轮流玩玩具与共享玩具的好时机（请参阅第6章）。玩水、玩沙子都非常适合这个年龄段的孩子。拿出你存放在车库或阁楼里的他当初用过的婴儿浴盆，装满水或沙子给他玩。玩水的时候，切记一定要有人在一旁照看你家宝宝（请参阅下面提示栏）。给孩子各种挤压壶、杯子和罐子（水罐！），来增加他对水的体验。玩沙子的时候，杯子和水罐也都不错，还要加上铲子和小桶。

学步期宝宝的安全防护

"什么都要去动一动"这句话，充分总结出了学步期宝宝的特点。好消息是，几乎任何东西都会让宝宝着迷，因此你不需要花多少心思逗他开心；坏消息是，几乎任何东西都会让宝宝着迷，因此你要花很多心思确保他的安全——比如说，他会对家里电源插座上的孔洞、录像机上的插槽、奶奶精致的小雕像、空调机的出风口、小动物的眼睛、门上的钥匙孔、地板上的渣子、猫食盆里的食物……表现出浓厚的兴趣。因此，你最好买个急救箱，同时好好环顾一下你家里外四周，运用常识做出最佳判断。以下是你要注意避免发生的事情，以及真发生时你该如何应对：

• 绊倒 / 跌倒：保持房间内的合理整洁；有尖角的家具要装上护角；在楼梯的顶部和底部要装上防护栏；在浴缸或淋浴间里要放上防滑垫；在光滑的硬地板上要放上地毯。

• 中毒：家中任何装有药品或有毒家用物品的柜子都要装上安全锁；你的漱口水和化妆品也都应该放在宝宝够不着的地方。还有，虽然你家宝宝不会因为吃了猫食狗食而中毒身亡，但你最好把这些东西放到宝宝够不到的地方。如果你觉得宝宝吞食了有毒物质，请在你做任何抢救之前先打电话给你的儿科医生，或直接拨打911。家里要备一瓶催吐糖浆，用于万一宝宝中毒时催吐。

• 噎住：手机不可以放到婴儿床里；纽扣电池以及任何可以穿过卫生纸卷筒的东西都要放在宝宝够不着的地方。

• 窒息：收起窗帘和百叶窗的绳索，电线也要收拾好，再用钉子或胶带将它们固定到宝宝够不到的地方。

• 溺水：切勿将宝宝单独留在浴室里，当然也不可以让宝宝单独留在浴盆、戏水池、游泳池甚至是水桶里；马桶座圈也要装上锁。

- 烧伤烫伤：让椅子、脚凳和梯子远离火炉和厨台；炉灶的旋钮上要装上防护盖；浴缸水龙头上也要装上防护盖，或用毛巾包裹起来；热水器的温度要设置在 52 摄氏度，以免烫伤宝宝。

- 电击：家里所有电源插座都要装上防护盖；要确保家中每盏灯都装有灯泡。我建议所有家长都参加心肺复苏术学习课程。如果你曾经上过专门针对婴儿的紧急救护的课程，那么请你最好再去回顾一下你学过的东西，再专门学习一下针对幼儿的紧急救护课程。在实施心肺复苏急救以及其他紧急救护时，针对幼儿的一些动作与对婴儿的是不一样的，比如说，可能需要从幼儿口中取出卡在其喉咙里的物体。

帮助宝宝养成良好的饮食习惯

尽管食物在学步期宝宝的优先排序列表中并不靠前——他宁愿四处走动——这个阶段却是孩子迈出从哺乳到吃饭这极其重要一步的关键时期。曾经，你家宝宝只要抱住母亲的乳房或者他的奶瓶就能吸吮得心满意足，可到学步期他就不一样了。他不但已经可以吃固体食物了，而且，当你要喂他吃饭的时候，他会抓过你手中的勺子。还不止如此，因为他已经能够不用你帮忙就自己用手指捏起小块食物，所以，他很想对你说："非常感谢，但是，让我自己来。"——他已经是一个独立的小食客了。

保证营养在婴儿期是一个相对简单的问题，因为母乳或奶粉足以提供孩子需要的一切。但是，随着孩子的不断长大，他不仅需要固体食物来维持行动与成长，还需要学会怎么自己吃饭。他对各种食物的偏好、他在各个生长期的食欲以及行动能力等都在不断地、每个月甚至每天地迅速变化着，这就使情况变得比以前复杂得多。再加上你也可能对食物有自己的偏好或看法，因此"学习吃饭"这段旅程可能会显得相当坎坷。到底会有多坎坷将取决于三个要素：气氛（你对食物的态度和你的态度所营造出的进餐氛围）、体验（进餐时彼此的交流和情绪感受是愉快还是痛苦）以及食物本身（你家宝宝会吃些什么）。下面我会逐一讲解其中的每一个要素。在你阅读的过程中，还请一定要记住：

虽然气氛和体验可以由你来控制，但是，如果你能牢记食物这一项该由你家宝宝来控制，那么，你们的日子定会轻松很多。

气氛。父母若是能做到顺其自然，孩子往往能有个"好胃口"。这样的家长在进餐时营造出的气氛会是轻松愉快的。他们从不强迫孩子吃某种食物，从不要求已经吃饱了的孩子继续进食。无论孩子可能有多么挑剔，他们都明白吃饭应该是一种愉快的体验。孩子的餐桌礼仪是可以学到的东西，但是他对食物的偏好却不是能学得来的——就像"他必须学会吃蔬菜！"注定会失败一样。为了确保你在家中营造出温馨的氛围，请先反思一下你自己对待食物的态度。不妨想想下面这几个问题：

在你的原生家庭中，饮食风格是什么样的？每个家庭都会有各自的饮食风格，也就是关于饮食及其意味的惯常心态，而孩子往往深受其影响。结果，关于饮食的观念便在不知不觉中代代相传。食物既可能带来很多的快乐和喜悦，也可能带来很多的焦虑和烦恼；既可能让人觉得足够丰富，也可能让人觉得过于贫乏；既可能给人以轻松的感觉（"吃饱了就可以了"），也可能给人以相当的压力（"你要吃完盘子里的东西"）。

注意你自己的旧习惯和旧观念。如果你从小生长的家庭习惯于在进餐时间训斥孩子甚至惩罚孩子，你可能会不自觉地在你现在的家庭中沿袭同样的做法，而这肯定不利于你家宝宝愉快地享受食物。如果你小时候总是被迫吃下碗里的最后一口饭，你现在很可能也会这么要求你家宝宝——我敢保证，这条路是走不通的。

你是不是因为你家宝宝的饮食习惯感到焦虑？ 人类从狩猎和采集果实的早期阶段开始，年长者就肩负起将年幼的孩子好好喂饱的责任。但是他们却没办法"让"孩子吃饭，你也一样无能为力。也许你认为不能让孩子好好吃饱是你做母亲的"失职"。也许你在童年时代曾经食不果腹饥饿难耐，你在青春时代曾患过某种饮食失调症。如果你把这些焦虑中的任何一种带入你家学步期宝宝的进餐时间，那么吃饭很可能会成为一场持续的亲子战争，你的小冒险家会一心只想从他的高脚椅里爬出来，而不肯老老实实地任你继续喂下去。你越想强迫他尝试一种新食物，或者恳求他再"多吃几口"，他就越会觉得他可以把不吃饭当作控制你的一种"法宝"，而且相信我，他一定会赢的。事实上，吃饭很可能会成为未来几年间亲子矛盾中的一个突出问题。

尽管你家宝宝现在的活动量更大了，但他却不一定总会在你认为该吃饭时有心情吃饭，也不一定总能喜欢你摆在他面前的食物。因此，你与其纠结于他没能吃下去的食物，不如好好看看你家宝宝的状况。如果他显得精神十足，活跃而且快乐，那么他可能已经得到了他需要的足够营养。研究表明，即使是婴儿也具有控制热量摄入的先天能力，就算饿了几天肚子，通常也都会通过接下来数天好好吃饭给补回来。你最好看看周围其他家庭，跟其他家长打听一下他们家的情况。许多人在两三岁的时候都会是所谓的挑嘴孩子，可是，他们都仍然好好地活到了今天，还能跟他们的父母一起向你讲述当年的有趣故事。

你自己有些什么样的食物偏好和饮食习惯？ 如果你不喜欢吃香蕉，你就不会想到要给你家宝宝吃香蕉。如果你曾经（或现在仍然）很是挑食，那么你家宝宝很可能也不会有多么旺盛的食欲。你也许像我一样，喜欢一连好几个月都吃同样的东西，那么你家宝宝每天都只吃麦片和酸奶也就不值得你感到惊讶了。孩子也有可能跟自己的父母正好相反，比如说我的两个孩子，一个很挑食，另一个则不会。不过，无论是哪种情形，重要的是你要清楚自己对待食物的"看法"。记得有一天，我回到家中，看见奶奶正在喂萨拉吃抱子甘蓝。我差点吐了，但奶奶狠狠瞪了我一眼。奶奶知道我的反应会影响萨拉对这种菜的态度，于是对我说道："特蕾西，你能替我把毛衣拿过来吗？我想我把它忘在楼上了。"我特意在楼上多待了几分钟，好留给萨拉足够的时间吃完那顿饭。

你如何看待你家宝宝成为一个独立的小食客这件事？ 从哺乳到吃饭的巨大转折，对有些父母来说可能是一桩令他们十分向往的好事情，但对另一些家长来说却会是一段令人痛苦的经历。当然，有很多妈妈（通常是她们亲自哺乳婴儿）盼着孩子能早点独立吃饭，毕竟她们已经完成了哺乳任务，用勺子把糊状食物送到她们的学步儿口中也很快不再令她们兴致盎然。但是，还有一些妈妈却需要被孩子需要。因为她们喜欢悉心照料宝宝的亲密感。所以，当家里的孩子开始一再发出信号，表示"我不要再吃奶了"

或"我现在要像个大孩子一样吃饭了"时，她们会不自觉地一再将这种信号给屏蔽掉。

请你一定要反思一下自己的心态，因为如果你家宝宝感觉到你不想放手，这肯定会影响他走向独立的步伐。事实上，从孩子第一次试图在你喂他吃东西时从你手中夺过勺子起，从他第一次要求从你的茶杯或水壶里喝一口水起，他就已经在明明白白地告诉你："我想自己来。"因此你应该及时为他提供培养这方面能力的机会，让他能够逐渐学会自己进食。但是，如果你真的属于"我不想放手"这一类型的父母，那么你需要做一番自我反省。你想要抓住的到底是什么？你为何要这么想？你是不是在回避什么？生活中的其他方面是否让你感到不满意（比如说你的爱人或你的工作）？看着镜子问问你自己："我是不是就想让宝宝依赖我，因为我不想去面对其他事情？"

喂饭时千万注意！

过度焦虑的父母会让孩子也变得焦虑不安、食不下咽。如果你家宝宝出现以下情况，这可能意味着你家宝宝正因为你对喂食的焦虑而受了影响，也可能意味着你已经让宝宝在餐桌旁坐得太久了：

- 不咀嚼，就那么把食物含在嘴里；
- 一再吐出你喂进去的食物；
- 干呕或直接吐出来。

请记住，学步期宝宝的生命特征就是不断地发展、不断地变化。前一分钟宝宝还完全依赖你，下一分钟他就不肯让你替他做

任何事情了。这样的变化让卡罗琳尤为痛苦，因为她觉得自己刚刚才 10 个月大的老三杰布已经不需要她了。杰布早就已经对妈妈的哺乳失去了兴趣，现在更是一再抢夺她手中的勺子，可卡罗琳仍然坚持把孩子抱在膝头用勺子喂他，因为这让她觉得自己跟宝宝很亲近，让她能继续回味之前的母乳哺喂。但杰布一点也不想回味。他会从妈妈的腿上挣扎着爬下来，用尽全力抢夺她手里的勺子。于是，每次进餐都变成了一场亲子大战。我向卡罗琳解释说，尽管她很想留住过去，留住那些温馨的哺育时光，但她是不可能拴住时光的。她的"小婴儿"已经不再是婴儿，而是一个有了自己的想法、有了更灵活更强健身体的学步儿了。与其将孩子的这种自然进展视为对她的推拒，不如她自己转变一下视角，试着去理解杰布的行为只是在寻求他想要的东西——独立。她必须让步于孩子的成长。"你说得很对，"她承认道，"但这仍然让我很难过。每次老大老二去上学我都会掉眼泪，每次看到他们放学时跳出教室、毫无不舍头也不回地朝我奔来，我就会很开心。"

我当然能够理解卡罗琳以及其他一些不舍得放手的妈妈。但是，这里有一个底线，希望大家都能记住：母亲之爱不是窒息之爱。在孩子一生中许许多多的关键时刻，我们能赠予孩子的礼物不仅仅是对他们的爱，还是对他们放手。

进餐时的体验。正如我在上一章中已经讲过的那样，进餐时间的 R&R 至关重要。让宝宝坐在餐桌旁，有助于你家宝宝理解比他年龄大的人都在进餐时做些什么，以及大家会对他有什么样的期望。其实，进餐时的体验跟他吃下去的东西同样重要。他越多接触到进餐时的社交意味，他就能越早学会在餐桌旁安稳坐好，自己吃饭，享受跟大家在一起的时光。与人共进晚餐也是一种社交技巧，通过观察兄弟姐妹（如果有的话）之间的交流，你家宝宝就能学会如何耐心而礼貌地对待旁人。

尽早让你家宝宝参与进来。一旦可以坐稳当了，他就可以在餐桌旁与家人共进晚餐了。他第一次从你手里拿走勺子时，就是你应该鼓励他自己吃饭的最佳时刻。

和宝宝一起进餐。即使你其实并不饿，也可以坐下来陪他吃点东西，比如切好的蔬菜，或是一片面包，然后和他一起坐在餐桌旁。这样会使得进餐时间有一种互动的氛围，而不只是你干坐在那里盯着他把东西吃下去。同时这也会减轻一些他的压力，毕竟，你俩现在都在吃东西！

不要把一整碗饭都放在宝宝面前。除非你希望那碗饭扣到你的膝盖上，或者撒到厨房各处。正确的做法是，你先放一些宝宝可以用手抓来吃的食物（见下文）在餐椅托盘上，让他自己用手拿着吃。把孩子的饭碗放在你的餐盘里，在他自己拿东西吃的时候喂给他吃。

你手上要备有四把勺子，两把给他，两把你用！学步期的宝宝在第一次吃固体食物时，可能会一口咬住勺子并伸手抓住它。你就让他拿走第一把勺子，然后换上第二把勺子接着喂他吃第二口。转眼之间，宝宝就会一只手拿着第一把勺子敲打，另一只手来抓第二把勺子。这时候你手上的第三把和第四把勺子就该派上用场了。这有点像是传送带，他一把又一把地抓勺子，你则一把接一把地拿出替换勺子。

尽量将孩子的大部分食物做成手抓食物。这不仅能把你解放出来，还让宝宝觉得自己更像是一个已经可以自己吃饭了的"大孩子"。当然，他吃的大部分东西都会掉在地板上，但请你不要对此大呼小叫。他正在学习，在最初的几个月里，他能吃进嘴里的食物可能并不多。做好预防措施胜于你临时忙乱。你不妨买一个带口袋的大围兜，可以接住不少掉下来的食物。你还可以在他的座位或高脚椅下面铺上一大块防水布。相信我，如果你在他弄得乱七八糟时不愠不怒，知道那是他在探索固体食物这个新世界的初期行为，那么，他可能会更快地学会保持干净，比你一再教导、喝令、阻止他的效果要好得多。等长到了 15～18 个月时，大多数宝宝都能自己用勺子吃饭了。不要干涉他怎么用勺子，除非他试图把勺子塞进耳朵里去！

该换鸭嘴杯了吗？请先回想一下 H.E.L.P. 策略

- 等到他主动想从你的杯子或水壶里喝口水时再说。

- 鼓励他体验自己喝水的感觉，但你心里要清楚，在他掌握控制液体流量的技巧之前，他可能喝进去的远不如从嘴边淌出来的多。

- 为他戴上一个防水围兜或一块防水布，以减少麻烦。要克制住你自己的挫败感，时刻提醒自己他还需要多加练习。（有些家长让学步期宝宝脱光衣服只留尿布，然后才允许宝宝吃饭喝水，我不建议这么做。文明人都穿着衣服吃饭。正如我们在第 6 章中将要讲到的那样，我们在家里怎么教孩子做的，孩子就会在外面怎么做给别人看。）

- 只有当他设法真正喝下液体时，你才可以称赞他。如果他只是一边举着杯子喝一边淌得到处都是，你一定不要夸他"真能干"。

不要拿食物当玩具，也不要将食物与游戏联系起来。你的一言一行都是在为你家宝宝树立表率。因此，如果你拿食物玩"开飞机"，比如说，将食物放在勺子里，然后对他说，"你的东西飞来喽"，那么以后在别人家或者餐馆里吃饭时，他也会认为让食物在空中飞翔是可以的。如果你在他吃饭时递给他一个玩具让他自娱自乐，他就会以为吃饭时间和玩耍时间其实是一码事。还有，如果你在他吃饭时打开电视来分散他的注意力，他可能会吃得蛮乖的，但是，他不会注意到他吃下去了些什么东西，也不会从这次体验中学到与吃饭有关的新知识。

当他表现出良好的举止时，适当地称赞他为之付出的努力；但当他举止不够得体时，不要认为他是在故意搞怪。请记住，你家宝宝并非天生就懂得进餐礼仪，他是在学习。你当然应该教他说"请"和"谢谢"，但是，请不要把自己变成一个教师。孩子主要是通过模仿你的举止来学习进餐礼仪的。

允许他吃好后就起身离开。你肯定能知道你家宝宝什么时候对继续进食失去了兴趣。首先，他会转过头去，抿紧嘴唇。如果他正在吃手抓食物，他可能会开始抓起食物往地板上扔，或比平时更用力地敲打东西（一定力度的敲打是正常的）。这时，如果你还让他坐在那里，继续一口一口地给他递食物，我敢保证他很快就会开始踢脚，而且扭动着想要从他的餐椅里爬出来，或者哭起来。所以，你不应让事情走到这个地步。

允许他决定吃什么食物。我在前面已经说过，"食物"是由你家宝宝掌控的领地。不消说，你应该帮助他顺利从哺乳过渡到吃饭，给他机会学习如何自己吃饭，以及与家人一起享受大家都在吃的各种食物。然而有一点你要记住，就在这一切进行的同时，你家宝宝会发现自己是一个独立的个体——他可以按自己的意愿行动，最重要的是，可以对你说"不"了。所以，一方面你可以带着你家宝宝一起享用美食，但另一方面你最终只能由他来决定要吃什么、吃多少。你可能会惊讶地发现宝宝需要的卡路里①比你想象的要少：每天 1000 到 1200 卡就够了。即使你开始喂宝宝吃固体食物，其中的大部分仍然来自他们喝下去的母乳或奶粉（16 至 26 盎司②）——等宝宝长到 1 岁到 1 岁半时，还要换成全脂牛奶（见下面的插入栏）。下面的其他几个要点也请你记住。

全脂牛奶，只认全脂牛奶！

宝宝长到了 1 岁到 1 岁半时，无论你家宝宝是在喝奶粉还是喝母乳，你都要引入全脂牛奶。学步期宝宝每天应至少摄入 24 盎司的全脂牛奶，以保证维生素、铁和钙的摄取。刚开始的前三天，你可以每天给宝宝一奶瓶全脂牛奶，接下来的三天每天两奶瓶，再往后就可以每天三奶瓶了③。宝宝可以吃一些奶酪、酸奶和冰激凌来替代全脂牛奶。常见的牛奶过敏反应包括痰液过多、腹泻以及黑眼圈。如果你家宝宝对牛奶过敏，或者你想给孩子喝豆奶，请咨询营养师或你的儿科医生。

将断奶看作一种预防措施。大多数美国儿科医生通常建议你

---

① 热量的非法定计量单位，1 卡＝ 4.18 焦。——编者注
② 英美制质量或重量单位，1 盎司合 28.3495 克。——编者注
③ 奶瓶容量约 8 盎司，因此 3 瓶就是 24 盎司。——译者注

在宝宝半岁左右开始断奶。我的建议是，你与其跟着日历行动，不如好好观察你家宝宝的表现，尽早开始喂他固体食物（见下面插入栏）。重要的是，如果太晚断奶，你家宝宝可能因为过于习惯喝液体而拒绝尝试固体食物，若真到了这时再想让他习惯咀嚼将是一个更加困难的过程。

此外，断奶有助于预防出现睡眠问题。事实上，我经常接到一些妈妈的电话，说她们已经六七个月大的宝宝现在开始半夜哭闹，可宝宝原本明明是可以睡通宵的。为了让宝宝平静下来，妈妈就只好给他喂些母乳或一瓶奶（我不推荐这种做法，具体内容请参阅第 8 章）。如果宝宝此时只吃几分钟的"点心"，我会充分怀疑他醒来要么是因为焦虑，要么是因为做了一个噩梦——他正在以吸吮求安慰。但是，如果他真的喝下了一整顿的奶，那说明他可能需要更多的卡路里。

何时断奶、怎么断奶

我们国家一些父母（以及一些书）对断奶这个词有误解。他们以为断奶就意味着让婴儿离开乳房（或奶瓶）。实际上，断奶是从流质食物转换到固体食物的一个渐进过程。

在出现以下情况之时，你的宝宝可以开始断奶了：

• 他已经五六个月大了。尽管美国数代人之前会在婴儿 6 个星期大时就断奶（现在欧洲仍然很流行这么做），但美国的儿科学会如今的建议是在婴儿 6 个月左右开始断奶。到了那时，你家宝宝已经可以坐起来并控制好他的头部；他的吐舌反射已经消失；他的肠胃已经可以消化更加复杂的固体食物；他食物过敏的可能性比之前要小很多。

- 他白天似乎更容易饿，要求哺乳（或者奶粉）的量更大了，还有，他可能半夜醒来时能喝一整顿的奶。这就说明他需要固体食物了，因为他显然不能从母乳或奶粉中获得足够的卡路里。

- 他对你吃的食物表现出兴趣。他可能会专注地看着你，然后张开嘴或朝你伸出手来，表示他也想尝一尝。或者，在你正在咀嚼时，他可能会试图将手指伸进你的嘴里。（在其他一些文化中，妈妈们会咀嚼食物，然后喂给宝宝吃。）

不消说，宝宝活动能力的增加，以及新出现的恐惧感，都可能导致学步期宝宝的睡眠问题，这不但常见而且不可避免。但是，你是可以预防宝宝因摄取热量不足而睡眠中断的。如果你注意到你家宝宝白天的吃奶量更大了，请将此看作宝宝给你的提醒。与其更频繁地给宝宝哺乳，或在他睡觉前喂他一瓶额外的奶，不如以固体食物的形式提供他所需的额外卡路里。

提示：有很多优质婴儿食品可供购买，但如果你想自己制作，可以蒸或煮些新鲜蔬菜和水果，然后使用打碎机或搅拌机将它们打成泥状，装入一个个冰块模子里冷冻，就成了每份一盎司的量，用起来会很方便。第二天从模子里取出来，装入塑料袋中继续冷冻，用的时候拿出你需要的分量，解冻后即可食用。切勿在学步期宝宝的饮食中加盐。

食物过敏

据估计，有5%～8%的3岁以下婴幼儿会出现真正的食物过敏。可能的致敏原包括柑橘、鸡蛋白、羊肉、浆果、奶酪、牛乳、小麦、坚果、豆制品、胡萝卜、玉米、鱼类以及贝类。这并不是说你不应该给孩子提供这些食物，只不过你要注意孩子吃过之后的反应。过敏通常是遗传性的，但没有家族病史的孩子也会突然出现过敏症状。一些研究表明，20%或更多的孩子在长大以后不再对他原来过敏的食物有过敏反应，但是，这并不是因为父母一再给他吃会导致他过敏的食物从而使他产生了抗过敏性。事实上更多的情况与此完全相反：越是用过敏食物刺激孩子，孩子对食物的过敏就越严重。结果是孩子不但没有培养出抗过敏性，反而形成了对那种食物的终生过敏。

正确的做法是，你每星期只加入一种新的食物，只要出现过敏迹象，你马上就能判明致敏原。如果你家宝宝似乎对一种新食物有过敏反应，请立即停止喂食那种食物，而且至少一个月内不要再让孩子尝试同样的食物。如果一个月后宝宝再次尝试时仍然表现出过敏反应，请你至少等上一年再说，同时找你的儿科医生寻求咨询。

对食物的过敏反应可能相当严重，有时会影响到好几个器官的正常工作，最严重的会导致过敏性休克，甚至是有生命危险。一般先会出现下面列出的一些较轻症状，但随着时间的推移，过敏症状可能会变得更加严重。

• 便稀或腹泻

- 皮肤上出现斑疹

- 面部浮肿

- 打喷嚏、流鼻涕或其他类似感冒的症状

- 胸腹盆气疼，或其他类似胃部腹部的疼痛

- 呕吐

- 眼睛发痒、流泪

请记住，断奶是一个循序渐进的过程。请见后面我做的"从流质食物到固体食物：为期六周的养成表"。这是从宝宝6个月大开始循序渐进地断奶的一个样本，仅供你参考。我发现大多数婴儿很容易消化梨，所以我总是推荐妈妈们把梨当作给宝宝的第一种固体食物。但是，如果你的儿科医生建议你家宝宝从食用米糊开始，请务必遵照医生的建议。在这个计划表中，你会看到我每星期只建议你添加一种新食物，而且刚开始时总是在早上给孩子吃（请参阅前面的"食物过敏"提示栏）。接下来的一个星期里，上星期添加的食物转移到午餐，早上继续给宝宝增加新食物。到了第三个星期，你家宝宝开始每天吃三次固体食物。在接下来的几个星期里，继续增添新食物的种类，同时逐渐增加食用量。请做一份食物日志，记下你加入的每一种新食物的日期和食用量，万一真出现问题，这份日志将对你和你的儿科医生大有帮助。（我列出了每个月可以推荐给宝宝的新食物建议表。如果你打算按照这张建议表来，那么只需在每种食物旁边记下实际食用日期和食用量，就是你家宝宝的食物日志！）

要尽早给宝宝提供手抓食物。果泥固然很好，但是，当你家宝宝开始扩大食物范围，并向你证明他可以接受不同的食物时，

也要给他更接近成人形式的食物——他可以自己拿着吃的、比糊状物质需要更多努力的食物。比如说，你看他可以吃梨泥了，那就把梨去皮，稍微煮熟，切成小块，他就能运用自己那"高效钳子"的抓握能力，不仅可以把食物拿起来，还可以把食物塞进自己嘴里。一旦他意识到自己居然这么能干，他就会很乐于自己吃饭。你要让他逐渐习惯固体食物的这种质感。即使没有牙齿，7个月大的宝宝也可以用牙龈"咀嚼"并安安全全地吞咽下去。你还可以给他做些入口即化的小块食物。

给你家宝宝的手抓食物，需要先切成大约1/4立方英寸①的小块，若食物质地非常柔软也可以稍大一点。像胡萝卜、西兰花或花椰菜等蔬菜，以及梨和苹果等质感偏硬的水果，你需要先把它们煮到半熟。你还可以想出无数种花样来。你做给自己吃的晚餐中的大部分食物，其实都可以变成宝宝碗里的食物。比如说，各种麦片、小块的鸡蛋饼、小块的法式面包、大多数的蔬菜、各种质地较软的水果（比如成熟的浆果、香蕉、桃子）、小块的各种鱼片以及小块的奶酪。

从流质食物到固体食物：为期六周的养成表

上午表

星期 / 年龄	早上 7 点	上午 9 点	上午 11 点
#1 26 个星期 （6 个月）	母乳或奶瓶喂养	4 茶匙梨泥；然后母乳或奶瓶喂养	母乳或奶瓶喂养

---

① 英制中的长度单位，1 英寸约为 2.54 厘米。——编者注

星期 / 年龄	早上 7 点	上午 9 点	上午 11 点
#2 27 个星期	母乳或奶瓶喂养	4 茶匙红薯泥（或任何新食物）；然后母乳或奶瓶喂养	母乳或奶瓶喂养
#3 28 个星期	母乳或奶瓶喂养	4 茶匙胡桃南瓜泥（或任何新食物）；然后母乳或奶瓶喂养	母乳或奶瓶喂养
#4 29 个星期	母乳或奶瓶喂养	1/4 根香蕉（或任何新食物）；然后母乳或奶瓶喂养	母乳或奶瓶喂养
#5 30 个星期 （7 个月）	母乳或奶瓶喂养	4 茶匙苹果泥；然后母乳或奶瓶喂养	母乳或奶瓶喂养
#6 31 个星期	母乳或奶瓶喂养	4 茶匙绿豆泥，4 茶匙梨泥；然后母乳或奶瓶喂养	母乳或奶瓶喂养

下午表

下午 1 点	下午 4 点	下午 8 点	备注
母乳或奶瓶喂养	母乳或奶瓶喂养	母乳或奶瓶喂养	从早上只添加一种新食物开始，梨很容易消化。
4 茶匙梨泥；然后母乳或奶瓶喂养	母乳或奶瓶喂养	母乳或奶瓶喂养	梨移到午餐时间，早上添加一种新食物。
4 茶匙红薯泥；然后母乳或奶瓶喂养	4 茶匙梨泥；然后母乳或奶瓶喂养	母乳或奶瓶喂养	之前的新食物转移到午餐时间，现在每天喂 3 次固体食物。
4 茶匙红薯泥，4 茶匙胡桃南瓜泥；然后母乳或奶瓶喂养	4 茶匙梨泥；然后母乳或奶瓶喂养	母乳或奶瓶喂养	午餐的食用量增加了。
4 茶匙红薯泥，4 茶匙梨泥；然后母乳或奶瓶喂养	4 茶匙胡桃南瓜泥，1/4 根香蕉；然后母乳或奶瓶喂养	母乳或奶瓶喂养	午餐和晚餐的食用量都增加了。
4 茶匙胡桃南瓜泥，4 茶匙苹果泥；然后母乳或奶瓶喂养	4 茶匙红薯泥，1/4 根香蕉；然后母乳或奶瓶喂养	母乳或奶瓶喂养	随着新食物的增添，每一餐都提供两种固体食物。食用量也在增加，增加的量要取决于孩子的食欲。

食物日志

6个月	7个月	8个月	9个月	10个月	11个月	1周岁
苹果	桃子	黄米	牛油果	梅子干	猕猴桃	小麦
梨	李子	百吉饼	芦笋	西兰花	土豆	哈密瓜
香蕉	胡萝卜	面包	意大利瓜	甜菜	欧洲萝卜	青蜜瓜
橡子南瓜	豌豆	鸡	酸奶	无蛋意面	菠菜	橘子
胡桃南瓜	四季豆	火鸡	乳清干酪	羊肉	菜豆	西瓜
红薯	大麦		茅屋奶酪	黄奶酪	茄子	蓝莓
白米			奶油奶酪		蛋黄	树莓
燕麦			牛肉汤		葡萄柚	草莓
						玉米
						番茄
						洋葱
						黄瓜
						花椰菜
						扁豆
						鹰嘴豆
						豆腐
						鱼
						猪肉
						小牛肉
						蛋白

提示：在你家宝宝满周岁之前，为了避免食物过敏，请尽量避免给宝宝食用鸡蛋白、小麦、柑橘类水果（粉红葡萄柚除外），以及西红柿。等宝宝满了周岁之后，你可以在手抓食物清单中添加鸡丝、炒或煮鸡蛋以及软浆果，但在宝宝1岁半之前，避免给宝宝吃坚果类食物，因为坚果不但难以消化，而且容易

发生窒息。此外，贝类、巧克力和蜂蜜也都不要给1岁半以下的宝宝吃。

你制作的食物不但应该引人食欲，而且应该简单易行。尽管学步期宝宝对待食物的态度除了挑剔还是挑剔，但你仍然要尽早带孩子探索丰富多彩的食物并感受其中的乐趣。我很不建议你花上几个小时在炉子前辛勤劳作，因为结果很可能是你家宝宝把你的劳动成果掀翻在地。不过，你可以在简单的基础上尽量发挥创意。比如说，将面包等食物在盘子里摆放成笑脸的形状。要尽量为你家宝宝提供健康且营养均衡的食物，但切勿因强迫他进食而展开亲子大战。如果你家宝宝只喜欢两三种食物，请用这两三样来扩大战果，比如说，苹果酱是他的最爱，那么试试用花椰菜蘸些苹果酱给他。如果这一招不起作用，那么请你记住，宝宝肯定不会因食用的蔬菜品种太少而死掉的（水果中的许多营养元素其实与蔬菜大致相同）。

宝宝可以只吃素食吗？

一些素食者父母经常来问我是否可以让他们的婴儿或学步儿也只吃素食。这是不行的，特别是连乳制品和鸡蛋都不吃的话，大多数情况下是满足不了宝宝每日对营养的最低需求量的。此外，蔬菜体积偏大，而且也无法为你家宝宝提供足够的B族维生素、来自脂肪的卡路里以及充足的铁元素等，可这些都是婴幼儿的生长所不可或缺的。为了保险起见，请咨询你的儿科医生或卫生保健专家，也许还可以找个营养师问问看。

允许你家宝宝以任何顺序和任何组合进食。谁说只可以先吃鸡肉后吃苹果酱？谁说鱼肉不可以蘸着酸奶吃？孩子是通过坐在餐桌旁不断观摩来学习吃饭的规则的，但是，刚开始时，请允许你家宝宝按照自己的意愿进食。

营养零食也是食物。在担心你家宝宝吃得不够营养之前，请想一想他在两餐之间都吃了些什么。有些宝宝做不到一口气就让自己吃到饱，他们更喜欢整天"放牧"似的东吃一口西吃一口。这也很好，特别是如果你给孩子吃的"零食"都足够健康，比如稍微煮熟的蔬菜或水果、小金鱼饼干或一口大小的吐司面包，上面还蘸了些融化的奶酪。孩子们天生喜欢富含碳水化合物的零食，比如饼干，但这也取决于你是怎么向孩子"显摆"某种食物的。假如从一开始你就让健康食品听起来特别有食欲（"嗯，真好吃，宝宝，来，尝尝这块苹果"），你家宝宝就会满眼期盼。到了一天结束时，当你把所有这些"零碎"都加起来时，你可能会惊讶地发现他摄入的营养比你想象的要多。

食谱范例

我提供的范例仅供你参考，绝不是必须遵守的法则。这个范例针对的对象是刚满周岁的小宝宝。你家宝宝能吃多少、吃什么，主要还是取决于他的体重、特质以及胃口大小。

早餐

1/4 ～ 1/2 杯[①]麦片

1/4 ～ 1/2 杯水果

[①] "一杯"指240毫升容量的量杯。——译者注

156

4～6盎司母乳或奶粉

上午点心

2～4盎司果汁

煮熟的蔬菜或奶酪

午餐

1/4～1/2杯茅屋奶酪

1/4～1/2杯黄色或橙色蔬菜

4～6盎司母乳或奶粉

下午点心

2～4盎司果汁

4块奶酪饼干

晚餐

1/4杯鸡肉或其他肉类

1/4～1/2杯绿色蔬菜

1/4杯面条、意大利面、米饭或土豆

1/4杯水果

4～6盎司母乳或奶粉

睡前

4～8盎司母乳或奶粉

尽早让你家宝宝参与食物的准备过程。当你家宝宝长到了"让我来"的阶段时，你是无法阻止他动手的，因此，最好邀请宝宝一起参与进来。15个月大的宝宝已经可以帮你搅拌沙拉、将生菜撕成碎片、装饰曲奇烤饼、准备零食点心。更重要的是，宝宝动手帮忙不但可以提高他手指精细动作的灵活性，还能促进宝宝对享用食物的期盼。

避免给任何食物贴上"坏"的标签。你该知道，如果什么东西被列为"禁果"，那会有什么样的结局。父母越是虔诚地避开饼干和其他甜食，孩子往往越是渴望这类食物，他走出家门就越是要找别人讨要这类食物。请不要以为你家宝宝还太小就理解不了你的意图。相信我，如果你妖魔化某些食物，他反而会专挑那些东西吃的。

切勿用食物贿赂或哄骗孩子。很多时候，宝宝因困极了或累坏了而大哭大闹时，父母会试图用"来，吃一块饼干"的办法劝慰孩子。这不仅意味着父母是在奖励大哭大闹这种行为（处理此类情况更恰当的做法，请参阅第 7 章），而且还让宝宝看到原来食物只是用来交易的商品。这就违背了食物愉悦肠胃的本意。每个人都会与食物建立起延续终生的某种关系。只要留心自己是以什么方式以及在什么场合下给孩子提供食物的，我们就能培养出孩子对饮食的喜爱与欣赏，同时让他们也能享受到进餐时与人交往的愉快。

养成穿衣的好习惯

我和我的合著者一度考虑将这一小节的标题命名为"要命的穿衣"，因为这很可能就是你的感受——你刚把一件 T 恤套到宝宝头上，那小家伙就已经挣脱你跑掉了，还顺路撞倒了一件珍贵的传家之宝。可以肯定的是，一旦宝宝发现能自由行动有多么快乐，你以前替他换尿布和穿衣服时的轻松日子也就结束了。大多数学步期宝宝是不可能老老实实地躺在尿布台上的。有些家长一想到那可怕的前景就几乎要崩溃了。以下是帮助你尽量减少痛苦的一些有效方法：

先把一切都准备好。事先做好准备是关键。当你家宝宝还在尿布台上使劲扭动时，你肯定不敢再浪费时间来找东找西。所以，预先把尿布霜的盖子拧下来，铺整好尿布，湿纸巾也要放在你手边。

选择合适的时间。要避开你家宝宝可能太饿了、太累了或玩过头了的时候。还有，如果他正要完成手上做着的事情，你千万不要冲过去抱着他就走，否则他肯定不会乐意配合你的。

提示：许多父母允许宝宝吃过早餐之后穿着睡衣玩耍，等他玩一会儿之后再叫他穿衣服，这可能反而会让他感到迷惑，尤其是当他已经投入玩耍中时。他听到你说"该穿好衣服了"，可在他心目中，他已经穿好了呀！因此，我建议将"穿好衣服"作为早餐仪式结束时的收尾动作。孩子吃完了饭，刷好了牙，换下了睡衣，为新的一天做好了准备。

要告诉孩子你要做什么。如你所知，我实在不认为给孩子来个"突然袭击"并"打他个措手不及"有什么好。相反，要让你家宝宝知道会发生什么事情，"现在该穿衣服了"，或者"我现在要给你换尿布了"。

不要急于求成。尽管你可能希望这件事快些"结束"，但着急并不会让穿衣服变得更容易或更快速。事实上，对敏感型、脾气急躁型和精力旺盛型的宝宝而言，你越着急就越会自找麻烦。相反，请你换个角度，将此刻视为与你家宝宝建立亲密关系的好机会。毕竟，给人穿衣服是一件非常私密的行为。研究表明，常常跟父母目光对视的宝宝，稍微长大以后会较少出现行为问题。穿衣服是你跟宝宝对视的一段很自然的温情时光。

让穿衣变得更有趣。在你换尿布或穿衣服时要一直跟你家宝宝说话，包括继续解释你是在做什么。一种既好玩又明白的解释方法就是唱歌："我们会这样穿衬衫，穿呀穿呀穿衬衫。我们是这样穿衬衫，穿好就可以出去玩。"最好是你自己现编的歌词与旋律。我认识一位妈妈很擅长在这种场合随口编上几句简单的歌词："玫瑰啊是红色，紫罗兰是蓝色，现在啊我给你穿上了衬衫！"你现在肯定已经知道什么能让你家宝宝分心，所以尽管使出浑身解数。如果他开始扭动或哭泣，你可以想办法哄他开心——这是我唯一建议你动用此招的场合。我会先用躲猫猫的形式逗他开心，猫下腰，忽然露出脸来："我在这儿！"如果他翻过身去，我会用愉快的声音，做游戏一般地对他说："你要去哪里，抓回来！"然后把他翻回身来。如果他开始哭，你可以试着用我称为"不哭玩具"的东西来分散他的注意力——那是只有在你给他穿衣服时才会给他的特别玩具。你可以用很开心的声音宣布："看！你看妈妈拿着什么！"

尽管我总是告诫父母要"按照宝宝的意思来"，但这是一个例外。此时你应该允许你家宝宝一边任你换尿布一边琢磨你的传家宝手表，不过，他起来后一般不会认为这是他的玩具之一。孩子似乎知道"不哭玩具"只是换尿布时的用具而已。此外，孩子在换尿布和穿衣服时闹别扭通常只是一个短暂阶段。你的太奶奶会很高兴知道她传给你的手表能帮助你们母子俩更轻松地跨过这道坎。

　　提示：买衣服时，裤腰要有松紧带，裤腿要有大纽扣或简易搭扣，款式要宽松。上衣可以是带扣子或是拉链的，要容易穿容易脱。如果你要买 T 恤，请一定要注意领口必须足够宽松，要么肩膀上有可以解开的扣子，要么领口有足够的弹性，能让宝宝的大脑袋轻易穿过。

　　让孩子参与进来。在 11 ～ 18 个月之间的某个时候，你家宝宝会开始表现出要自己脱衣服的兴趣（第一步通常是扯掉袜子）。你要称赞他，鼓励他为之付出的努力："好样的，你已经长大了，现在都可以帮妈妈脱你的衣服了①。"为了确保他的成功，你可以将他的袜子从他脚上往下卷到一半的位置，然后再把脚趾部分往前拉出一点来，让他可以轻易抓住。如此一来他稍微用点力就能扯下袜子了。脱 T 恤也是一样，你要先帮他把双臂脱出来，然后让他自己把 T 恤从头上扯下来。随着他动作越来越熟练，你可以让他自己完成越来越多的部分。比如说，跟宝宝一起玩个游戏："我已经把你这只脚的袜子脱下来了，现在该轮到你啦，你来把另一只脚的袜子脱下来吧。"

　　大约在 2 岁（前后可能有几个月的个体差异）时，你家宝宝会对穿衣服表现出兴趣来。第一次尝试的通常仍然是袜子。就像你前面教他脱袜子时做的那样，要鼓励他动手，也要提供一定程度的帮助。比如说，你先把袜子套到他脚上一半的位置，然后让他

---

　　①不要过度称赞。还记得前面的故事吗？爸爸对宝宝自己扯掉了袜子大加赞美，以至于这个动作很快就成为宝宝最喜欢的活动。可是，宝宝却不明白为什么爸爸最初对他这一举动感到欣喜若狂，之后又因为他不放过每一个可能的机会脱袜子而倍感抓狂。——作者注

自己把袜子拉上去。当他掌握了这一点后，你可以将袜子的袜筒部位沿着脚后跟处折叠下来，然后让他自己把脚伸进去，再把整个袜子全部拉到位。

穿T恤时你也可以采用相同的步骤。先帮他把T恤套到脖子上，然后你拉出袖口的位置，示意他自己把手臂伸进去。很快他就能完全掌握自己穿T恤的窍门。如果T恤正面带有图案，你可以告诉宝宝图案要穿在身体的前面。即使是纯色T恤也不要紧，因为领口处会有标签，你可以告诉宝宝穿衣服时要让标签在脖子后面。

如果你已经察觉到宝宝在尿布台上反抗得比较厉害，请考虑换个地方，比如说你可以在地板上或沙发上帮宝宝换尿布。我见过有家长让宝宝站在那里换尿布的，不过我个人不太喜欢这种做法。一则这个姿势很难让尿布完全贴合，再则你家宝宝很可能在你完工之前就开跑。

聪明保姆的来信

几年前，我曾为一个2岁和一个3岁的孩子做过保姆。小哥哥突然开始为早上穿衣服的事情闹起了别扭。这成了每天早上的一场战斗，直到我想办法让他觉得要怎么穿衣服是他自己的选择之后，情况才有了改善。比如说，我会问他是想先穿左边的袜子还是先穿右边的袜子，这让整个穿衣服的过程变成了需要由他来动脑筋的一连串有趣的考验。刚开始这么做需要花更长的时间才能穿好衣服，但后来穿衣服就变成了我俩都喜欢的游戏。

将任务分解成更小的部分。 妈妈们通常都知道什么会让自己的宝宝不高兴。如果给孩子换尿布或穿衣服总让宝宝抗拒，你就要想想自己是否该换个做法了。有时候，度过这些艰难时刻的关键是你要先反思自己在处理时的技巧。说到此我想到了莫琳，她家宝宝约瑟夫是个精力旺盛型的孩子，因此每当需要给约瑟夫穿上衣服的时候，她都要陷入一场苦战。约瑟夫总是试图翻身爬起来跑掉，要么就是死死抓住他的 T 恤，让莫琳没法把它套到他的头上去。连续几个星期以来，她都一直在跟约瑟夫较劲，但这却让她的小宝宝更加抗拒，穿衣大战变得越来越激烈。而且，她想办法哄他也无济于事。然后，这位妈妈灵机一动，把穿衣服分解成了数个步骤，每 15 分钟只穿上一件衣服就好。只要每次她不会让约瑟夫安静太久，每次都宣布一下她的行动目标（"我们这次只要穿上这件 T 恤就好"），他就能忍受她给他穿衣服。一个月之内，约瑟夫出人意料地变得更加合作了。

诚然，这只是没有办法的办法。如果你家宝宝也像约瑟夫这样，你得尊重他觉得穿衣服很讨厌的事实——至少现阶段他会这样认为。这样的做法虽然会延长整个穿衣服的过程，但可能会让他每次都感觉更容易接受。是的，亲爱的，这的确会占用你更多的时间，迫使你必须更早开始准备。但是，对这种特别不愿意穿衣服的孩子，欲速则不达，你越是想赶紧完成任务，越是一天好几次地被孩子拖入穿衣大战。相信我，与你次次都这么跟他对战相比，你越能理解他尊重他，就越能更快地度过这个困难阶段。

要给你家宝宝在这件事情上的发言权。 学步期宝宝刚刚开始有自主意识，不喜欢穿衣服是很自然的，不但因为这需要他静止不动，更因为他在这件事情上没有发言权。虽然穿衣服不是一件可有可无的事情（下面会再讲到），不过你可以允许孩子在何时、何地和穿什么这几方面做出有限的选择。

何时："你想现在穿衣服还是等我洗完碗后再穿？"

何地："你想在尿布台上还是在地板上穿？"

穿什么："你想穿蓝色的还是穿红色的？"（如果他还不认识颜色，那你只需双手各拎一件在他面前，这么问："你要穿这件，还是这件？"）

不用说，如果你刚才已经花了一个小时在家里追着你家宝宝穿衣服了，或者如果他现在已经大哭大闹了，那么他是不可能停下来跟你进行这种理性选择的。因此，希望你能把下面这一点放在心上：

请记住，最了解具体情况的人是你。无论你使用什么方式让你家宝宝更合作，无论你使用什么技巧让这个过程更容易，最关键的一点是你家宝宝其实在换尿布和穿衣服上面并没有真正的选择权，毕竟穿着脏尿布继续游荡会导致皮疹。最终，你必须停下脚步，你家宝宝必须配合你的要求，至少他必须在更换尿布时屈服。

每当看到爸爸或妈妈允许自家宝宝光着身子跑来跑去还振振有词地说"是他不让我给他穿衣服的"，我总忍不住想说点什么。穿衣服和吃饭一样，这里面也是含有社交因素的。我们除非穿好衣服，否则是不会出门的。所以，你也要向你家宝宝说明这一点："在你穿好衣服之前我们不能去游乐场玩。"即便是在游泳池边或者海滩上也一样："在你穿上这件游泳衣之前，你是不能过去玩水的。"

提示：不要在公共场所当众给孩子换衣服。虽然他还不会说话，但这并不意味着他会认为当众换衣服是一个观赏性的活动。毕竟，你自己愿意在超市里、公园中或海滩上当众换衣服吗？我不认为你会愿意——你家宝宝同样不会愿意。如果你找不到洗手间这样的地方，那就去你的车里。如果你连车也没有，那么至少用浴巾或者外套帮他遮挡一下。

要有一个结束仪式。 即便你只是简单地说一句"衣服穿好啦！"或者"现在我们可以去公园玩了"都行。这能让孩子知道"苦难"已经结束，也让他看到了因果关系：我坚持了下来，穿好了衣服，现在我可以玩了。

鼓励你家宝宝参与他自己衣物的整理。 家里要安装一些挂钩，用来挂睡衣、浴袍、夹克和其他经常穿的衣物，这样宝宝就可以自己去取或者放好自己的某些衣服。他也会喜欢帮你把脏衣服扔进洗衣篮里。这样的整理习惯会让你家宝宝明白，他的一些衣服可以挂起来改天再穿，另一些则可以直接洗了。

穿衣服是你家宝宝需要不断提高的一项技能。我在前面所写的只是为你能更好地帮助他入门而给出的一些建议。你需要有耐心，并从他那里获取你需要的信号。当他动作不得法时，你要帮助他；但当他说了"我自己来"时，你要让他自己尝试，即便你碰巧遇上了一个非常忙碌的早上。如果他这时学会了自己穿上哪怕几样小东西，那么学会了就是学会了。除非你想和他来场穿衣大战，否则请不要强行接管他的活计。你要告诉自己，这次晚一点就晚一点吧，下次你会更好地计划你的日程安排。请允许我再说一次，学步期宝宝是不会看时间的，他当然也不会在乎你是否要迟到了。他在乎的只是他自己的独立能力。

宝宝该开始如厕训练了

　　太空可能是《星际迷航》中的最后战线，但是，在你的家中，摆脱尿布是你家学步期宝宝在跨越婴儿与幼童之间的巨大飞跃时需要面对的最后战线。如果你像我遇到的许多美国人一样，那么这也会是一个让你深感困惑的难题。当我第一次来到这里时，我很惊讶地发现如厕训练是一个如此充满焦虑的主题。父母经常甩给我一连串的问题：我们该什么时候开始？我们该怎么去做？什么样的座盆更好一些？如果我们开始得太早，会给宝宝造成什么样的无法弥补的伤害？那如果我们开始得太晚了呢？

如厕训练第一步

　　你家宝宝是否已经准备好开始如厕训练，这取决于他身体里括约肌的发育程度。当了妈妈的都知道我这里说的是身体的哪个部位，特别是那些在分娩之后必须做凯格尔运动①的妈妈更加心知肚明。至于当爸爸的，请你下次上厕所时，试着在中途停止小便——括约肌可以帮你做到这一点。人们曾经认为这组肌肉需要等到 2 岁才会发育成熟，但针对这个问题的最新研究出现了不同的看法。姑且不论这些分歧，如厕训练既是身体发育程度的问题，也是

---

　　① 也就是训练骨盆底肌肉的运动。——译者注

反复练习的问题。哪怕是无法控制括约肌的残疾儿童，我们也可以通过恰当地估算时间让他们去上厕所来训练他们。在这种情况下，护理的指导与孩子的练习相结合，是可以克服肌体上的不够成熟的。

最让我吃惊的是这里有许多三四岁的孩子还穿着尿布。诚然，我不认同强迫小孩子去做任何他们的身体还没有准备好去做的事情，但与此同时，我们也需要为孩子们提供学习的机会。可悲的是，太多的父母对下面这两者之间的界限感到十分困惑：需要教导孩子才会出现的行为，以及不需要教导随着发育程度自然就会出现的行为（也就是在孩子的发育进程中会自然出现的一个个里程碑）。比如说，孩子打人，这绝对不是学步期宝宝的一个成长里程碑，但是有些父母却会原谅孩子的这种行为："哦，等他长大了就好了。"不对，亲爱的。你得教他，否则他是不会知道不应该打人的。

实际上，稚童的大多数成就都是由两个因素共同影响的结果——身体发育的成熟度加上父母的指点和引导。我们以搭建积木为例来说明你就能一目了然。当你家宝宝已经成熟到能够拿起一块积木放到另一块积木上时，理论上他已经有能力搭建一座积木小塔了。但是，假如你从未给他积木块让他玩，让他自己去尝试，他就永远也学不会。

上厕所也是一样。一个已经三四岁的孩子，尽管他的父母一直盼着他能自己上厕所，尽管他已经可以控制他的括约肌（见上一页的插入栏），可是，如果他始终得不到正确的指导、鼓励和充足的学习机会，那么他可能永远不会表现出对"自己上厕所"的兴趣来。教导他是父母的职责。

　　几乎可以说有多少个家庭就有多少个关于如厕训练的不同理论。我的建议一如既往，那就是要"适度"——父母应该鼓励孩子，但不可给孩子施加压力。要做到这一步，你必须有敏锐的观察力以及足够的知识，才能确定何时是开始如厕训练的最佳"窗口期"。换句话说，在你家宝宝的身体发育和心理准备都到位之时，而且是在你和你家学步儿之间展开无可避免的亲子大战之前。对大多数宝宝来说，开始如厕训练的最佳时间是 1 岁半到 2 岁之间。不过话虽如此，我还是建议你好好观察你家宝宝。我们再重温一下帮助诀，让 H.E.L.P. 成为你的行动指南。

请坐吧，小家伙！

　　我个人更喜欢那种放在成人马桶上面的便盆座，而不是那种必须每次清空的独立式小便盆。如果你要出门旅行，前者更容易携带。这两者在使用时你都要格外小心，因为小宝宝很容易滑进去或者被卡住。对已经害怕会被马桶或便盆"吞进去"的小家伙来说，这两种情况都是很可怕的经历！用马桶便盆座时，你应该在前面放个小脚凳给孩子放脚，这样他的脚就不必晃来晃去，你家宝宝会感觉更加稳当。

　　H——要克制，耐心等到你看到有迹象表明孩子已经做好了准备。当我的女儿还小的时候，我从来没有问过任何人："我该从她

几岁开始如厕训练？"相反，我会自己去观察孩子们。想要排便时孩子是会有某种特别的感觉的。如果你仔细去观察，就会注意到你家宝宝从什么时候开始能意识到这种感觉。有些孩子会忽然停下动作，一动不动地站在那里，似乎在集中注意力，然后突然可以继续行动了。还有，在排便时，孩子的小脸可能会紧绷着或者是涨红了。有些孩子会躲到沙发或椅子的后面去排便，还有些孩子会指着自己的尿布说"哦哦"。请留心观察孩子发出的这些信号。到了 21 个月大时，大多数孩子都能清楚地意识到自己的这种身体机能，不过有些孩子可能早在 15 个月大时就有感觉。（女孩通常比男孩发育快一些，不过，这也不是一成不变的。）

如厕训练的小技巧

有两位孩子现已成年的妈妈，提供了两条很有创意的建议。

其中一位是 4 个孩子的母亲，她并没有使用训练如厕的座椅式便盆，而是让孩子们倒过来坐在马桶座上。"这样一来，他们就能看到从自己身体里出来了些什么东西，这很让他们着迷，都舍不得离开马桶了。每个孩子都几乎不用我花时间训练了。"

另一位妈妈则是撒些小麦圈进马桶里，让儿子"瞄准"漂浮在马桶水面上的"目标"，使得如厕训练变得生动有趣。

E——要鼓励你家宝宝，帮助他将自己的身体机能用语言和行

动表达出来。一旦你注意到宝宝对排便有意识，就可以开始扩大他的词汇量。比如说，如果他一边看你一边指向自己的尿布，你可以这么说："你尿湿了，要我帮你换吗？"如果他抓着自己的裤子并努力往下拉扯，你可以说："来，现在我就帮你换上。你的尿布里有东西了。"

每次你帮他换尿布时，一定要直接告诉他："哟，这里真的湿透了。里面全是尿。"或者，如果他的尿布里有大便，要当着他的面把里面的大便倒进马桶里，让他看着你把它冲走。我知道，你在使用一次性尿布时，通常会直接将其包起来扔进垃圾桶，但请你从现在起改变这种做法，这样你家宝宝就能真正看到自己的便便去了哪里。如果你不太忌讳，也可以让你家宝宝观摩你如何排便，并向他解释说："这是我们拉臭臭的地方（可以用你觉得舒服的词语）。"

现在你可以开始教宝宝怎么如厕了。先去买好独立式小便盆或者是便盆座（请参阅上一页的插入栏），然后你就送他的布娃娃或是他最喜欢的毛绒玩具去坐马桶。如果他表露出想要亲自尝试的意愿，你可以在他早上醒来后不久就让他去坐坐看。他坐在马桶上的时候，你可以跟他说话，玩拍拍手游戏，或给他个小玩具分散他的注意力。另一个尝试坐便盆的好时机是在他喝完奶之后大约20分钟。无论你打算怎么做，最重要的是要营造出有趣的而不是有压力的氛围。再说一遍，要给你家宝宝读书、跟他玩拍拍手游戏，或者用玩具逗他开心。以这种方式分散他的注意力会让他更放松，更愿意去坐马桶。若是反过来，你只是干巴巴地坐在他身边等待，他会把这当作你的一种施压。

如厕训练的装备

如厕训练期间的宝宝，除了日常衣服之外，还应该有什么装备呢？这里有几条建议：

• 尿布。现在的一次性纸尿裤吸水性很强，以至于宝宝尿湿之后都不一定有什么感觉。虽然用布质尿布看起来更耗时耗力，不过从长远角度来说却不一定更不划算。因为你家宝宝很容易就能辨别出尿布湿了的感觉，所以他可能更早摆脱对尿布的依赖。

• 训练裤。和纸尿裤一样，训练裤的吸水性也很强。一旦你家宝宝开始清楚地感觉到他需要排泄了，并且能够忍住直到他坐到便盆上，那么他就可以自由了。你其实可以直接跳过用训练裤的阶段。

• 大孩子用的内裤。一旦宝宝能每天至少3次成功使用便盆，你就可以让他在白天穿上"大孩子"的内裤了。如果他弄脏了自己，你不可小题大做，千万不要斥骂！你只需帮他脱下脏衣裤，把他洗干净，然后再给他穿上一条新的内裤就好。

L——设限度。你要限制让宝宝坐便盆的时间。一开始不应超过3分钟。如果你让坐便盆变成一种压力很大的体验，那你一定会把自己拉入亲子战争之中。因此，深吸一口气，克制你自己对这一次训练失败的挫败感。让自己放松，这样一来你家宝宝也会放松。训练的目的不是要让宝宝当即出成果，而是在教他。如果他成功排尿或大便，那很好，你该表示祝贺（如何称赞请见下一段），并就刚才的成功排泄简单说几句："挺好。你在便盆里拉臭臭了。"你带他离开便盆之前，记得要说一句"好了，完事了"。如果他不肯离去，不要表现得不高兴，也无须说什么，只需以说了就做的态度，把他直接抱走就好。最后，不要太频繁地训练孩子坐便盆；宝宝醒来心情不佳时不要训练；宝宝表示抗拒时不要再勉强他训练。

P——把他夸上天然后递上厕纸！当你家宝宝真的往马桶里排泄成功时——而并非只是坐在那里——你要拼命地夸奖你家宝宝。这是我唯一一次建议对宝宝进行彻底的、过分的、疯狂的赞美。"太棒啦！你尿到马桶里啦！"当我女儿成功时，我叫得简直有一头海豹那么响。然后我会说："现在让我们来把它冲走吧……拜拜，尿尿。"孩子很快就会将这一套动作当作一种很好玩的游戏。我敢向你打保票，我不止一次地暗想自己真是疯掉了，不过，这样真的很好玩！顺便说一句，要多加夸赞，但请不要过度诠释。比如我就听到有妈妈说："很好，以后你每次都要来这里撒尿。"不要这么说，你只管让你的赞美有趣而轻松——并且要在你家宝宝能理解的程度之内。

如厕训练成功的四项关键要素

便盆（Potty）——适合他大小的便盆。

耐心（Patience）——当他不撒尿或大便时，不要急躁或表现出失望的情绪，所有孩子都会以自己的速度进步。

练习（Practice）——你家宝宝能得到多少进步就需要多少练习。

陪伴（Presence）——和他坐在一起，为他加油。

如果你慢慢地一步步试探，你会更容易了解你家宝宝习惯的方式，而且宝宝也更有可能对他得到的体验抱欢迎态度。还有一

点请记住，宝宝的性格对他的接受能力起着很重要的作用。有些孩子喜欢听好话，看到自己父母为自己的成就开心得发狂就高兴得不得了，可也有些孩子对此并不那么在意。

宝宝的独立宣言

你家宝宝在不断地、一点一点地成长着。请你一定要对他的成长保持充分的耐心。如果你对他的这个成长过程有信心，不为之焦虑和急躁，不催也不推他，那么你们俩就都会活得更快乐。你既要为他的每一步新的进展喝彩，又要耐下性子陪他一起度过比较困难的阶段。你还要分辨清楚哪些是你应该加以引导的，哪些必须交给老天爷去处理。有些时候，你家宝宝迈向独立的步伐似乎非常突兀，就像他第一次能自己拉住什么东西站起来的那一刻，可更多的时候却是你注意不到的、非常细微的变化。每过一天，你家宝宝的身体都在慢慢变得更加强壮，身体的协调性也变得更加顺畅。与此同时，他也逐渐积累起更多的体验，吸收到更多新的印象和声音，加固着他新获得的每一种技能。还不只如此，他的智力也在一天天地发展。他的大脑就像是一台迷你型计算机，不断地下载着、整理着他遇到的每一点新的信息。虽然他从出生起就一直在与你交流，但现在他终于即将能够真正地用同一种语言与你进行交流了。在下一章中，我们将仔细讲解这个令人难以置信的过程是如何发展的，以及这会怎么进一步加固你们的亲子关系。

第 5 章

学步期宝宝的儿语：
用 T.L.C. 策略与宝宝对话

语言是人类所使用的最为强效的药剂。

——鲁德亚德·吉卜林 [1]

倾听，否则你的舌头会让你充耳不闻。

——美国印第安人谚语

---

[1] Rudyard Kipling（1865—1936），英国著名作家，被誉为"短篇小说艺术创新之人"，英国 19 世纪的文学代表作家，是英国第一位，也是迄今为止最年轻的诺贝尔文学奖获得者（42 岁）。——译者注

提高与宝宝的交流频率

如果说小婴儿就像是一个在异国他乡穿行的人（我经常用这个比喻），那么学步儿就像是一个交换生。你在当地住下以后才开始学习当地语言。你会逐渐吸收一些对话，刚开始时能听懂的比你能说出来的要多很多。与在这个国家游历了刚刚一个星期的旅人相比，你已经能更顺利地度过一天的时光了。比如当你问人家厕所在哪里时，对方已经不再会把一盘意大利面递到你的面前。但是，因为你在那里住的时间毕竟不算长，所以除了一些最基础的东西之外，你的词汇量仍然少得可怜。当你想要某样东西或试图表达某个更加复杂的想法时，你仍然会感到有些气馁。不过，幸运的是，学步期宝宝有一对非常好的导游，他们时时处处守在他身边，不但会说当地的语言，了解当地的民风和习俗，还可以帮助他提高词汇量，理解这些词语所表达的意思。这一对出色的导游就是宝宝的父母亲。

宝宝什么时候才会说话？

幼儿在语言方面的发展进度是由多种因素综合决定的。正如我们在第 1 章中所讨论过的那样，先天和后天会一同作用。下面是其中的部分因素：

- 接触某种语言，与说话者互动（不断地交谈和目光接触能起到鼓励孩子说话的作用）

- 性别（女孩语言功能的发育似乎比男孩更快）

- 其他方面的发育是否占了优先（比如说，孩子先开始走路，或他已经有了语言之外的交流渠道，则说话可能会晚一些）

- 出生顺序（如果有总是喜欢替小宝宝说话的哥哥姐姐，身为家中老幺的孩子可能会晚些说话。请参阅本章后面的插入栏）

- 遗传倾向（如果你或你爱人小时候就说话较晚，那么你家宝宝有可能也是这种情形）

备注：如果家庭之中突然发生了变化，比如请了新的保姆、添了新生儿、有家人生病、父母出远门或重返工作岗位等等，刚开始学说话的孩子有时也会表现出一定的"退步"。

在孩子学习说话的奇妙过程中，在他开始作为家庭成员之一积极参与到家庭生活中来的奇妙之旅中，我们——孩子的父母——是孩子最好的导游。语言不仅仅是与人交流的钥匙，还能打开进入一个独立而活跃的、全新世界的大门。语言使得我们的学步期宝宝可以提出问题（"咸摸（什么）？"）、提出要求（"曲奇"）、坚持自我（"我自己来"）、表达思想（"爸爸走了。妈妈留下"），当然还有不可或缺的拒绝合作（"不！"）。通过语言，他能了解到家中对他的期待（"劳驾你……"）以及其他社交礼仪，例如礼貌用语

（"请"）和感恩用语（"谢谢你"）。他还可以让其他人参与他的努力过程（"妈妈，来"）。

然而，这不会是一个可以"速成"的过程。语言能力的发展，跟你家宝宝肢体能力的不断增长一样，也是一个虽然缓慢但稳定进步的过程。每个新步骤都建立在之前已经掌握了的步骤之上，也同时为迈出下一步做铺垫。宝宝会先打手势，指向某个物体并示意你拿给他。然后就是"儿语"，也就是牙牙学语，最后才是真正说出他的第一个字。"布"变成"播"，最后变成"抱"。这就是你与宝宝的交谈如此重要的原因所在——他们是通过一再地重复来学习的。

即使是科学家们也无法解释究竟是什么使幼儿能够一步一步地模仿声音，将声音转化为字词，赋予字词意义，再将字词组合在一起，到了最后还能使用字词进行复杂的思考和表达。我们已经确凿无疑地知道的一件事情是，父母实际上并不是在教孩子如何说话，而是说给他们听、示范给他们看。此外，就像宝宝所有其他能力的发育过程一样，你家宝宝在从他嘴里蹦出第一个词很久以前就在为他最终说话做准备了。也就是说，你听到宝宝说出第一个字无疑会非常兴奋，但是，这肯定不会是你与他的第一次交流。

在我的上一本书中就已经再三强调亲子对话的重要性：你要"与"小婴儿交谈，而不只是"对"他说话。你家宝宝会用"儿语"对你说话，用肢体和声音表达自己的需要；而你也在用你自己的语言对他说话——英语、法语、韩语、西班牙语，或者任何你使用的语言。你会倾听他、与他交谈；他也会倾听你、回应你。你要把他看作一个独立的小生命，回应他、给他以尊重。你要用心去理解他的意图，分辨他的儿语，从而能更好地满足他的需求。在这样的过程中，他也开始理解你、懂得你，努力吸收你的语言。到了他接近学步期年龄的时候，你们的对话仍在继续，而且，此刻已经到了你给出大量 T.L.C. 的时候。

什么是 T.L.C. 策略？

T.L.C 是 "Tender Love Care" 的缩写词，意即"温柔的关爱"。所有年龄段的孩子都需要你的 T.L.C——"温柔的关爱"。但是，在这一章里，我要赋予 T.L.C 另一层意思，用来帮助你引导宝宝度过语言能力发展的关键期。这三个字母代表的分别是你与宝宝沟通的三个关键要素：说话（Talk）、倾听（Listen）、澄清（Clarify）。下面是我对这个 T.L.C. 的简述，然后是对每个部分及其涉及内容的详细描述。自然，这三个部分并不是相互独立互不干涉的，而是交织在一起共同发挥作用的。在你与宝宝的每一次交流中，你都是在说话、倾听和澄清，如果你尚未意识到这个过程，那我现在会向你阐明这个过程。（后面几页我会针对宝宝语言能力发育的各个阶段，向你逐一提出一些具体的建议。）

T.L.C. 策略初步了解

说话（Talk）：你可以无所不谈，比如描述你的活动、他的活动、周围环境中的一切事物。

倾听（Listen）：要用心倾听孩子用语言以及肢体动作表达的意思，让他感到你在关注他，同时他也在学习该如何关注你。

澄清（Clarify）：通过重复正确的词和扩展语义，来澄清双方要表达的意思。不要批评你家宝宝，不要让他觉得他说出来的字词是"错误"的。

T——Talk，说话。言语在父母和幼儿之间架起了一座桥梁。正如我之前指出的，语言学习的奇妙之处在于父母实际上不必教宝宝说话，通过我们跟宝宝的不断交流，他自己就能学会说话。不错，我们是在教孩子认识物体的颜色、形状以及名称，但即使是这样的学习，贡献最大的依然是日常生活中会随时出现的、你来我往的交流。研究表明，如果父母在日常活动中常常与宝宝交谈，宝宝3岁时的词汇量要比那些日常亲子对话较少的孩子更多。不仅如此，成天跟孩子交谈的效果还会影响到他进入学校之后的表现，这样的孩子在阅读和理解方面的表现会比同龄人更好。

我们大多数人都知道，人与人之间的"对话"有两种形式，一种用口头语言，一种用肢体语言。肢体语言的交流包括爱的眼神、拥抱、亲吻、牵手、用手拍拍孩子的身体，以及乘车时亲切地抚弄孩子的头发。虽然你没有说话，但你家宝宝可以感觉到你心里装着他，你陪伴在他身边，你在关心他。语言形式的交流包括使用"妈妈语（家长语）"（见后面的插入栏），以及不断地对话、唱歌、玩文字游戏、讲故事和读书等。其中的关键是你一整天都在有意识地与孩子交谈——当你走向游乐场、准备晚餐、让他准备睡觉时，都在用语言跟他交流。

你不必等到你家宝宝可以回应你时才开始跟他说话。即使你的小宝贝在自己叽里咕噜，你也可以与他交谈。不要忽视你不理解的话语，而是应该适时插入一些恰当的短语来鼓励他，比如说，"你说得很对"或"我完全同意"，这就如同他当初还是一个小婴儿的时候，你也曾一本正经地回答他的咿咿呀呀一样。我们来想象一下，他刚吃完饭，坐在高脚椅上，对着你说："咕咕咕吧吧吧。"你就可以这么回答："你想让我帮你离开餐桌吗？"又或者，快到洗澡的时间了，他正在那里叽里咕噜，你也可以这么跟他说："啊，你准备要洗澡了吗？"这样的日常对话不仅有助于他将"儿语"转换成正常语言，还保证了你家宝宝与你的顺畅交流，这也让他看到了自己努力表达的结果。

不少从孩子婴儿期以来就没有这样做过的父母——许多人觉得跟婴儿说话"很傻"——经常问我："我能和一个学步期的小孩子说些什么？"你可以谈论他的一天（"我们现在要去公园啦"），谈论你在做什么（"我现在正在给你做饭"），谈论他在自然环境中看到和听到的任何事物（"哟，看，那里有只小狗"）。即使你认为这些话超出了他的理解范围，也请你一定要相信，他很可能比你以为的要知道得更多。

此外，我们是不可能准确地知道孩子何时掌握了某个新概念的。想想你上次学到新东西时的情景吧。你需要阅读、研究、提问，一遍又一遍地琢磨手上的资料。到了一定的时候你就能对自己说了：哦，我明白了，原来是这么一回事。你家宝宝在他学习并掌握语言表达的时候也会是一样的情形。

我们说的是"妈妈语"

已经有研究证实，一种被研究人员称为"妈妈语"或"家长语"的语言表达方式，对幼儿语言技能的发展非常有益。科学家们认为，这样的"家长语"应该是帮助宝宝学习说话的最为自然的方式之一。这是因为，宝宝各种各样的看护人——妈妈爸爸、爷爷奶奶以及哥哥姐姐——在照料宝宝时常常会自动进入这种说话状态，因为这么做会吸引宝宝的注意力。具体做法是在说话时：

- 俏皮活泼
- 直视孩子的眼睛
- 语速缓慢，声音像唱歌一样抑扬顿挫
- 口齿清晰、表达清楚
- 强调句子中的某一个词（"你看到那只**小猫**了吗？"）
- 经常重复某些字词

你还需要弄清楚哪种说话形式对你家宝宝最有效。根据你家宝宝的特质，以及他在其他发育方面正在付出的努力，你可能需要改变你的方式。比如说，敏感型的学步期宝宝喜欢你的拥抱，可是，刚刚开始学走路的教科书宝宝则可能试图从你的怀抱中挣脱出去，因为他对探索周围更感兴趣。又比如，一个正在心烦的天使型学步期宝宝可能会静静地坐在那里听你跟他讲道理，讲为什么在晚餐前他不能吃冰激凌，可是，如果这个孩子是一个脾气急躁型的宝宝，那事情可就糟糕了，结果往往会是更大声的哭喊，所以，此时更好的做法是你想办法转移他的注意力。又比如，你家有一个精力旺盛型的宝宝，你注意到他正试图让别人知道他想要某样东西，可因为总也说不明白而感到非常沮丧，那么，你这时过去把他抱起来，指着各种东西问他说："你想要这个吗？是这个吗？还是这个？是那个？"那结果肯定会很糟糕。相反，你要把他放下来，并对他说："来，指给我看，你想要什么。"（对任何一个正在努力传达信息的学步期宝宝而言，这都是一个值得你记住的好办法。）

顺便说一下，我前面对"说话"（Talk）的描述，并没有把通过看电视或电脑学说话包括在内。在电视机前花很多时间的学步期宝宝，是有可能会唱一首"巴尼"儿歌①，因为他会模仿他听到的内容，但最好的语言教学是在你和宝宝的日常互动中进行的。至于电脑，虽然的确是互动模式的，但还没有人知道它会在宝宝此时构建"大脑布线"这个重要过程中造成些什么影响。当然，这并不能阻止软件行业为3岁及3岁以下的"消费者"们设计软件程序，所以，做出来的东西可能很诱人。（根据一家研究机构的结论，对婴儿游戏的需求恰是青少年软件市场中增长最快的一部分。）我个人并不愿意看到3岁及3岁以下的孩子坐在电脑前，但我也知道很多父母都会购买这类软件，认为它可以帮助小孩子为进入新的电脑科技世界做好准备，让他们能"赢在起跑线上"。可是，我相信，孩子们无须我们的帮助就能很快适应未来的新科技。此外，目前尚无证据表明幼儿早期使用计算机是有益的。不过，如果你已经为孩子准备了电脑、购买了教育软件，那么至少请你

---

①"巴尼"儿歌是一个著名美国幼童电视节目"巴尼（Barney）"的主题歌。——译者注

一定要和你家宝宝一起坐在电脑前。另外，请记得限制计算机的使用时间，而且只将其视为宝宝众多学习工具中的一种。

　　说到这里，我要重申我最强烈的建议：从你家宝宝醒来的那一刻起，你就要不断地跟宝宝进行对话。你说再多的话都不过分（除非宝宝想要安静下来或者入睡）。这是年幼的孩子最需要的，这就是他们学习的方式。在后面提示栏，我给你准备了一个"脚本"，取自我和一个学步期宝宝的一天，你可以从中看到我是怎么抓住每个跟宝宝说话的机会的。你可以根据你自己的风格以及你与孩子相处时发生的具体事情来编写自己的脚本。

　　L——Listen，倾听。对学步儿来说（对小婴儿也是一样），倾听意味着你要同时注意他口中说出的"语言"以及他的肢体语言。现在要弄懂你家宝宝的意思会比以后更容易，因为他现在肯给你更多的"明示"。与此同时，他的需求当然要比婴儿期复杂得多。这个年龄段的孩子已经不再满足于依偎在你的怀里。他想要探索，想要弄明白某样东西是什么、能让那样东西做些什么。哪怕他还不能明白地说出这些话，但你只要认真注意他发出的信号也一样看得懂。如果你及时回应他给出的信号，他就会越发相信自己的身体发给他的信号（比如饥饿），以及他对周围环境的影响力（比如，他要一个高架子上的玩具，示意你给他）。

　　要倾听他在婴儿床里或独立玩耍时的自言自语。当宝宝独自一人时，他往往会练习新模仿来的声音或者单词，再稍大一些，他还会谈论自己当天经历过的某些事情。你在孩子自言自语时"听墙角"，能帮助你弄清楚他语言能力的发展程度以及他的理解程度。

以下是我与学步期宝宝在一天中的一些对话要点。这里的诀窍是将你一天中每一刻所做的事情分解成数个简短的句子，说给孩子听。

早晨

早安，薇奥拉，我可爱的花朵！你睡得好吗？我都想你啦。来吧，我们起来吧。哟，你需要换尿布了。你尿湿了。你能说"湿"吗？很好，湿。来，让我帮你换一块尿布，你就会干净又舒服了。在我帮你换尿布时，你愿意拿着护肤膏吗？真好。好了，我们换好啦！来，我们去跟爸爸打声招呼吧。说："嘿，爸爸。"很好，现在我们可以去吃早餐了。我会把你放进你的椅子里去。噢，上来喽！让我给你系上你的围兜。我们有些什么好吃的呢？你要香蕉还是苹果？我正在给你冲麦片。这是你的勺子。嗯，真好吃，你说呢？我们吃好啦。来，我们把碗碟装进洗碗机里吧。你想来帮忙吗？想？好的……给你这个，放进去吧。很好——你放进去啦。

出门办事

我们的食物不多了，需要去买些东西回来。我们一起开车出去吧。来，这是你的鞋子。让我帮你穿上外套。我们进到车里了。你能说"车"吗？车。对，很好！我们正在开车去商店。来，让我把你抱进购物车里。哟，你看，有好多的蔬菜啊。你看到黄色的香蕉了吗？你会说"香蕉"吗？香蕉。真好。这个东西叫四季豆。把这一包放进我们的购物车里吧。好啦，都选好了。购物车里现在装了很多食物。我们去收银台吧。我必须付钱给这位温柔的女士。你想跟她打个招呼吗？谢谢你！再见！看，我们有这么多购物袋，这些全都要放进我们的汽车里。再见了，商店！

玩耍

来，宝贝，我们现在去玩吧。你的玩具箱在哪里？哦，你想要玩你的布娃娃？你会说"娃娃"吗？娃娃。说得很棒！我们要怎么用这个小宝手推车呢？我们要把娃娃放进小宝手推车里吗？我们要不要给它盖上毯子？来，我们给它盖上毯子吧，这样它会很暖和的。哟，娃娃哭了。你把它抱起来哄哄吧。娃娃现在觉得好些了吗？哦，娃娃是饿了吧？我们要给娃娃吃点什么呢？它是不是想要自己的小奶瓶了？你会说"奶瓶"吗？是的，奶瓶。看，娃娃已经很累了，它想要睡觉了。你要抱娃娃上床去吗？让我们把娃娃放回玩具盒里面睡觉吧。晚安，娃娃。你能说"晚安"吗？

就寝时分

我们该准备睡觉了。来，你先挑一本书。哦，你想要这本吗？嗯，这是本好书。你能说"书"吗？对，书。说得好。过来，坐在我的膝盖上。让我们一起翻页。这本书的名字叫《棕熊》。你能找到棕熊吗？对啦，很好。你能说"熊"吗？来，我们翻到下一页。你能找到蓝鸟吗？很好，这就是蓝鸟。好了，这本书已经读完了，我们把书收起来吧。晚安，我的书。说"晚安"。好，现在你要躺下睡觉了，但是，你先给我一个晚安拥抱吧？嗯，真好。我爱你。这是你的毯子。晚安，我的宝贝。如果你需要我，就叫我。明天早上见。

比跟孩子说话还要重要的一点是，你要做出认真倾听的榜样，这会起到教导你家宝宝如何倾听的作用。也就是说，在你跟宝宝说话之前，你要主动关闭电视，放下手中的报纸，电话也要搁到一边去（请参阅后面的插入栏）。

你还要帮助你家宝宝培养分辨声音的能力。打开收音机或音响，并刻意说明这是要干什么："让我们听听音乐吧。"引导宝宝注意日常生活中听到的各种声音：狗吠、鸟鸣、卡车在街上隆隆驶过的声音。这有助于他理解和分辨他的耳朵收到的各种信号。

最后，你要听取自己的声音，如有必要，调整你的表达方式，包括你说话时的语调、音色、语速、节奏、习惯等，因为这些可能有利于孩子的倾听，也有可能阻碍孩子的倾听。比如说，你可能习惯于在上班时对周围的人发号施令，回到家里你也不自觉地使用类似的强硬语气。你可能说话时声音太大，或太小。又或者，你说话的语气过于单调。我见过一些父母会用同样的语气表达两种截然不同的意思，就好像那两种意思是可以互换的一样。举例来说，"把这个放在桌子上，莫莉"，以及"你别推他，莫莉。是他比你先到的"。因为这两者的语气听起来都一样，他们的孩子常常难以辨别父母说话时的意思和情绪。还有一种情况可能更糟糕，那就是你说话时可能会高声大叫，这肯定会导致学步期宝宝要么下意识封闭了自己的耳朵，要么被你吓得直哆嗦，而这两种情况都不利于亲子之间保持良好的对话沟通。

最后，我必须再补充一个要点。如今我们大多数的父母因为日常生活太过忙碌，节奏太过快速，要耐下性子倾听变得更加困难。因为我们总是太匆忙，所以总是在催促我们的孩子，总是在真正听到他们说出什么之前就已经提出了我们的解决方案。正如心急的父母倾向于依靠安抚奶嘴这样的道具（请参阅第8章）来安抚哭闹的婴儿一样，忙碌的学步儿父母则倾向于打开电视机，让电视来安抚家里的学步儿。在这样的"教养"中，你不知不觉地让学步儿丢掉了倾听的能力。（这种缺失将在他们进入青春期时表现得格外明显！）简而言之，倾听是孩子构建自尊心的必经之路，也是构建他信任他人、解决问题和解决冲突的能力的基础。在纷乱庞杂的当今世界里，倾听是一项特别重要的技能。每当你倾听孩子的时候，你便是在告诉他，你心里装着他、关心着他、对他的事情感兴趣。

现在不是打电话的好时机

有时，我正在和朋友通电话时，能通过电话听筒听到对方正在教训她的学步期宝宝，"别，本杰明，别往那里爬"。孩子这样的行为，总是能让我疯掉，而且我相信，很多爸爸妈妈都会有这种感觉。学步期宝宝（以及再大一点的孩子）在发现他失去了你的注意力时，总会这么想方设法地吸引你的关注，尤其是在你打电话的时候。似乎电话一响，宝宝就收到了一个信号：哎哟，看来妈妈要打电话了，可这时我需要她啊。于是，每当电话响起的时候，我女儿最喜欢的恶作剧就是钻进煤桶里去。

事实是，亲爱的，大多数电话都可以等到你家宝宝打盹时或是上床睡觉之后再打。如果电话响了，你要大大方方地告诉对方："我家乔尼醒着呢，现在不是说话的好时机。"如果的确是紧急的事情，你至少要让孩子有点心理准备，先告诉他说："妈妈现在必须打个电话。"同时，递给他一个他最喜欢的玩具，让他有事情可忙。而且，你的通话一定要简短，这样就可以在孩子来打断你说话之前就顺利完成通话。

C——Clarify，**澄清**。这一条提醒我们要多花几分钟来确认以及扩展我们刚听到的孩子说过的话。每个学步期宝宝能听到些什么、能说出些什么，这当然会有很大的差异。我们需要鼓励宝宝使用正确的词，即使他已经有了表达自己意愿的特殊方式。每当我的小萨拉说"布塔塔"时，我总是回应她说："哦，你想要喝一瓶茶吗？"（在英国，我们会给孩子冲淡茶喝，正如美国妈妈给婴儿冲果汁喝一样。）我们还需要帮助学步期宝宝了解谈话时的相关社交礼节，比如说，当孩子说话声音太大时，我们会提醒一句："现在是我们该轻轻说话的时候。"有责任感的父母会这么一整天随时随地不假思索地做着澄清。在第 4 章中我曾提到过一位 1 岁小宝宝的生日聚会，在那次聚会中，每当埃米小宝宝说"卡"的时候，她的妈妈或者爸爸总会不厌其烦地重复一遍："是的，那是一辆卡车。"

无论你家宝宝是自己编造了一个词语，还是像埃米那样能说出几乎接近正确说法的"儿语"词语，若要真正理解他的意思，你就必须仔细倾听，并在当时的场景中寻找线索，大胆猜测，然后加以澄清。当然了，你不能只是简单地重复他刚才的话，而要以正确的词句来解释以及扩展他想要表达的意思。比如说，你家宝宝指着车窗外面，说"咕"。因为你一直在关注他，也看到了人行道上有一只狗，你猜到他的意思是"狗"，于是你就对他说："是的，亲爱的，那是一只狗。说得好，狗！也许等一会儿我们还能看到另一只狗。"用这样的方式，你可以通过称赞来强化他学到的东西。你还可以将他的陈述句改为一个提问句，比如说，他嘴里说的是"啪"，你不妨用疑问句回应他："你想要你的瓶子吗？"这两种方法既可以纠正孩子的发音，又不至于明确指责他说错了，甚至于更糟的做法，羞辱孩子。

解读宝宝的肢体情绪

你不必等到你家宝宝学会用语言表达他的情绪，你应该更早地帮助他澄清他的情绪是什么。你家宝宝会使用以下肢体语言来告诉你他的感受，然后，他会看着你，寻求你的回应。你可以结合他的肢体语言和当时的情景，来"读懂"他的意思，并替他做出澄清："我可以看得出，你生气（伤心、自豪、快乐）了。"

宝宝表示"我"不开心、不愿意或生气时的肢体语言：

我的身体是僵硬的。

我把头扭到一边去。

我扑通一声躺倒在地。

我拿我的头撞东西。

我用力咬东西，比如沙发。

我愤怒地哭喊或是尖叫。

宝宝表示"我"很高兴并可能与你合作的肢体语言：

我微笑，我大笑。

我心满意足地自言自语。

我拍手。

我整个腰身以上都充满弹性地来回摇摆。

另一种澄清的形式是扩展宝宝的词汇量：当他能正确地说出"狗"时，你可以补充一句说明："是的，那是一只黑白相间的狗。"当他准确地说出要自己的瓶子时，你可以这么回应："你是口渴了，对吧？"你把他已经表达出来的发音和正确的说法以及物品联系起来，就能逐渐提高他对语言的掌握程度。很快，他的"咕"就能变成"狗"，而"啪"听起来会更像是"瓶"的发音。尽管他可能还需要几个月甚至一年的时间，才能理解"黑色""白色"或者"口渴"的含义，以及学着将几个单字拼凑到一起，变成"黑白相间的狗"或"我口渴了"，但是，你这时对他的帮助，相当于在给他的"小电脑"编程，为他将来发展更复杂的思维和描述做铺垫。

当宝宝努力想要说出某个生涩的词语时，你当然要把他想要说的那个词的准确发音告诉他。同样，当你家宝宝使用只有你能理解的发音，对不是那么熟悉他的人（比如来访的爷爷奶奶）说话时，你当然也要帮助对方理解宝宝的意思，比如，你帮他说出他想要说的话，"他想要他的奶瓶了"。但是，切记，当他已经有能力表达清楚他的意图时，请你一定不要再替你家宝宝说话。

家中老二肯定会说话更晚吗？

家里的老二的确常常比老大说话更晚，因为哥哥姐姐常常会替弟弟妹妹"澄清"他们要表达的意图。比如说，在我们家，妹妹索菲会在叽里咕噜一通之后，定定地看着我，等我做出反应。如果我的反应不够快，她就会望向她的姐姐萨拉，用眼神告诉她姐姐："妈妈好像听不懂我的话。"然后，姐姐萨拉就会替妹妹向我解释："她想要一碗麦片。"

问题是，只要萨拉继续这么为她妹妹所说的"儿语"当翻译，索菲就根本不需要学习正确的语言表达。当我意识到这就是索菲一直没能学会说话的原因之后，我告诉萨拉："你是一个非常好的姐姐（有时确实如此），但你必须让索菲自己跟我说话。"

萨拉果然不再替索菲说话，于是，索菲在很短的时间之内就从几乎不会说话飞跃到了能说出完整的句子。事实证明，她已经获得的语言技能比我们想象的要多得多，只不过她选择了不用它们而已。（关于兄弟姐妹关系的更多内容，请参阅第9章。）

还有一点需要申明的是，"澄清"不等于要一下子给你家宝宝太多的信息。一些望子成龙的父母，急吼吼地利用一切机会拓展孩子的知识，往往会给孩子过多的、他还接受不了的信息。我不由得想起了一个老笑话，有个3岁的孩子问他妈妈："我是从哪里来的？"他妈妈赶紧长篇大论地讲述了一番鸟类和蜜蜂的知识[①]。一脸困惑的孩子一个字也没听懂，忍不住打断了他妈妈的话，说道："约翰尼说，他是从费城来的。"

我也曾亲眼见过现实生活中无数过度解释的例子。就在前几天，我去了一家适合儿童就餐的餐馆用餐，看到一位妈妈正站在收银台前结账，她的学步期宝宝则满眼渴望地盯着收银台附近橱

[①] 这是20世纪西方人向年幼的孩子解释生殖机制时的"委婉"方式，通过讲解蜜蜂授粉和鸟卵孵化的繁殖过程，来代替对人类性交与生子的"科学"的、"技术性"的解释。——译者注

窗里陈列的糖果，喃喃道："糖。""不行，你不可以吃那种糖果，"妈妈用一种学究气十足的派头对宝宝讲解道，"那种糖果里有很多染色剂，而且，吃糖可能会导致你体内血糖迅速升高。"我的天，请放过那个小宝宝吧！（其实你只需转移他对橱柜糖果的关注就好，比如说，给他两个健康的选项："你看，乖宝，我包里有香蕉和苹果呢。你喜欢哪个？要香蕉还是苹果？"更多关于这方面的讲解，请参阅第 7 章。）

关于 T.L.C 策略的几点重要提示

以下是你**应该**做的事情：

注意孩子用口头语言以及肢体语言所发出的各种信号。

当你跟宝宝说话或听他说话时，要看着你家宝宝的眼睛。

跟宝宝对话时，用词要尽量简单，句子要尽量短小。

用简单直接的提问句式，鼓励你家宝宝表达他的意图。

和宝宝一起玩需要你俩互动的文字游戏。

要保持克制，要有耐心。

以下是你**不应该**做的事情：

说话时你的声音太大、太小、太快、腔调过于古怪等。

因为你家宝宝没能正确发音而羞辱他。

当你家宝宝正在与你交谈时，你转过身去跟别人打电话。

在既定的"亲子时光"里忙于处理家务。

打断你家宝宝的努力。

把电视机当作保姆来用。

咿呀"儿语"阶段及其后来发展

  尽管许多"育儿宝典"都说大多数孩子会在 1 岁左右说出他的第一个单词，但是，有些孩子可以做到，有些孩子却还不行，还有些孩子 1 岁时则已经学会了二三十个甚至更多的单词了。有些孩子会基本上按照下面描述的一步步进程，按部就班地进步，还有些孩子（通常是有哥哥姐姐的孩子）则会等到了 18 个月甚至更大仍然几乎不会说话，然后突然就"一步登天"地开始用完整的句子说话了，仿佛他们此前一直是在"藏拙"一样。

  孩子会感受到父母对他语言能力的焦灼情绪——最糟糕的情况下甚至能让孩子彻底闭上嘴——这就是为何父母一定要接受孩子独有的成长速度。后面我会提供一份按年龄分段的进度指南（请参阅第 213 页的插入栏），因为我知道，有不少父母总是想知道自家宝宝的语言能力是否在"正常"范围之内。虽然我提供了这么一份进度表，可我必须再三再四地重重强调，每个孩子的语言发育进度都会是不同的，甚至可能有巨大的差异。要把你家宝宝的一举一动看作你真正的、最重要的行动指南。请记住，孩子的进步既有可能是平稳和连续的进步，也有可能是飞跃式的进步。所以，你不必纠结于孩子在特定年龄段的所谓"典型特征"，而要通过观察他的具体情况来灵活应对。

令人惊讶的新发现

新生儿对声音很感兴趣。在针对吸吮发出的声音的研究中,为了让吸吮声不中断,1 个月大的小婴儿会更加用力地吸吮。虽然一段时间过后,这声音会变得枯燥起来,但是,当小宝宝发现自己能创造出新的声音来时,他又会振作起来,再次努力吸吮。他甚至可以分辨出非常细微的声音差别。事实上,与只能分辨母语声音的成人不同,婴儿最初是可以分辨所有的声音的,这种天赋大约在其 8 个月大的时候消失。

他开始说"儿语"。婴儿实际上是带着辨别声音的能力来到这个世界上的(见上面插入栏)。你家宝宝对声音的迷恋是他进入语言世界的门票。起初他会不停地叽里咕噜。请注意,他不只是在玩耍,还是在做试验,看看他的舌头和嘴唇能发出什么样的声音来。有趣的是,即使他只是在叽里咕噜地说些"儿语"时,居然也一样会模仿你说话时的腔调和韵律。在这个国家,一个牙牙学语的 9 个月大的婴儿的嘀咕声听起来肯定更像是"美式发音",若一个瑞典的同样年龄的婴儿,往往会用类似瑞典语的婉转音调来牙牙学语,同样会与他父母说话的声音非常相似。

你家宝宝肢体语言的表达能力现在也有所提高,你将体验到你们之间真正的"你来我往"的交流(或是拔河赛)。他的脸更像是一本打开的书——他会开心地满脸放光,他会难过地嘟起小嘴,他会自豪地展现他的成就,而他要使坏时,你也一眼就能看懂他的不怀好意。他现在能够理解的事情要远远多于他能表达出来的。

他对你的面部表情的领悟也比以前更加透彻了。你一个严厉的眼神，或是加重的语气，往往足以将他"钉"在干坏事的路上再也走不下去，或者反过来，足以让他更加坚定地跟你对抗到底！

假如你问你家宝宝："恩里科在哪里？"他会指向他自己。你若再问他："妈妈在哪里？"他会指向你。有人离开时，他会挥挥手表示再见。他会摇摇他的头，表示"不是的"，还会用手掌一张一合地朝你示意，那意思很明显是"我想要那个！"当他指向某物时，有可能是要引起你对那样东西的注意，也有可能是想要你把它交给他。不论他此时的意思是什么，你都应该立即对他说出那样东西的名字："啊，是的，恩里科，那是一只猫。"有些时候，你只需要说出那样东西的名字，便足以满足宝宝那总是满满的好奇心了，也许这本就是他想要你做的全部事情。

你从早到晚都要用心关注你家宝宝用"儿语"和肢体语言所传递的信号，要及时回应他的各种明示和暗示，而且要用准确的语言帮他表达清楚。比如说，当他自己在那里说"莫，莫，莫"的时候，你可以这么回应他："莫，莫啊，妈，妈妈。"这也是"澄清"的一种早期形式。你还可以使用手指布偶和毛绒玩具来玩"对话游戏"，以强化他的语言训练。另一种做法是你去买些不含有毒涂料的硬纸板书（因为宝宝很可能不但想听你读书，而且还想尝尝这些书）。当给他讲解书中内容时，你要指着图画上的每一样东西，向宝宝说出它们的称谓来。（"看到这朵花了吗？漂亮的花。"）等你们这么玩过一两个星期之后，你就可以请他指给你看哪里是那朵"漂亮的花"了。他也会喜欢有趣的童谣和韵文，因为他喜欢这种有节奏的声音。

你一定会惊讶于宝宝学习的速度能有多快。比如说，你有一天教他玩"有多大？"的游戏，问他说："博比有多大？"然后你拿起他的手臂，帮他举过头顶，一边说"好大！"。用不了几天，他就不再需要你帮他做出这样的回应了。你还可以帮助他熟悉他自己身体的各个部位，比如玩"鼻子"游戏。你问他："博比的鼻子在哪里？"然后你点着他的小鼻子说："就在这里。"同样，用不了几天，他就能自己点着鼻子回应你了。我家女儿们还小的时候，还有我自己小的时候，我奶奶经常带着我们玩"鼻子鼻子"游戏。奶奶会用非常有节奏的声音唱道："鼻子，鼻子，眼睛！鼻子，鼻子，下巴！鼻子，鼻子，耳朵！鼻子，鼻子，鼻子！"小姑娘们就要随着奶奶的节奏，用自己的小手指指向自己脸上的各个部位。即使是像躲猫猫这样简单的游戏，也能教给小宝宝一个重要的交流规则：你们俩要轮流着玩。到了某一天，你家宝宝就会抓起一条毯子，把他自己的脸藏起来，或者趴到椅子后面去，那分明是在邀请你："来吧，我们该玩躲猫猫游戏了！"

有些词语你一定要重复了再重复，不断强化那些词语的含义，尤其当某些情况有可能出危险时。比如说，每当你家宝宝想要靠近茶壶时，你都应该说一句："小心，塔米。那壶很烫。"她会暂时转身去做别的事情，但过一会儿她可能又会过来想去拿那个茶壶。不是她没能理解你的意思，而是她已经不记得了。你只需简单地重复一遍"烫，那壶很烫"，就可以了。孩子听到你重复的次数越多，就越容易记住你的话。英国的小宝宝会比美国的小宝宝更早地知道茶壶是烫的，因为他们每天都能看到茶壶！

他能说出几个字了。只要你家宝宝掌握了各种音素的发音，他就更容易说出那几个最早学会的字来。这可能早到孩子七八个月大的时候，也有可能晚到他十七八个月大的时候。不管是地球上哪个地区的婴儿，最可能先发出的辅音往往会是 d、m、b 和 g，最早的元音往往是"a"。而辅音 p、h、n 和 w 则需要等宝宝再长大一点才能学会。小婴儿会将他最初掌握的这几个辅音和元音结合起来，发出"嗒嗒嗒"或"嘛嘛嘛"的声音来。

有趣的是，表达"母亲"和"父亲"的词语，在不同文化中竟然惊人地相似，比如，妈妈和爸爸，mama 和 dada，等等。听到这样的发音，做父母的自然认为这是他们的孩子终于能"呼唤"他们了，但是，《婴儿床里的科学》(*The Scientist in the Crib*) 一书的几位作者，艾莉森·高普尼克（Alison Gopnik）博士、安德鲁·N. 梅尔佐夫（Andrew N. Meltzoff）博士，以及帕特里夏·K. 库尔（Patricia K. Kuhl）博士，却提出了一个有趣的观点："目前我们还不能完全确定婴儿嘴里的'妈妈'和'爸爸'是因为爱他的父母告诉他他们自己就是'妈妈'和'爸爸'，还是因为婴儿最先说出来的字词总归是'妈妈'和'爸爸'，所以爱他的父母干脆把那当作宝宝对自己的称谓。"

这本书的几位作者还指出，过去 20 年的研究针对婴儿最初学会的几个词有了非常有趣的新发现。事实上，虽然婴儿确实最先会说"妈妈"和"爸爸"（当然，到底这两个词中的哪一个最先冒出来并不算是一个问题！），但是，他们其实还会说更多的词，只不过我们很多人都没有注意到而已，这也许是因为我们根本没想到宝宝已经这么有本事了。比如说，"没""那""噢""还要"以及"那是什么？"。对此，心理学家高普尼克博士做了很多实验，反复琢磨婴儿在使用这些词语时的意思。她发现，婴儿的"没"表示东西消失不见了，"那"表示他成功了（比如，成功将积木放入了桶中，成功拉掉了他的一只袜子），"噢"表示他失败了（东西撒了出来，或他自己跌倒了）。当我看到书上说英国的婴儿会用"哦，亲"或者"哦，死了"来表示他倒了霉时，我一点也不觉得惊讶，倒是有些忍俊不禁。

起初，你家宝宝说出的"词语"所表达的含义，只有他自己（以及他的哥哥姐姐——请参阅第 191 页的插入栏）才能理解得了，比如说，我家萨拉所说的"布塔塔"。那既有可能是你以为他要表达的意思，也有可能不是，这就是为何你的仔细观察与认真倾听如此重要——唯有这样，你才能通过当时的场景分辨出宝宝真正要表达的意思。不过，最终他会开始理解一个词的真正含义，并将其正确地应用到许多不同的场合中。这是一个相当了不起的成就。能说出一个词是一回事，能正确地运用它来指代某个物体是另一回事，而能理解两个看上去大不相同但实际上却是同类的物体，那就更了不起了。比如说，已经学会了说"卡"的埃米，能认出在街上隆隆驶过的大卡车，其实跟她手里的玩具卡车一样，都是"卡车"。小孩子对这种极其复杂的概念（即一个词语代表了一个物体）的理解，通常出现于他开始玩"想象游戏"的时候，这一点也不奇怪，因为"想象"也要求他必须具备对"象征"的理解。

啊？宝宝为什么还不会说"爸爸"呢？

学步期的宝宝可能突然开始把所有人都称为"爸爸"，不论是他的叔父还是一个普通的送货员，这当然会令他真正的爸爸倍感气恼。其实，孩子能够模仿出一个词的发音，并不一定意味着他就一定能理解那个音的意义。在他实现认知飞跃之前，"爸爸"就像许多孩子刚开始说话时冒出来的某个词一样，只代表了他自己理解的某种意义。真正让"爸爸"这个词跟那个每天晚上都会回家并在客厅里追逐他的大家伙联系起来，需要再过上一些日子才行。

有些爸爸的烦恼与此略有不同。比如说，最近就有这么一个爸爸对我抱怨说："亚历山德拉已经会说'妈妈'了，可她为什么还不会说'爸爸'呢？"我一问才明白，原来亚历山德拉几乎从来没有听到过"爸爸"这个词，因为家里每个人都直呼她爸爸的名字。我于是反问道："你女儿都没听人这么叫过你，她又怎么能有机会学会说'爸爸'这个词呢？"

当你家宝宝处于这个阶段时，他的思维能力正处在迅速发展之中。他像是一台新电脑，你必须帮他输入新的数据。他正在努力理解新学到的词语的实际含义，不过，对你和你家宝宝来说，这有时也许是一桩令你们都感到沮丧的事情。比如说，他明明知道自己想要什么，却可能找不到确切的词句表达出来。这时，你可以帮他说出他指着的某样东西的名字来，或说出那样东西能做的事情来。比如说，他指着架子上的杯子（他也有可能直接说出这个词来），你以为他是想要拿过那个杯子来玩，可他实际上是口渴了，要喝水。你可以先直接把杯子递给他，如果他推开你的手，你就可以做出第二种尝试："哦，我想你一定是口渴了。"然后，往杯子里面倒点水，再次递给他。

最早一批学会的词语，每个宝宝都会有所不同，不过，最常见的肯定是日常生活中最常接触的东西或事情，比如说，喝、吃、亲亲、猫咪、洗澡、鞋子、果汁等。有些时候，你家正在学说话的小家伙能很快掌握一个新的词语，但有时却会有反复。请记住，就像我们成年人要掌握一个新词语时，必须反复听、反复阅读词义解释、反复加以尝试一样，小宝宝们在学习新词语时，大都也需要经历这么一个反复练习的过程。我对此的看法跟我们向小宝宝推荐新食物一样，要多给他反复尝试的机会，让他有时间去渐渐习惯。如果他一时没能重复出某个词，请你务必不要表现出沮丧，你只要接受他还没有完全准备好这个事实就可以了。

你也要开始教孩子表达情绪的词语。比如说，给他看一张表现伤心的图片，并对他说："你看，这个小女孩看起来很伤心。"或者说："你能看出这里面哪个孩子挺伤心的吗？"你还可以问他，什么样的事情会让他伤心，看到有人在哭泣就告诉他那个人正在伤心，也不妨让他做个伤心的表情给你看。

提示：当你家宝宝表达出某种情绪时，你要做出恰当的反应。比如说，如果父母觉得自家宝宝"噘嘴"的沮丧模样很可爱，因此哈哈大笑或者抱着他猛亲一口，这肯定会让孩子感到十分不解。更糟糕的是，很快你就该不知道孩子"噘嘴"到底是为了表达不开心还是为了吸引你的关注（更多内容请参阅第7章）。

请记住，对学步期的孩子来说，任何事情都是很有趣的，每一次新的体验都会让他学到一点新的东西。所以，你在一整天的活动中可以提炼出很多符合他接受程度的短语，用来跟他不断地说话：

"看，有一辆红色的汽车。"你家宝宝会很愿意回答你提出的简单问题（"你把泰迪熊放在哪里了？"）或只含一个步骤的指令（"把你的鞋子递给妈妈"）。当成功答出了你的提问、完成了你的指令之后，他会由衷地为自己感到骄傲，体会到自己的重要价值。所以，在日常生活中，你要多多给孩子这样的机会："把你那本讲兔子的书递给我。""把你喜欢的玩具放进浴缸里。""去挑一本你要读的书。"

他开始玩"说名字"游戏了。过去的几个月以来，你一直在指着各种各样的东西告诉他这叫什么那叫什么，这些名词似乎会一夜之间变成他已经掌握的词汇量。如果你从他会说第一个词开始记日记的话，也许这个单词表已经累加到了二三十个了，然后忽然你就会发现自己没法再记录下去了，因为你家宝宝似乎一下子就能指着所有的东西一一说出它们的名字来了。在短短的两三个月之内，你家宝宝的词汇量可以从 20 个猛增到 200多个（到他 4 岁时，能增加到 5000 多个）。无论遇到了什么说不出来的东西，他都会过来要你告诉他。几个月前，你一个词教他好多遍他都不一定记得住，可现在他的记忆力肯定会让你大吃一惊。

科学家们提出了多种理论来解释宝宝的词汇量突然大爆发的原因。大多数人认为，这标志着孩子的认知能力发展到了一个新的阶段，而在到达这个阶段之前一般需要他掌握 30 到 50 个单词。显然，任何玩过这个"说名字"游戏的孩子，都已经能说出他所处环境中所有物品的名称，并且学会了问"是什么？"。他也可能会注意到他听到的一切，我的意思的确是"一切"，所以，请注意你自己说出的话，以免你听到你家小宝贝冷不丁大喊一声"该死的！"（或更可怕的话），而不是一句简单的"呃哦！"。比如说我自己，也许哪次我感到懊恼时，不由自主地说了一句"老天啊！"，却不知道这竟然被萨拉听了去。然后有一天，我们在超市里，排我们前面的一位女士，不小心把她手里的一瓶漂白剂掉到了地板上，萨拉便大声喊了一句："老天啊！"当时我恨不能找个地缝钻进去！

你家宝宝可能此时开始将两个单词组合起来，变成一个个最简单的短句子："妈妈，起。""给，饼干。""爸爸，再见。"你甚至可能会听到他在独自玩耍或即将入睡时，一个人在那里自言自语。我们会以为说话是件再自然不过的事情，因为一个个词句可以毫不费力地从我们口中溜出来。但是，请想一想，这对你家宝宝来说该是一件多么了不起的壮举——他不仅知道了一次可以使用多个单词，还能将这些单词按正确的顺序排布出来，并且能用它们明明白白地表达出自己的想法。

提示：有的孩子会经历一个"鹦鹉学舌"的阶段——单纯地模仿他们听到的任何内容。比如说，你问宝宝"你是想要小麦圈，还是可可泡芙？"时，宝宝给出的应答不是做出选择，而是单纯地重复你的话："小麦圈，可可泡芙"。虽然我鼓励你耐心教导孩子学说话，不过在这种情况下，更好的做法是直接让你家宝宝指向他想要的那一种。

许多孩子现在也开始懂得对物体进行分类。比如说，如果你随便拿一堆玩具放到他的面前，让他把一部分放在你的右手边，另一部分放在你的左手边，他多半会按一定的逻辑将这些玩具分作两类——所有的汽车都放在这一边，所有的布娃娃都放在那一边。虽然你家宝宝可能一度把所有的四足动物都称为"狗",但他现在已经意识到这些动物当中有一些应该叫"牛""羊"或者"猫"等。加深这种理解的一个好游戏,是让宝宝说出他知道的生活在动物园或农场里的所有动物的名字。

这个时期你家宝宝可能喜欢叽里咕噜说个不停,其中会有一些令他感到挫败的时候。比如说,有些发音他可能感到很吃力,有时候他可能不知道该怎么表达、不知道该用什么词语。他还可能会有很多的问题,他最常说的一个字很可能是"不"。

提示:你家宝宝的"不"字不一定表明他就真要跟你对着干。事实上,他可能连这个字的真正意思都不清楚。年幼的孩子经常说"不"的原因之一,可能只是他最经常听到这个字。因此,减少宝宝这种看似消极抵抗的行为的方法之一,就是管好你自己的嘴,不要总是给孩子一连串的"不"字。还有一个好办法,就是保证你能真正做到倾听孩子、能与他交流,让他得到他所需要的关注。

这也是你开始教宝宝"礼仪"的时候了。当他向你提出要求时,你要提醒他说"请"字。你要先示范,替他说出这个"请"字来。同样,当你把他要的东西递给他时,也要示范,替他说声"谢谢"。每天这么练习50次,一再重复相同的顺序,这很容易就能变成他社交用语的一个组成部分。

提示:如果你已经教过你家宝宝在打断你与他人的谈话时要先说一句"打扰一下",那么,当他真这么做时,你一定不要对他说"你等我一分钟,让我先把话说完"。首先,他不知道"一分钟"是什么意思;其次,你此时给了他相互矛盾的信息。毕竟,他已经遵循了你定下的规矩,可你自己却不遵守这规矩,反而要他等你说完话。所以，此时正确的做法，是你要称赞他有礼貌，然后当即停下来认真倾听他说话。正在与你交谈的另一个成年人一定能理解你的这一举动。

在这个年龄段中，你家宝宝开始飞速地扩展着词汇量，学着表达越来越复杂的想法。在这样的时刻，你的"澄清"变得尤其重要。但是，我并不建议你坐下来"教导"你家宝宝。相反，我建议你想办法安排各种有趣的游戏，让他有机会把玩各种形状的物体，识别各种颜色。不要以提问句式来"拷问"宝宝什么东西是什么颜色，而要以放松的态度告诉孩子——看，这是黄色的香蕉，那是红色的汽车。玩颜色配对游戏也不错，比如，给他一件红色的衬衫，然后问他："你能找出一双红色的袜子来配这件衬衫吗？"孩子往往在学会说出颜色的词语之前，就已经懂得颜色配对。你还要把有关"软的"和"硬的"、"平的"和"圆的"、"里面"和"外面"等概念逐渐介绍给他。使用这样的词语，可以帮助你家宝宝弄明白不同的物体具有不同的特质。

和你家可爱的宝宝依偎在一起，读上一本好书

即便是很小的婴儿也会喜欢这样的"依偎阅读"。所以，你要早点开始这么做，让书本早早成为孩子的好朋友。你不要只是"读"书，要有意识地改变你的声音、你的语气，以表现书中的人物和故事。你还可以跟宝宝聊聊这些人物和故事。最适合 3 岁以下幼童的书，应该是这样的书：

故事情节简单明了：很小的宝宝更喜欢指认书上的物体，不过，随着年龄的增长，宝宝可以开始理解简单的故事与逻辑。

耐用抗磨无毒安全：这对 15 个月以下的宝宝尤其重要。请确保印刷材料是无毒的，而且每一页都是结结实实的硬纸板。

书中插图鲜明逼真：鲜艳的色彩和清晰逼真的插图最适合年幼的孩子；随着年龄的增长，他们会开始喜欢更有想象余地的造型。

学步儿仍然会喜欢玩一些婴儿期的游戏，唱他"小时候"听过的童谣。由于他现在知道的事情比以前更多了，他开始跟着唱，甚至完全自己唱。他会很喜欢节奏与韵律，也很喜欢重复。他喜欢音乐，并且很容易学会歌谣中的唱词。如果再给歌中唱词配上各种相应的肢体动作，那就更好了——宝宝同样很喜欢模仿成年人的动作。我喜欢的童谣包括《公共汽车的轮子转啊转》《忙上忙下的小蜘蛛》和《我是一只小茶壶》（这首童谣在我的祖国总是备受欢迎）。

学步期宝宝也很喜欢玩数数的游戏，这有助于提高他对数字的理解。你可以带着他唱诵《一、二，扣鞋扣》[1]或《五只小猴子》的诗歌："五只小猴子，在床上跳啊跳，一只摔下来，碰疼了小脑袋。四只小猴子，在床上跳啊跳……"[2]。

---

[1] 类似于中国的"一，一，坐飞机；二，二，吃糖块……"。——译者注
[2] 类似于中国的"离家有十里，离家有十里，走一里稍稍一休息，离家有九里。离家有九里，离家有九里……"。——译者注

在这个时期，你需要格外用心地关注和倾听你家宝宝。一如既往，你凡事都要让他带头。跟他谈论他感兴趣的事情——他在看什么、在玩什么。他最先学会的往往是与他的日常生活密切相关的单词。你还应该问他一些有助于他培养记忆力、思考什么叫过去与未来的问题，比如说："我们昨天在公园里玩得真开心，你说是不是呀？""明天奶奶要来看望我们啦，我们应该为她做些什么好吃的呢？"最重要的是，通过让宝宝愉快地参与到与你的对话之中，你可以让你家宝宝更清晰地认识到与人言语交流是一种既美好又实用的技能。

他已经是一个言辞流利的语言大家了。 在 2 岁到 3 岁之间的某个时候，你家宝宝已经攒够了充足的词汇量，开始说三四个词的短句子了。他仍可能会犯很多语法错误，诸如说"childs"而不是"children"，说"I felled down"而不是"I fall"[①]，但是，请你别担心，不必把自己当成他的英语老师。他更主要的学习方式，是模仿成年人的说话方式，而不是听从你的纠正。到了这个时候，他已经领悟到语言作为一种社交工具的重要性，是他用来表达自己、达到自己目的的重要方式；他还可能从运用文字、把玩文字中获得很多的乐趣。读书、朗诵诗歌、唱儿歌都会是他喜爱的娱乐活动，也都能进一步将他的语言能力打磨得更加细致。随着他越来越善于将听来的故事编织到玩耍中，他的"假装"游戏现在

---

①这些都是英语中的典型错误，前者是单数复数的不规则变化，后者是动词过去式的不规则变化。——译者注

变得越来越丰富多彩。你要多给他一些衣装让他玩装扮游戏，多给他准备些装扮道具，比如说，医生的听诊器、爸爸的公文包以及其他"成人专用"的物品，你也要多多参与他主办的"扮家家"游戏。你还应该给他些蜡笔，让他用来"画画"，有时他会告诉你他是在"写字"。实际上，与几个月前相比，他现在的信笔涂鸦看起来的确更像是在写字了。

有些宝宝在这个年龄段已经喜欢看教导字母的书了，但请切记，你不可急于坐下来充当他的老师，教你家宝宝认读书上的字母。要记得我们的 H.E.L.P. 策略，要耐心等到他主动表现出学习字母的兴趣。最重要的是，现在他只要能分辨出不同的字母所发出的不同声音就好，而不用从视觉上识别不同的字母。你可以用字母的声音来玩游戏："让我们寻找以字母 B 开头的东西吧。B，B，B……啊，我看到了一个球！ Ball！你呢？你看到了什么？"

到现在为止，相信你已经将读书变成了他晚间就寝仪式中的一个组成部分了（如果你还没有这么做，那么从现在起赶紧做起来吧！），你家宝宝肯定也很喜欢跟你一起读书。如果你看到宝宝连续几个月都要你每晚只读那一本同样的书，请不要对此感到惊讶。如果你读书时想偷偷跳过一页，他肯定会提醒你的："你读错了，故事不是这样的。你漏掉了关于那些小鸡的故事！"随着时间的推移，他甚至可能会主动告诉你，他要"读"书给你听了。不消说，他肯定已经记住了书中每一页上的内容。

拿捏说话尺度

当你家宝宝开始学习说话时，他会从中感受到无穷无尽的快乐。可是，有些时候，正如我前面讲过的萨拉在超市里的故事，宝宝的一句话也可能让我们尴尬得无地自容。各方面都表现得十分出色的学步儿，他的父母肯定给了他非常充足的T.L.C.——他们会跟他说话、倾听他说的话、澄清他的话。他们会花很多时间跟他在一起。他们不会学着他的样子说"儿语"——否则的话，他能学到的只会是不正确的发音和语句。他们会很有耐心，允许孩子以他觉得舒适的速度和幅度进步。还有，虽然他们会对孩子的进步感到兴奋，但他们肯定不会迫使他像训练有素的海豹一样当众表演，比如说："来，宝贝，唱一唱你新学会的那首歌吧，唱给你梅布尔阿姨听听。"

正如第213页的表格所示，你还需要留心可能表明你家宝宝听力受损或发育迟缓的信号。但是，还有一种情况是，宝宝其实没有生理上的问题，但他就是没有按时开始说话。比如说就在最近，一位叫作布雷特的非常智慧的母亲，告诉了我她的一段经历。当时，她那已经15个月大的儿子杰尔姆，还没有像他的大多数同龄人那样开始试着说话。布雷特对此并不惊慌，因为她知道每个宝宝的成长之路都会是千差万别的。尽管如此，她的直觉仍然告诉她，有什么地方"不对劲"。有一天，布雷特碰巧比平常早下班，结果她的一个发现解开了这个谜团。因为知道这时候杰尔姆和保姆应该还在公园里玩，所以布雷特便开着车直接从办公室去了公园，然后便在一旁观察她的小宝贝和那位充满爱心与细心的看护人之间的互动。这一下，布雷特意识到问题出在了什么地方。保姆固然是在陪着杰尔姆一起玩，但是，她很少和他说话。即使是需要说话时，她的声音也非常小，而且都是单音节的。布雷特虽然很喜欢这个保姆，但她知道她必须另外找一个人，一个能与她儿子热烈交谈的人。在换了一个新保姆之后，没几天时间，杰尔姆就开始像个正常孩子那样学着说话了。

让宝宝说两种语言，真的比只说一种语言更好吗？

经常会有人来问我，该不该让宝宝学外语，以及让宝宝接触多种语言是不是个好主意。如果你的家人能说两种语言，为什么不让宝宝都接触一下呢？尽管有时语言发展的最初阶段会有些许延迟，但是研究表明，从小学习双语的儿童，在以后的成长当中，他的认知能力明显会更加出色。1岁到4岁，是宝宝接受并学习一种以上语言的最佳窗口期。如果有人以正确的语音以及语法从小跟宝宝说话，那么他完全可以同时学习两种及以上的语言，并在3岁时流利地使用他学会的各种语言。因此，如果你和你爱人各有不同的母语，那么你们俩应该各用自己的母语跟宝宝说话。如果你家里还有一个不太会说英语的保姆，那么最好也请她用她的母语跟你家宝宝说话。

布雷特的这个故事的核心之处，在于你不仅要确保你自己多多跟孩子说话，还要确保孩子生活中的其他成年人也都这样做。

如果你想知道你请来的保姆或者看护人是否会和你家宝宝不断地说话，或者孩子在日托中心是否有足够的机会多多跟人说话，那么，你要找出答案并不是什么难事。让那位保姆或看护人带孩子，你在一旁观察就好。我并不认为应该用所谓的保姆摄像头。这会给负责照顾你家宝宝的人一种很不舒服的信息，让她觉得你是在"监视"她。此外，我认为你必须在场，亲自观察。对日托中心也是一样。有一对夫妇，最近刚把他们的孩子送入了日托中心。他们一直坚持每星期去日托中心观察三天，直到他们对护理人员照顾孩子的水平以及与孩子的"交流量"感到满意为止。不论是在你家里还是在日托中心，你都要对护理人员实话实说："我只是想确保你能跟我家凯蒂经常说话，说足够多的话。"坚持你的要求，本就是你的权利。事实上，不跟孩子说话，就如同不喂他吃饭一样。前者让宝宝的大脑挨饿，后者让宝宝的身体挨饿。

我也见过在有些家庭中，虽然妈妈不停地和孩子说话，可爸爸却说他"不知道该怎么跟孩子说话"。有位女士告诉我，当她的丈夫抱怨"查利不喜欢我"时，她曾对他说："那是因为你不跟他说话啊。不说话你们两个怎么能熟悉起来呢？"爸爸的回答却是："可是，我这人的确不怎么喜欢说话啊。"这位女士虽然把这个故事告诉了我，却也替她丈夫做了辩解："他这话倒是真的。我总是代表我们两个人说话。"

就我个人而言，这样的解释是不能接受的。我想对宝宝的爸爸说，在宝宝长到能和你玩足球之前，你一定要早早开始跟他说话。你可以把晚上的读书步骤接管过来。书是很好的对话引子，所以，你不要只是干巴巴地阅读，而要边读边跟孩子聊聊书中的内容。此外，在一天的日常生活中，不论你在做什么，都可以成为你跟宝宝的"谈资"。比如说，星期六的早上你打算洗洗你的车。你不妨这么对宝宝说："比利，你看，我正准备洗车。看到没？我正在往桶里放洗洁剂。现在我在往桶里装水，我要装到满。你要不要来摸摸这水是什么感觉？来，请你好好坐到你的婴儿车里，这样你就可以好好看我干活了。看到爸爸在洗车了吗？看到这些肥皂泡沫了吗？看，溅起的水花。这水是凉的。"无论主题是什么——你在工作、你在花园里忙活、你在看尼克斯队的比赛——都可以拿来跟孩子闲聊，说一说刚才发生的事情、现在正在发生的事情以及接下来将要发生的事情。你说得越多，感觉就会越自然，也就越觉得跟孩子说话其实挺容易的。

正如我在本章中反复强调的那样，每一个与我们牙牙学语的宝宝打交道的人，都必须努力做个对孩子不停说话的"话痨"。正如《从大脑神经元到我们的社区》这本书中所总结的那样："我们与孩子交谈得越多，孩子就能自己说得越多，我们与孩子的对话内容也就能逐渐变得丰富多彩。"在不知不觉当中，你的小外国交换生已经能说得一口非常流利的"本土"语言，他的"儿语"已成了一种遥远的记忆。在下一章中你将会看到，当你家宝宝跨出他感到熟悉而安全的家门，进入一个全新的现实世界去探险之时，他一定会非常需要这些刚刚掌握的语言技能。

语言里程碑：语言发展的关键节点

我之所以制作下面这张表格，是因为我知道很多家长都想知道自家宝宝的语言能力已经进步到了什么程度。但是，请切记，不同的孩子之间往往存在着巨大的发展差异，所以，请将下列表格仅仅视作一份参考资料。同时请你记得，许多所谓的说话"太晚"的孩子，通常都会在 3 岁时赶上同龄人的进度。

年龄	语言里程碑	红色警示
8—12 个月	虽然有些宝宝在七八个月大时就开始说"妈妈"或"爸爸"，但大多数宝宝要等到 1 岁时才能真正将这些称谓与妈妈爸爸联系起来。这个年龄段的宝宝可以响应你只含一个步骤的简单指令，比如，"请你把那东西递给我"。	你呼叫宝宝的名字时，他并不会做出反应；他不会发出或长或短的声音组合，不会用眼睛看着正在跟他说话的人，也不会指着或发出声音来表示他想要得到某样东西。
12—18 个月	宝宝能最早说出的几个词语，通常都是简单的常用名词，比如"狗""宝宝"、某个人的名字，以及最常用的动词或短语，如"起来""走"。这个年龄段的宝宝有可能响应含有两个步骤的指令，比如，"去客厅拿你的玩具"。	宝宝一个词也不会说，哪怕是含糊不清的词都没有。
18—24 个月	宝宝能说清楚的词已经有 10 多个，此外还有大量的含糊不清的"儿语"。	宝宝只能说出一两个清晰的词；到了 20 个月大时仍不会响应只有一个步骤的指令，比如"来妈妈这里"，也不会用"是"或"不"来回答最简单的问题。
24—36 个月	宝宝说得出几乎所有物体的名字来；已经能把几个词组合成句子，表达自己的想法和感受。尽管句法可能不够完美，但词汇量已经相当丰富。这个年龄段的宝宝已经可以与成人进行实质性的对话了。	宝宝能使用的词语连 50 个都不到，而且不会用单个的词组合成最短的句子。无法理解不同词的含义，比如向上或者向下。无法遵循含有两个步骤的指令。不会注意到周围有什么声音，比如汽车喇叭声。

第 6 章

进入现实世界：
帮助宝宝掌握社交技能

多年之后的今天我才开始意识到，
年幼时的经历，
对我理解这个世界有着多么大的影响，
对我在这个世界上发挥作用有着多么大的影响。

——南希·内皮尔博士[①]
《应该怎样有意识地活着》

[①]Nancy Napier，当代美国著名心理学家、作家，于多所大学执教，包括芝加哥大学、加利福尼亚州伯克利大学、加利福尼亚州综合研究学院等。《应该怎样有意识地活着》(Sacred Practices for Conscious Living)一书探讨了人的精神和心理学之间的交集，并为如何过上更有意识、更充实的生活提供了实用的工具和技巧。——译者注

选择"帮忙"还是"放手"

• 10个月大的佩姬，正伏在她爸爸的怀里哭泣。这是她妈妈重返工作岗位的第一天，虽然佩吉也很爱她的爸爸，但是，当妈妈走出家门时，她仍然觉得自己好像被人抛弃了。她不确定自己是否还能再见到妈妈。

• 15个月大的加里，看着女服务员往桌上的玻璃杯里倒水，对她的娴熟技艺感到十分敬佩。这是他第一次到外面的餐馆吃饭。当他伸手去拿离他最近的玻璃杯时，他妈妈想要帮他倒水，但是他拒绝了："不！"

• 2岁的朱莉站在一间大厅的门口，定定地看着里面的许多孩子不停地跑来跑去，在垫子上跳来跳去，抱着巨大的球扔来扔去。这是她第一次来到幼儿健身房。她很想加入他们，可她的手却一直紧紧地拽住妈妈的手。

• 1岁的德克脚步蹒跚地走在水泥地上，环顾着四周。这是他第一次来到儿童游乐场。他的目光扫过了秋千、攀爬架和跷跷板，等他看到沙箱时，他才松开保姆的手，因为那东西跟他家后院里的那个看上去差不多。

• 这是18个月大的阿莉第一次来到巡回动物园①。当她看到一

①巡回动物园，指三五个专业饲养员带着10多只适合幼儿近距离接触的小动物，在指定的活动地点，安设好围栏，迎接由家长或老师带领的小访客们来游玩。饲养员会引导孩子们轻轻抚摸各种小动物。——译者注

张小羊羔的照片并认出这个动物就是她最喜欢的书中的动物时，不由自主地"咩咩"出声。不过，她仍然有些害怕，不知道自己该不该哭出来，也不确定自己该不该鼓起勇气上前摸摸那真正的小羊羔。

宝宝在学步期中遇到的各种"第一次"，比他生命中的任何其他阶段都要多。我们在前面的章节中已经介绍过了这么多"第一次"中的好几项——他迈出第一步、他说出第一个字、他第一次亲手把食物塞入口中、他第一次成功在马桶中撒了尿……但是，所有这些"第一次"都是发生在他熟悉的、安全的家中的，而上一段中描绘的几个场景，都发生在家门之外的现实世界中，都需要宝宝表现出更加成熟的举止。我们不难理解，学步期宝宝常常会以一种十分矛盾的心态来迎接这些家门之外的"第一次"，也就是"请你帮帮我，请你放开我"的进退两难之境。他们既想要探索外面的新世界，却又不太想远离自己熟悉的环境。他们既想要追求独立自主，却又希望自己的父母能随时陪伴在他们身边。毕竟，孩子迈出的新的一步，确实令他害怕。

正是在这个时间段里，学步期宝宝的人生充满了挑战。正如你家宝宝已经发展出足够的智力，来理解你——他生命中最不可或缺的人——实际上是可以跟他分离的一样，他也发展出了独自去外面探险的体力和能力。他想离开你……然后呢，他又不想离开你。当他还是个小婴儿的时候，你总是会及时地回应他的每一次呼唤（我希望你是这样做的）。但是现在，他有时不得不在你不在身边的情况下，自己忍受一切，自己安慰自己。他必须让自己做出极大的转变，从过去的"我是宇宙的中心"，转变为群体中的普通一员，还要具备面对群体其他成员时的同理心。家门外面那残酷的世界，要求他必须有耐心，有控制力，要能与人分享，要能跟人轮流。这是多么恐怖的事情啊！

假如你不敢想象你家宝宝正在迈出如此大胆的一步，正在离你而去走向文明，走向新世界，那么，亲爱的，请你别害怕，这样的转变肯定不会在一夜之间完成。宝宝社会能力的发展（即他应对各种新体验的能力，以及与家人之外的人打交道的能力），以及情感能力的发展（即他面对这些挑战所需要的自我控制的能力，以及在事情不顺时自我安慰的能力）都会以你家宝宝独特的步调，缓慢而持续地成长。就在这些巨变逐步发生的同时，学步期宝宝的"请你帮帮我，请你放开我"的两难挣扎，不论是对孩子还是对父母而言，都会是相当严峻的考验。

当然，有些孩子天生就比其他孩子更擅长与人交往，有些孩子会比其他孩子更容易自我安慰。研究人员发现，孩子天生的特质，以及语言能力的发展程度，都是对此大有影响的重要因素，毕竟，假如你家宝宝已经足够成熟，有能力提出自己的要求、告诉你他的感受，那么在他需要离开你时他会更容易承受得住，也更有勇气去面对新的环境、融入新的群体并成为其中的一员。话说回来，无论你家宝宝有什么样的天性，他的说话能力发展得多么好，已经获得了多少应对周遭一切的技巧，对大多数幼儿来说，要掌握新的社会能力和情感能力总归是一桩非常困难的任务。正如他一生下来是不可能知道该如何使用勺子或者小便盆一样，他也不可能一生下来就懂得如何与人分享，不可能懂得控制自己的本能冲动并在事情不顺时努力让自己平静下来。我们必须就此对宝宝加以引导。

家庭"彩排"：如何应对突发情况

在学步期里发生的一切，都是为进一步的成熟所做的准备。每一种新的状况，每一种新的人际关系，都能带给孩子一次新的体验。如果我们希望稚嫩的宝宝能够从容应对全新的现实世界，我们就必须提前为他准备好相应的"工具"，预先带他进行大量的"演习"。这当然不是说你这就该急着带你家宝宝去上游泳课，以便他能为将来哪天去海滩玩耍做好准备。你也不需要现在就带他参加儿童学习班，以教导他与人交往的技巧。你要做的，是先在自己家里给孩子"上课"。为了帮助你家宝宝勇敢面对他将会遇到的每一个新的挑战，你必须做出一整套"培训计划"来，带领孩子进行一系列的"应对巨变的演习"。

应对新变化的"彩排"

你可以做出一些安排，让宝宝有机会接触一段新的人际关系，一种新的环境体验，也就是说，安排一些不那么令他害怕的、让他更容易应对的场景，帮他完成一次次应对巨变的演习。这么做可以帮助你家宝宝获得更多的应对现实世界中类似情况所需要的实际能力。

与你的关系➡与其他成年人的关系➡与小朋友的关系

家庭聚餐➡餐馆用餐

在后院玩耍➡去公园、游乐场玩耍

在家里的澡盆或洗碗池里玩水➡去游泳池、沙滩玩水

在家养小宠物➡去巡回动物园或者当地动物园去看动物

乘车兜一趟风，出门办一件小事➡去采买家用

短途旅行，到爷爷奶奶家住两天➡长途旅行，到酒店住几天

约小朋友上门➡参加宝宝小组➡进入幼儿园➡进入学前班

就像演员在拿到一部新剧本时，需要进行预演并加以完善一样，我所提倡的应对巨变的演习，几乎是一模一样的做法：鼓励你家宝宝先在家里进行各种尝试，带领你家宝宝反复练习他接下来应对现实世界中各种状况时所需要的各种技能。演习的主要目的就是帮助你家宝宝为处理好人际关系、应对各种事态做好准备。在他感到是安全的、熟悉的、他有把握的家庭环境中，一步步地练习作为更加成熟的孩子所应有的行为（在餐桌上吃饭、与人分享玩具、善待家中宠物），然后，到了孩子真的迈出家门，面对不熟悉的新环境、新朋友、新旅途时，他接纳与融入的过程就会更加顺畅。在上面的提示栏中，我举了几个例子，你也许可以自己再想出更多的内容添加上去。

你不妨把自己当作一个剧情导演，安排、监督、带领你家宝宝进行各种他所需要的排演。你们成功的关键，在于他有多少主动学习的意愿，多少与你合作的意愿，而后者取决于你与宝宝之

间的关系有多紧密。换句话说，如果你家宝宝跟你在一起时有足够的安全感，他就会更愿意跟你一起演练、研习剧本、尝试新掌握的技能乃至主动发挥自己的聪明才干。这里会有一个很有趣的相悖之处：他越是觉得你会在任何他需要的时候出现，他就越是能放心去尝试一个全新的、需要他更加独立的角色。如果你给他机会，让他在你的陪伴下练习应对更加困难的情境，他就能发现自己其实颇有处事能力，而且可以相当程度地控制好自己的情绪。开始时当然需要你陪伴在他身边，到了后来他就可以只靠自己了。

毕竟，你是宝宝的整个世界的核心所在。当感到疲倦时，他会跑向你；当面对的挑战太艰难时，他会把脸埋进你的双腿；他会打量你，揣摩你会做出什么样的反应，或者在你离开时感到心中气恼。所有这些都是很正常的，都是学步期孩子应有的举动。但是，每当他看到你会在他需要时出现在他身边，已经离去的你会再次回到他身边，他不仅对你的信任会增强，对这个世界的信任也会增强——啊，妈妈说了，她会回来的，她果真就回来了，所以，我想，这个世界应该是个挺美好的地方吧。

> 一个孩子可能不在乎是谁剪掉了他的头发，是谁在玩具店里替他付了钱，但是，他会非常在乎是谁在他心中彷徨时拥抱他，是谁在他受了伤害时过来安慰他，又是谁与他一起分享他生命中的特殊时刻。
>
> ——《从大脑神经元到我们的社区》

不消说，在排演时免不了会有忘词的时候，会有动作失误的时候。但是，每一次的排练都会让你家宝宝从中获得更多的本领。在本章接下来的内容当中，我提供了一些具体的例子，帮助你更合理地安排和督导你家宝宝的演习，让你家宝宝能为下面三种格外重要的"第一次"做好充分的准备：

第一次陷入恐惧：在面对强烈的恐惧情绪时，练习如何自己安慰自己。

第一次面对新情况：在餐馆里，在其他公众场合，练习如何接纳全新的体验。

第一次结交新朋友：在与同龄人的交往中，练习如何跟其他小朋友打交道。

> 不管面对的是什么样的情况，若想要宝宝应对变化的"彩排"获得成功，那么需要你：
>
> 预先亲自做好周详的计划以及各种准备工作；
>
> 安排的练习要切合实际，而且考虑到了孩子的能力限度；
>
> 练习时间要安排在宝宝还没有疲倦、尚未开始发脾气时；
>
> 要循序渐进，慢慢地引入一个个新的观念、新的技能；
>
> 练习时间的长度、练习的难度，需要慢慢地一步步提高；
>
> 要认可和接纳孩子的感受；
>
> 要以身作则，亲自给孩子做出榜样；
>
> 要尽量在孩子陷入挫败感之前、在孩子情绪失控之前，及时结束你们的排练。

第一次陷入恐惧：
识别自己的情绪，练习如何自己安慰自己

　　几乎所有的学步期宝宝都感受过某种恐惧情绪，比如说，害怕与家人分离，害怕某个物体或是动物，害怕陌生人（不论对方是成年人还是小孩子），等等。因为我们不可能准确地鉴别出是什么让宝宝感到害怕，毕竟能影响他情绪的因素可能来自他的性情、受过的创伤、某个成人或另一个孩子对他的影响、他听到过或看到过的什么等等，所以，我们很难准确地揪出宝宝出现某种特定情绪的原因所在。正因为如此，作为孩子的父母，我们能够做到的也是最应该做的事情，就是帮助我们的孩子认识并接纳这些感受，让他知道他可以跟父母谈论这样的感受，并鼓励他学习如何自己安慰自己。事实上，学步儿的独立性正在不断增强的标志之一，就是他有了更多应对新挑战的能力，以及在挑战面前败下阵来时，他有能控制好自己情绪的能力。

　　要鼓励你家宝宝去感受各种情绪。如果你只想让你家宝宝一直开开心心地活着，那么，当他接触到真实世界中的冰冷现实时，他会完全不知所措。所以，你要允许孩子经历不同的情绪体验，预先演练。要花时间帮助你家宝宝识别和处理他的各种情绪，包括我们倾向于贴上负面标签的情绪，比如悲伤和失望。你若不让他去经历，他将来怎么能学会自己去应对伤痛呢？更何况伤痛和挫折在他接下来的童年时代中根本就是不可避免的。与此

同样重要的是，如果他不知道该怎么表达这类负面情绪，他也就永远无法学会控制自己的这些情绪——如何感受它们、承受它们，再让它们平复下来，自动消散。

情绪管理准则

若希望孩子能学会控制自己的情绪，学会自己安慰自己，你就必须给孩子机会去体验所有不同的情绪感受，包括那些你可能不忍心目睹的感受，比如悲伤、沮丧、失望和恐惧。

请记住，你家宝宝会寻求你的指引，哪怕你的举动仅仅是无意识的行为。对一个把你视为他的整个世界、整个依靠的小孩子来说，你的情绪也就是他的情绪。比如说，如果妈妈心情抑郁，那么小婴儿也常常受到她的影响，看上去总是情绪低落。学步期宝宝一样可以从他们的长辈那里"捕捉"到恐惧和焦虑情绪。以谢里尔的故事为例，这位妈妈总是坚持认为她的孩子不愿意让别人抱他："每当我婆婆想要抱过凯文时，他总是使劲哭闹，仿佛怕得要命。"

可是，当我待在谢里尔的家里，亲自观察了凯文一段时间之后，我发现这个小男孩其实非常愿意让我抱他，所以，我怀疑谢里尔那句话的背后恐怕还有故事。谢里尔是一位出色的服装设计师，多年来她一直非常想要个孩子，可直到她40岁时才有了凯文，所以，凯文自然成了她生命的主要焦点。看到凯文趴在地板上快乐地玩耍，我对谢里尔称赞道："凯文非常活泼可爱，也很好奇。

没错，他是有点害羞，但只要过上几分钟，他似乎就已经可以对我这样的陌生人产生好感了。"然后，我问她："你是不是看见自己的孩子在别人怀里那么开心就会心里不舒服？他是不是觉察到了你的焦虑情绪？"听了这话，谢里尔当即就哭了，显然我的话触动了她的某根神经。原来，谢里尔的妈妈在6个月前因癌症去世了。她至今仍然没有从悲伤中走出来，只是她不愿意承认。她说，她很想多出去走走，如果她婆婆能帮她照顾凯文，她就能走出家门了，但是显然她又不舍得离开孩子。

我建议她带着孩子在家中进行一系列的演练。谢里尔可以让她的婆婆上门来陪凯文一起玩，这样凯文很快就能习惯在日常生活中和他奶奶相处。她婆婆上门后，我对谢里尔说道："你和她一起坐在沙发上。让凯文坐到你们俩中间。不要一惊一乍的，要放松。然后，你慢慢从沙发上离开，挪到房间的另一边。之后，你走出这间屋子再回来；以后，你离开这间屋子的时间可以拖得越来越长。"学步期宝宝有可能天性比较害羞，因此需要花些时间来适应与他人的相处。可与此同时，他也必须知道妈妈是不是愿意他与别人亲近。

无论是在家里还是在外面，不论遇到了什么事情，孩子总是会从家长那里寻求情绪上的暗示，这就是为何父母对孩子的影响是非常重要的。哪怕一个只有六七个月大的宝宝在伸手探向某样东西时，也会不由自主地看一眼妈妈，仿佛是在问妈妈："我可以这样吗？"此时，妈妈一个严厉的眼神便足以让宝宝收回手去。心理学家将此称为"社群参照"，并对此进行了一些有趣的研究，证实了这种"参照"的影响力。其中有一个实验，要求妈妈们当着宝宝的面查看两个空盒子，一个是红色的，一个是绿色的。看向红盒子时，妈妈需要用呆板的声音说一声"哦"；看向绿盒子时，妈妈需要用吃惊的声音高呼一声"哦！"。然后，研究员让宝宝们来做选择，看看他们会对哪个颜色的盒子感兴趣。结果是他们几乎无一例外地选择了绿盒子。

在宝宝需要你的时候，你要随时给他以支持。尽管导演不必和演员一起上台，但是，导演总会站在一旁，在出现问题时出手相助。然而，我却常常看到下面这样的场景：妈妈带着宝宝走进一群人中间，然后把宝宝往地板上一扔就转身离开。小宝宝立即扑过去抱住她的腿，她却几乎是不耐烦地赶他走："好啦，没事的，乔纳，赶紧跟他们去玩吧。"可是小乔纳的脸上显然写满了惊惶。这位妈妈于是开始为孩子的哭闹找借口："哦，他一定是困了。""他今天还没来得及睡午觉。""我刚刚才把他从床上抱起来。"

当宝宝继续哭个不休时，这位妈妈终于看向了我，眼里带着尴尬和困惑，急切和祈求。她问我该怎么办。我说道："你把宝宝放下来时，要当即让他明白，你会陪伴在他身边，随时待命。等到他相信在他需要的时候你就会在那里时，你才可以慢慢地站起身来，慢慢地走到一边去。"还有比这位妈妈的做法更糟糕的，那就是趁孩子不注意时偷偷地溜走。而当小家伙偶一转身，发现妈妈已经不在她刚才放下他的地方时，他的惊慌失措我们可想而知。你还能责怪他不该哭吗？

你的养育方式也会影响你家宝宝融入群体的意愿。你要留心"社群参照"对宝宝的影响力，留意你在无意中发出了什么样的信号给他。你是在鼓励他去探索呢，还是不自觉地阻碍了他的探索？

你有没有让他知道你相信他，信任他有能力控制好情绪？

让我们来回想一下在第2章中讲到的三位妈妈。当她们在那次游戏小组活动中观察她们的孩子时，每个人其实都向自己的宝宝发出了不同的信息。当小艾丽西亚被一个玩具绊了一下摔倒在地时，她看向了妈妈多丽（控制型家长），表情带着些困惑，意思是"我这是受伤了吗？"，多丽扫了她一眼，硬邦邦地说了一句："你没事。"也许多丽的意思是希望女儿能"坚强一些"，这也是她经常对其他妈妈说的一句话。但是，艾丽西亚却显得灰溜溜的，仿佛觉得自己做错了什么事。在这样的亲子交流中，妈妈否定了艾丽西亚的感受，到了后来，她可能不再相信自己的判断，变得依赖于别人对她的看法。

克拉丽斯（纵容型家长）则总是寸步不离地守着埃利奥特。就连他正玩得满心欢喜的时候，她的脸上也会带上几分担忧。她这样的肢体语言所传递给儿子的信息，与多丽传递给女儿的信息完全相反：儿子，你最好一直待在我身边，因为我不太确定你能不能行。可以想象，假以时日，克拉丽斯的"守护"很可能会削弱埃利奥特的探索欲望，他会变得不那么相信自己的能力，进而裹足不前。

与此形成鲜明对比的是，萨里（辅助型家长）在儿子身边时，总是表现得镇定自若。每当达米安看着她时，她都会露出一个"安心啦"的微笑，然后继续跟其他人对话。这样的肢体语言让达米安知道，妈妈认为他现在一切安好。当他跌倒时，妈妈会根据他的反应迅速衡量一下状况，但并不急着冲过去。果然，达米安自己又站起来了，这说明他没事。当他与其他孩子发生争执时，她会容许他自己解决矛盾，除非他开始打人或咬人，或者是他遭到了别人的攻击，她才会出手干预。

像多丽这样的控制型家长往往会把自己的孩子逼迫得太紧，而像克拉丽斯这样的纵容型家长又往往会对孩子过度保护。只有像萨里这样的辅助型家长，才是宽严适度的，既鼓励孩子不断培养独立性，又让孩子相信，在他需要的时候妈妈就在身边。正因为如此，我相信，达米安将来会成为那种相信自己的内心直觉、相信自己的判断力，能够满怀自信地解决问题的孩子。

当你家宝宝似乎无法控制自己的情绪时，你要帮助他。孩子的天生特质会影响孩子的情绪和交往能力，但是，这不意味着"无期徒刑"。虽然有些孩子的确比别的孩子更难以控制冲动，有些天生更加害羞，有些更加脾气倔强，不愿与他人合作，但是，父母的恰当干预是可以有所作为的。你的策略之一，可以是让你家宝宝在现实生活中自己去感受一番他的行为后果，而不是由你来试图"改造"他。你不妨这么想：假如你是话剧社的教练，你肯定不会觉得适时纠正演员的表演或向他展示更好的台步是不明智之举。情绪辅导和社交辅导也是如此。假如说，你有一个敏感型宝宝，面对他的小玩伴正感到手足无措，你不妨这么对孩子说："我知道你还需要一点时间才能适应胡安的家，所以，在你准备好去跟胡安玩之前，你可以一直跟妈妈待在一起。"假如你有一个精力旺盛型的孩子，为了吸引你的注意而故意打你，你不妨对他说："哎哟！好疼啊。李，我知道你现在很兴奋，但是，你不能打妈咪。"假如你有一个脾气急躁型的孩子，明明看到你在吃饭还不耐烦地拽着你的裤腿要走，你不妨对他说："我知道让你耐心等待是挺难的，可是，妈妈还没吃完饭呢。等我吃好了就会过来陪你玩。"像这种在家里就可以随时进行的、带有纠正性质的亲子交流，必将有助于你家宝宝更快地融入真实的外部世界。（我将在下一章里更详细地与你探讨如何对孩子进行培训。）

看到孩子能自我安慰时，要对他的举动大加鼓励。在你家宝宝感到害怕、疲倦、不知所措乃至被你遗弃时（因为你说了句"再见！"，对只有 1 岁的小孩子来说，"被遗弃"就是他此刻的真实感受），如果你看到他不自觉地拿过某样能让他感到安慰的东西，做出让自己平静下来的某种举动，那真是值得你为之庆幸的好事情。这说明他已经朝着情绪独立的方向迈出了重要的一大步。那样东西也许是一只玩旧了的泰迪熊或其他类似的毛绒玩具，也许是一块已经磨损了的丝质布料，或者一件闻起来有你的味道的衣衫。还有，他可能会在入睡前吮吸拇指、翻几个身，撞撞脑袋或是缠绕自己的头发；他可能像念咒一样一再重复某个词、某首歌甚至是毫无意义的音节；他还可能会把玩自己的小脚丫、手指头以及眼睫毛（我家索菲喜欢用她的手指摸眼睫毛，摸了这边摸那边，简直要把它们给摸秃了！），要么就是抠鼻孔。所有这些动作，其实都是宝宝在自己安慰自己。

各种千奇百怪的自我安慰动作常常令父母惊讶不已。有时候宝宝抱着的"安抚物"可能会是某个很特别的、出人意料的东西，比如一个塑料块或是一辆玩具车。有时候宝宝会以某种特别奇怪的动作来使自己平静，比如说，我见过一个小男孩四肢着地，用头顶在地毯或床垫上来回摩擦。出于好奇，我自己也尝试了一次，发现这么做令我的脑袋里生出一种轻微的嗡鸣声。此外，宝宝也有可能来个"双管齐下"，比如说，一只手含在嘴里，另一只手缠绕头发。在有些家庭中，每个孩子都会有他不同的自我安慰方式；可在另一些家庭中，孩子们自我安慰的方式似乎通通来自"基因传承"。比如说，我的合著者的女儿珍妮弗，她会抱着她最喜欢的毛绒玩具史努比，找块绒毛最厚的地方，用来轻蹭自己的上嘴唇，一边还要吮吸她的食指。比她晚了 3 年半出生的弟弟，竟也一样喜欢蹭毛绒玩具身上绒毛最厚的地方。

你自己的"安抚毯"是什么？

你家宝宝对某个已经发臭了的旧东西爱不释手，在你对此深表嫌弃之前，请先想一想你自己。虽然我们成年人不会像小孩子那般，走到哪里都要大摇大摆地抱着安抚毯或毛绒玩具，但是，在我们整个成人生活之中，仍然会继续用某种东西来代替"安抚毯"。比如说我自己吧，我走到哪儿都带着个手提袋，里面装着我奶奶和我孩子的照片、一些化妆品，以及卫生棉条……以防万一。每当忘记把那个手提袋带在身边时，我总感到有些不自在。我不认为这是巧合。在我还是个学步期宝宝的时候，我奶奶就已经这么教导我了，她给了我一个粉红色的小挎包，里面装着我最喜欢的玩具和各种心爱之物，我走到哪儿就带到哪儿。我相信，你也有自己的"心爱之物"，那可能会是一个被你称为幸运符的东西，也可能是你早晨起来一定要做的一段祷告，这样你才会更有信心迎接新的一天。

依赖于安抚情绪的物品或者行为，这是正常的，也是健康的。当你家宝宝累了、困了或心绪不佳之时，他可以找到这样东西，或沉入这样的行为，自己安慰自己，而不再需要某个人过来安慰他。在现实世界中，能有个安抚毯就如同有了一个最贴心的朋友一样重要。（假如，你家宝宝需要依赖于某个由其他人提供和控制的物品或者动作，作为自己平静下来的"道具"，比如说，安抚奶嘴、妈妈的乳房、爸爸的摇晃或溜达，那么，你最好能帮他培养出某种靠他自己就能达到安慰目的的办法。请参阅第 8 章有关在孩子 8 个月或更大时引入安抚物的具体方法。）

第一次面对新情况： 从家庭"彩排"到公共实践

父母都很喜欢带着孩子一起出门游玩。为应对外面不同的环境而预先进行演练，能有效减少出门游玩时遇到的烦恼。关键之处在于你需要预先设想好在外面可能会遇到什么、可能会发生什么，列举出你家宝宝需要提前做好的准备活动，然后在家里带领宝宝先练习一番他所需要的必备技能。（另外，请重温上文提示中列举的具体内容，以保证你和宝宝在家的演练能真正卓有成效。）

公共场所的准则

你安排的活动不可超过孩子的接受能力，如果发现孩子要受不了了，请果断带孩子离开。

以下是我针对最常见的全家出门活动所给出的具体建议。你会注意到我特意避开了诸如迪士尼乐园等奢华游乐场所。带孩子出门的基本规则之一，是选择适合你家宝宝年龄的活动场所。即使是最大胆、适应力最强的学步期宝宝，也会被迪士尼乐园的布置吓到。我认识的宝宝当中有半数都对"米老鼠"造型害怕得不行，对此我丝毫不觉惊讶。你能想象出，只有两英尺①高的小人儿，看到那个有七八英尺高的、顶着个黑乎乎的塑胶大脑袋的家伙走过来时，会有多么恐怖的感觉吗？

家庭聚餐➡餐馆用餐。你家里天天都少不了的家庭晚餐惯例，可以成为你家宝宝跟你一起去外面餐馆用餐的最佳排练机会。在我们前面的章节中，你应该已经看到，我一向坚持要给学步期宝宝每星期提供数次和家人一起坐在餐桌旁用餐的机会。大多数餐馆都会配有高脚椅或加高儿童座椅，但是，如果宝宝在家里从没有过坐这种椅子的体验，你怎么能指望他到了餐馆里会感到自在舒适呢？第一次带你家宝宝去外面餐馆用餐之前，你至少要在家里排练上两个月的家庭晚餐才行。即使他在更小的时候曾跟你一起出去吃过饭，可现在若不再次经过这样的练习，他不一定适应

---

① 英美制长度单位，1英尺合0.3048米。——编者注

232

得了去餐馆里用餐。事实上，许多父母都对他们的学步期宝宝在餐馆里的糟糕表现大感震惊："以前我们出去吃过饭的啊，那时他明明表现得不错，可是，现在带他出去吃饭简直就是一场灾难。"其实，你应该更现实一点才对。请看看你家宝宝在自家餐桌上的表现，你就该知道去了餐馆会是什么情形。他通常能在高脚椅里坐上多久？吃饭时他是不是容易分心，容易心绪烦躁？他是不是有些挑食？是不是不愿意尝试新的食物？是不是在吃饭时容易闹脾气？

即使你家宝宝吃得很好，在家里也很乖，在你第一次带他外出就餐时，你也不可指望他好好在那里从头坐到尾。不要把"去餐馆"当成一件大事，因为你家宝宝会察觉到你的焦虑，并可能更加怯场。更好的做法，可以是在星期六的早上出门去散步时，或买了东西回家的半路上，随便走进附近的一家咖啡馆里坐一坐（要注意时间，切不可与宝宝午休的时间相冲突）。最好能带上一个小玩具，让他进了咖啡馆之后拿在手里；最好再给他带上一把他专用的勺子，这会比跟他抢夺桌上所有的餐具要容易得多。有些餐馆会准备一些给小孩子的涂鸦画册，这些东西也很不错。你可以先只吃点百吉饼，喝上一杯咖啡，时间不要超过20分钟。经过四五次在咖啡馆里这样的短时间体验之后，就可以尝试一下在餐馆里用早餐。但是，如果你发现这仍然超过了你家宝宝的接受能力，那么请赶紧打道回府，再多去几次咖啡馆，多吃几次百吉饼。

请记住，无论在排练时孩子表现得有多好，无论你已经排练了多少次，学步期宝宝的注意力能持续的时间终归是很有限的，即使是表现最出色的孩子也不可能在餐馆里稳稳当当地坐上45分钟甚至整整1小时。另外，还请你记住，你家宝宝此时还不能理解为何吃饭前要"等待"。在你家中吃饭时，一般都是你先做好饭，然后叫大家一起上桌。可到了餐馆却不同，在你点过菜之后，是需要坐在那里等待上菜的，这也许会让宝宝很不适应。你不妨问问服务生，上菜需要等多长时间。如果需要20来分钟，那么请一位家长带着宝宝到外面溜达，直到上好了菜再回来。如果你家宝宝在用餐期间变得焦躁不安，那么此时试图哄好他是不行的，这么做通常反而会加剧孩子的烦躁，不如听从你的直觉，直接带着孩子离去，让你爱人在后面付账。

　　如果餐馆体验一再以灾难而告终，那么请至少一个月内都不要再带他去餐馆吃饭。不过话说回来，请尽量避免去高级餐馆，大多数宝宝根本适应不了那里的诸多讲究。在你去任何一家餐馆之前，要先看看那里是否合适，至少先打个电话询问一番。你不妨率直地跟餐馆经理说明白："我要带个小宝宝来用餐，你这里是否招待小孩子？有没有小孩子专用的高脚椅或加高座椅？可否给我们安排一张不怎么打扰其他人用餐的桌子？"在英国，几乎每家酒吧都有宝宝游乐区，有的甚至还有露天小院供宝宝玩耍。我还注意到，在美国也有不少餐馆是愿意招待小朋友的，那里通常都会有一个可供幼儿玩耍的等候区。不过，请注意，有些餐馆的服务主题是专供家庭团聚的。那样的地方当然很欢迎孩子，对孩子们的喧嚣吵闹也非常宽容。可是，如果你下一次带宝宝去了一家其实更适合成年人用餐的餐馆，你就不能责怪你家宝宝还像上一次在专供家庭团聚的餐馆里一样地大喊大叫、四处跑跳，因为宝宝会以为这本就是所有餐馆都允许的正常举动。

在后院玩耍➜去公园、游乐场玩耍。在公园或游乐场锻炼大肌肉的运动技能，如攀爬、投掷、疾跑、滑行、平衡、摆动和旋转等。可以这么说，要衡量你家学步期宝宝的身体发育状况，请先看看你自己的后院。如果你有一套秋千和其他攀爬器材，或者如果宝宝还在婴儿期时你就常常带他去游乐场或公园玩耍，那么，此时到公共游乐场也就算不上是"第一次"体验了。可是，如果这些都不曾有过，那么他第一次看到游乐场的这些设备时，一开始也许会不知所措。不要直接把你家宝宝放在秋千座上或者跷跷板上。要给他些时间自己去探索、去感受。他可能更愿意先看其他孩子玩，也有可能更愿意先去滑滑梯。无论是哪种情况，你都要耐心等到他自己先动起来才好。在等待的同时，你最好在手上备有一个宝宝已经玩熟了的球，如果天气好的话，最好还能带上一条毯子，这样你们就可以坐在草坪上，吃点小点心，喝上一杯果汁。如果这么在公园里溜达了几次之后，他仍然不敢过去尝试那些"大家伙"，那也没关系。他只是还没准备好而已，你不妨等一个月之后再去尝试。

游乐场和公园为学步儿提供了很多与其他孩子互动的机会。这样的体验能帮助你家宝宝学会如何与他人共享用具、耐心等待轮到自己以及替他人着想（比如说，不可以扔沙子）。但与此同时，也请你密切关注玩耍中的自家孩子和其他孩子。在公园玩耍，不同于只跟一个约好了的小朋友玩耍，也不同于在宝宝小组里的活动，因为这里没有家长和老师的精心安排，所以难度要大得多。你一定要设立严格的界限。如果你家宝宝已经过于亢奋，而且开始变得好斗，请立即回家。你需要帮助他学习管理他的情绪，并最终达到他能自主控制情绪的目的。你也要对可能的磕伤或擦伤有心理准备，最好随身带个简易应急包，放在你的背包里或孩子的婴儿车上。

在家里的澡盆或洗碗池里玩水➡去游泳池、沙滩玩水。大多数孩子喜欢玩水，但是，哪怕是喜欢在水中嬉戏的宝宝也有可能不喜欢到游泳池、湖里甚至是大海里去玩水。浴缸大小的、可以放在自家后院里的小型幼儿戏水池，对学步期宝宝来说，远比一大池子水要容易接受得多。毕竟，对这么大的孩子来说，即使是后院游泳池也显得太过浩瀚了。尤其是如果你家宝宝一向对洗澡不怎么感兴趣，或者是天生不太喜欢水的孩子（相信我，真有这么挑剔的学步儿），那么，绝不值得你筹划一次需要耗时半天的水上乐园之旅，除非你发现他已经有了足够的适应力，可以应对任何新环境。我甚至觉得，如果哪怕去最近的水上乐园或海滩也要花上1小时的车程，那也一样不值得去。与其带孩子跑那么远，不如就近找个地方玩耍。

"哎哟！"时的注意事项

无论你们是在游乐场、公园里、游泳池边还是长满青草的小山丘上，你家宝宝总会有"哎哟！"一下摔倒的时候。这时候你：

不要急着冲上去，因为他反而会因为你的急切与慌张吓到自己。

要先冷静地观察一下，估量他的受伤程度，且不可显得张皇失措。

不要对宝宝说"没事的"或"不疼不疼"，否定孩子的感受是对孩子的不尊重。

要对宝宝说："哎哟，你一定很疼吧。来，让我抱你一会儿。"

孩子的安全是最重要的。即使你已经花钱买了臂上水翼或其他漂浮设备——现在市面上甚至已经有了带有内置漂浮装置的游泳衣——你也永远不要留下宝宝独自在水中嬉戏。另外，你要保护好孩子的皮肤。游泳池或沙滩边的眩光使得学步期的小孩子更容易被灼伤。你至少要给孩子戴上帽子，穿上衬衫，以免暴露出太多的皮肤。在海滩上，小宝宝甚至有可能被海风灼伤，毕竟到处都是沙子，真的，哪儿哪儿都是沙子。出门时你最好带上一把遮阳伞、几件额外的 T 恤、装尿布的容器、一瓶防晒霜（至少是防晒系数 60 的防晒霜，若是完全防护的那就更好了），以及一个用来保持饮水和食物清凉的隔热袋。

如果你知道宝宝到该打盹的时候了，请做好相应的准备。如果你家宝宝已经习惯于在婴儿床以外的地方入睡，躺在毛巾或毯子上就行，而且只要觉得累了他就很乐意睡上一觉，那么，你只要确保你有一把遮阳伞，能给你一块阴凉的地方就好。如果他不肯好好睡，你可以试着让他窝在你双腿之间打一个盹。

兴趣，不一定是行动的老师

当小孩子似乎对某事感兴趣甚至还挺有两下子的时候，父母有时会急急忙忙得出错误的结论，忘记了这个年龄段的孩子专注力持续的时间其实是很短的。例如，快 3 岁的格雷戈里，在同龄孩子中应该算是一位出色的运动健将，一有机会就在他家的后院里玩棒球。他爸爸哈里因此以为他的儿子会喜欢真正的棒球比赛。

然而，正如哈里所注意到的那样，看别人比赛和自己下场比赛是两码事。格雷戈里喜欢玩棒球，但他对棒球运动既不了解也不感兴趣。他坐在球员凳上，穿着棒球服，戴着棒球头盔，手里拿着球棒和手套，心里怒火中烧，不明白为什么他就不能到场中去玩球。

我从其他家长那里也听到过不少类似的故事。2岁半的戴维真的会打高尔夫球，但当他爸爸带他去看高尔夫比赛时，他无聊得都快疯掉了！特洛伊喜欢看功夫片，但后来他妈妈给他报了空手道班之后，他却不肯去学功夫。我也一样，特意带了索菲去芭蕾舞班，可她却拒绝参加。我是因为她喜欢穿着芭蕾舞短裙在屋子里跳舞，才做起了她在舞台上跳《天鹅湖》的美梦的！却不想她并没有准备好面对课堂式的社会结构。

在家养小宠物→去巡回动物园或者当地动物园看动物。孩子们都喜欢宠物，比如豚鼠、兔子、小猫或狗狗。不过，一定要注意安全，切勿将学步期宝宝单独留在宠物旁边。这既是为了你家宝宝的安全，也是为了动物的安全。养宠物可以让孩子学到不少东西，比如说，教他学会温柔（"你对它要友善一点"）、学会担当责任（"斯皮克该吃饭了，你愿意把它的食盆放过去吗？"）、对其他生物的同理心（"你那样揪住绒宝宝的尾巴时，它会很疼的"）以及谨慎小心的态度（"它吃东西的时候你不要靠近它，因为它可能会很生气，对你大吼大叫"）。如果你家里不能或者不想养宠物，你也可以带宝宝在大自然中漫步，让他有机会认识和接触各种生物，还可以在你家后院里设置一个喂鸟器。一旦他喜欢并开始理解以动物为主角的故事之后，你还可以用毛绒玩具跟孩子玩假装游戏，让他练习如何抚摸动物、爱护动物。

上面的这些措施都有助于为你家宝宝去参观动物园做好准备。但是，请记住，动物园可不比在街坊里，尤其是大型动物园，那里的动物会更大，也是你家宝宝所陌生的环境。另外，要记得学步期宝宝的视觉高度大约是你膝盖骨的高度。也就是说，如果笼子太高，你享受到的快乐可能比你家宝宝要多得多。即使是在小型的巡回动物园里，你也要记得帮助诀中的克制诀：凡事都要让你家宝宝先动起来。我们在本章开头的故事中，就讲到过阿莉在巡回动物园时的表现，那正是学步期宝宝的典型反应：嗯……那只小羊羔看起来很有趣，可是，也许我该稍微退后一步。最后，你要养成一个好的健康习惯，随身带上一块抗菌肥皂，在接触过动物之后，你和你家宝宝都要好好洗一洗手。

带宝宝乘车时的注意事项

- 要使用得到美国消费品安全局认可的汽车座椅。座椅要放在汽车后座上，一定要确保你家宝宝所有的安全带都妥当地系好了。
- 在使用按键关闭电动窗户之前，要先查看一眼。
- 要确保门窗都锁紧了。如果你的汽车是带手动门窗锁的，请将宝宝的安全座椅放置在离门窗足够远的位置，这样你家宝宝就无法伸手打开门窗了，也不会向外扔东西或者被夹到手了。

- 不要在车内吸烟。

- 切勿将幼儿单独留在车内，哪怕只是一分钟也不可以。

- 使用窗纱遮阳，或将宝宝座椅安置在后座的中央，以免汽车行驶时宝宝暴露在阳光的照射下。

乘车兜一趟风，出门办些小事→去采买家用。让宝宝坐在汽车座椅上，出去兜一趟风，可以是你家宝宝的第一次旅行预演。等你带着他一起出门办过一些简单的事情之后，你就可以尝试带他去超市或百货公司买东西了。提前做好周详的计划将有助于你们每次出游的顺利完成，以免本来的快乐游变成痛苦的地狱之旅。另外，如果你需要去一家大型购物中心，或者某家百货店不提供有幼儿座位的购物手推车，那么我建议你最好能想办法将你的学步期宝宝留在家里。

要带你家宝宝去买东西，一定要将时间安排在他不饿、不累、脾气和顺的区间之内（刚打了疫苗的那两天他肯定是容易闹脾气的）。在出发之前，你要先在家里跟孩子商量好，到时会给他买些什么零食，尽管我个人不建议让孩子养成这个习惯。如果你从一开始就设定好不买零食、不讨价还价的规矩，不论他怎么纠缠你都不松口，那么孩子会明白规矩就是规矩。不过，请你随身带上些零食，毕竟看到店里那么多五颜六色的袋子和盒子，他的唾液腺会不由自主地分泌口水。超市的陈列台对孩子们的影响，就像巴甫洛夫的铃声对狗的影响一样——让他们淌口水。如果他情绪崩溃，那就立即离开（下一章将详细介绍该如何做到这一点）。

短途旅行，到爷爷奶奶家住两天→长途旅行，到酒店住几天。
哪怕你家宝宝已经可以从容应对购物之旅了，但是，出门旅行的难度对孩子而言无疑又高了许多。因此，你一定要做好周详的计划，打点好你的情绪，也准备好足够的体力。这里有一则消息可能会让你大吃一惊：的确没有什么办法能让学步期宝宝为短途或长途旅行做好准备。这么小的孩子还没有地理常识，也没有空间概念。不过，如果你能很开心地宣布"我们要去见费伊奶奶啦"，那么至少能让你家宝宝知道，接下来将要发生一些特别的事情了。

巧妙化解祖孙间的陌生感

如果你们俩的父母住得很远，而且一年只能见到他们一两次，请不要指望会面时你家宝宝会立即接纳他几乎不认识的人。但是，如果你常常跟孩子一起回忆上次你们见面时的场景，这样的适应期就会短很多。现在，除了打电话之外，你还可以通过互联网让宝宝与祖父母保持联系。

要多给孩子看家庭照片。大多数学步期宝宝都乐意一遍又一遍地翻看家庭相册而不觉得厌倦。你要与宝宝依偎着坐在一起，向他解释照片中的每个人分别是谁。"这是外婆亨丽埃塔，也就是我的妈妈；这是小姨桑德拉，她是我的妹妹。"这样的闲聊将有助于他把这些住在远方的亲戚装到心间，随着时间的推移慢慢浸入他的心底。以后真遇到他们时，他一开始可能不认识，但稍微熟悉起来之后，他心底的记忆就能与眼前的真人挂上钩了。

让爷爷奶奶每星期录制一段生活视频或者读一段故事，发给你家宝宝看，这也是维系祖孙感情的一个好办法。

此外，你一定要预先做好准备工作。无论是你带孩子短途驱车到祖父母家里过夜，还是要搭飞机住旅店去到更遥远的地方，请你都要先打几个电话，确保你家宝宝有地方可以安全而舒适地睡个好觉。现在许多爷爷奶奶家里都备有婴儿床（酒店里也是如此）。若是没有，请带上你的便携式婴儿围栏。不过，如果你家宝宝一直只当它是用来玩耍的地方，那么你需要预先安排一些机会，先让他在里面打几次盹。从出发前三四天开始，你要把便携式围栏放在他的卧室里，让他在里面睡上几晚，享受一下"特殊待遇"。

不要忘记带上你家宝宝最喜欢的玩具，以及他用来自我安慰的任何心爱之物。如果你有便携式婴儿座椅，请带上它，如有必要，还要带上便携式幼儿马桶座。你要多带几套额外的换洗衣物和尿布，以备出现意外情况，还要带上几个用来装垃圾和脏衣服的塑料袋。如果是长途旅行，请你为宝宝准备好两顿的饭带在路上，这样你就不会在意外延误或你家宝宝不愿吃飞机上的食物时感到手足无措。还要多带一些零食，包括饼干、水果（整个的或切好块的）、袋装麦片、百吉饼，以及围嘴、勺子和止痛药。如果你的行程长达一星期甚至更长时间，那么，在你出发之前，请找出你旅行目的地附近的儿科诊所、药房以及杂货店的具体位置。出国旅行时，请记得一定要只喝瓶装水，并务必采取其他健康防护措施。旅行是一件脏活，你们在机场会遇到很多的人，空气流通不畅，公共休息室也有问题……所以，在你的手提袋里放上一瓶消毒剂肯定不会有什么坏处。

提示：请记住，带孩子旅行并不意味着你该变身为夏尔巴人 ①。带上上述必需品以防延误和意外是一回事，但这并不是说你必须带上整整一星期需要的尿布，以及你家宝宝房间里所有的玩具。地球上几乎没有什么地方你会找不到孩子的必需品。如果你家宝宝需要特殊食物或设备，而你们将离家至少一个星期，那么请考虑邮寄。尽量只带上些非带不可的行李，你和你家宝宝的旅途会更轻松、压力更小。

即使只是短途的数小时驱车旅行，在时间安排上你也要尽量配合孩子的作息节奏。有些孩子在车子开出几分钟之后就昏昏欲睡（而且到了十几岁时依然如此），可也有些孩子上车后久久不能入睡，自然容易变得烦躁不安。这时你不妨用简单的游戏逗孩子开心，比如"你能看见吗？"（即，你先看到了某样东西，然后对孩子说："看，宝宝，你能看见那只小狗吗？那辆蓝色汽车？那架飞机？"）。另外，准备一个百宝囊，里面不仅有你家宝宝最喜欢的东西，最好还能有一个全新的玩具。

"这个办法非常有效，"辛迪的妈妈在带着 1 岁的宝宝飞行了 2 小时之后，回来告诉我，"她先玩了一会儿她最喜欢的玩具，很快就玩腻了。然后我拿出了新玩具，她一脸喜出望外，仿佛在惊叹：

---

①喜马拉雅山麓的居民，能背得动特别重的东西，常被登山队雇来帮忙背设备和用品上山。——译者注

'哇！这是从哪里冒出来的？'实际上，她一口气玩了整整 45 分钟的时间。"

到达目的地后，不要安排过多的活动。要现实一点，给你家宝宝一段时间来适应陌生人，即使那"陌生人"是他的外婆。（希望你的家人不要把你家宝宝最初的推拒看作有针对性的行为。）

提示： 在你带着宝宝拜访亲朋好友的时候，请不要让你家宝宝表演"马戏"。通常，自豪的父母会迫不及待地用一连串要求来轰炸自家宝宝："来，让奶奶看看你是如何皱鼻子的。单腿站立。说这个。说那个。"若是孩子站在那里一动不动，父母就会一脸懊丧："唉，他只是现在不肯做。"孩子自会感受到父母对他的失望。请不要让孩子做这种表演。我敢保证，只要你别去打扰，所有的孩子都会在派对上主动向大家表演他会的各种把戏！

该怎么照顾好你家宝宝，你自己才最清楚。要尽量替他考虑周到一些。比如说你们住进了酒店，如果他经常跟你们一起光顾餐馆，而且相当和顺，那么这时候每顿都在餐馆里吃也不会让他感到不自在。可是，如果你看到他不愿意，你就需要动些脑筋了，想办法安排一天中有一两顿饭在你们自己的房间里吃。比如说，找家带厨房的旅店，或买一套便携式旅行炊具。要求旅店提供一个小冰箱，或者迷你冰柜，用来储存牛奶、果汁和其他易腐烂的食物。无论你最终是怎么安排的，在客房内享用早餐总会是一个不错的主意，因为这么做可以让每个人都以放松的心情开始新的一天。

不消说，一个离开了舒适而熟悉的家、因为旅行而满身疲倦的孩子，在路途中更容易变得烦躁、不肯合作。解决办法之一是你自己要克制住心绪的焦躁，因为孩子很容易感受到父母的压力。假如说你呵斥开车的司机，或是对空乘人员吼叫，宝宝很有可能跟着大哭大闹起来。

另一个关键是保持生活作息的规律性。尽管成年人在度假时往往会丢掉时间观念，无视日常规律，但是，可预测的规律作息，对你家宝宝来说却是至关重要的事情。因为如果心里知道接下来会发生些什么、会做些什么，他的日子会更好过。所以，你要尽可能地保持日常作息的规律性以及仪式化（也就是 R&R），比如说，用与往常同样的方式，在与往常相同的时间点，照顾他用餐、午休、晚间就寝。如果你家宝宝在家里时不跟你在同一张床上睡觉，那么，在旅途中也请你不要邀请他睡到你的床上去。如果你在家中对电视和糖果是有相关规定的，那么，在旅途中也请一样遵守。

当然，无论你采取了多少预防措施，等你们回到家中之后，你家宝宝总归要花上几天时间才能让生活重新回归正轨。但是，请相信我，如果你在旅途中将日常作息中的规律与节奏、规矩和要求等通通抛到脑后，那么，回到家中之后，要将一切重新纳入正轨，你必将要花更多的时间和精力。（有关如何处理时差带来的问题，请参阅第 247 页的提示栏。）

航空旅行的注意事项

航空旅行容易引发乘客们"适者生存"的态度。当你带着大包小包的全副武装，顶住了人家的安全带，独占了客座上方的行李位置时，其他乘客是不会表示谅解的。当你家宝宝要去偷窥乃至戳弄别人、在夜间哇哇大哭时，他们也是不乐意善待你家"小讨厌"的。以下提示可有助于你的旅行更加顺畅、更少摩擦。

• 一定要为每个孩子都准备好一本护照，即使是小婴儿也不例外。要指定你们当中的一名成年人专门负责携带所有同行者的旅行证件。

• 在出发前往机场之前，一定要先打个电话，查询一下航班状况是否有变动。

• 不要申请带隔离的舱位，多一些额外的空间会派上用场的。

• 不要坐在紧靠过道的座位上。来回推动的食品手推车和来回走动的乘客，对你家宝宝的小手（好奇）和小脚（烦躁）来说，都是有一定危险的。

• 要申请提前登机。这样你们才能在大量乘客拥入机舱之前先收拾好你们的所有装备。

• 不要在其他乘客全都坐好之前就早早坐下，因为起飞前半小时的无聊等待有可能让宝宝失去耐心。你应先将所有物品安置在客座上方的行李架上以及座椅下面的空当中，然后带着孩子走到飞机最后面的空地里，站在那里观看所有乘客的动作，直到大家都坐好之后你再带孩子回到自己的座位上坐好。

• 飞机在起飞和降落时，一定要给你家宝宝一瓶奶（如果他还没有断奶）或者一瓶水，因为吸吮可以减缓飞机起飞和降落所造成的耳部不适。

帮助孩子适应旅途中的时差变化

你可能会惊讶地发现，乘飞机旅行的婴幼儿通常更容易适应时差变化，3 岁以下的小孩子尤其如此，他们比大多数成年人更容易在时光的长河中随波逐流。如果你们需要前往时差不超过 3 小时的地方，而且你在那里只停留 3 天或是更短的时间，那么，你没有必要改变你家宝宝的作息时间。可是，如果你们要在那里停留 3 天以上（比如说，一个延长了的周末），那么你需要帮助他调整时差。在你预订机票时，最好将时差问题也考虑在内。"多赚"几小时总是要比"损失"几小时容易调整一些。

夏令时更改带来的时差变化。每年 10 月，几乎所有的美国人都能"贪睡"（多赚）1 小时。让你家宝宝多玩 1 小时再上床睡觉，这样他第二天就能"按时起床"了。而每年 3 月，我们则需要"早醒"（损失）1 小时。这时候，你应该将宝宝的午睡时间缩短 1 小时，这样他就可以在那天晚上"准时"上床去睡觉，并且不太可能感觉到有什么时间上的变化。

从东海岸往西海岸的飞行（多赚 3 小时）。这个方向的飞行所造成的时差是最容易调整的，因为我们的小宝宝可以多玩几小时。最好是在东岸时间的中午 12 点起飞，让你家宝宝在飞机上好好睡个午觉。到达西岸时，时间将会是下午 3 点左右，到了晚上时，让宝宝按照他通常的就寝时间入睡基本上是不会有问题的，时差调整也就相对容易很多。

从西海岸往东海岸的飞行（损失 3 小时）。这个方向的飞行，最好乘坐早班飞机，例如西岸时间早上 9 点起飞，飞抵东部时就到了晚上 6 点。一路上你要尽可能地让你家宝宝醒着玩耍。用各种有趣的活动分散他的注意力，比如带着他在走道上来回走动。如果你实在没法阻止他睡觉，那么至少要尽量缩短他的打盹时间，而且在着陆前 3 小时一定要叫醒他。这样的话，他更有可能在晚上该睡觉的时间上床睡觉。

从东往西飞行，飞行时间 5—8 小时（多赚时间）。 比如说，从欧洲飞往美国。你应该尽量保证你家宝宝在飞机上的大部分时间都在睡觉。所以，最好选择傍晚起飞的飞机，这样正好和他平常晚上的就寝时间相吻合。

从西往东飞行，飞行时间 5—8 小时（损失时间）。 比如说，从美国往欧洲飞行（无论是从东岸起飞还是从西岸起飞）。你最好搭乘尽可能早的航班，比如上午 10 点到中午之间的航班。然后，尽量让你家宝宝在旅途的前半段睡觉，但要确保在着陆前 3 小时叫醒他。

向西飞行 15 小时或更长时间（多赚时间）。 这样的长距离飞行，比如说，从洛杉矶到香港之间的往返，其困难之处在于，根据你的飞行方向，你要么损失、要么多赚整整半天的时间。若是从洛杉矶飞往香港，这一路对你家宝宝来说很容易感觉像是一晚上。你们最好在洛杉矶时间中午左右离开，但要知道，由于时差的关系，你到达香港的时候已经是整整一天之后了。在整个旅程中尽量不要让你家宝宝每次睡眠时间超过 2 小时，要有效地保持典型的下午作息规律。当你到达目的地时，宝宝就应该准备好进入晚间的例行活动了。

向东飞行 15 小时或更长时间（损失时间）。 从远东飞回美国时，时差调整更难，你会因为飞行而损失太多时间。如果可以的话，请预订晚间航班，这样你就可以让你家宝宝在前半段旅程中睡个好觉。如果你必须在白天离开，请在当天凌晨三四点叫醒你家宝宝，这样当上了飞机后，他就已经准备好呼呼大睡了。无论你是怎么安排的，你家宝宝都可能需要两三天的时间才能将这次旅行带来的时差调整好，回到正轨上来。

第一次结交新朋友：
练习如何跟其他人社交

让你家宝宝融入他的同龄人群体当中，是一件至关重要的事情，因为早期的人际交往是宝贵的社交技能的前奏曲，而第一次结交新朋友的体验会为未来的同伴关系奠定一定的基础。此外，让小孩子观察他的同龄人实在是件好事情——他会模仿他们，学习他们，揣摩人与人之间互动的相关规则。学步期宝宝是很容易受小伙伴影响的，这可能是一件好事情。比如说，一个不好好吃饭的孩子，在看到他的小朋友大口吃饭时，会更有意愿好好吃饭。诚然，你家宝宝此时会把自己视为宇宙的中心，但是，通过早早地与他人交往，他会逐渐认识到其他人也有需求和感受，他自己的一举一动都会产生相应的后果。

社交对你也有好处，因为它可以减轻你在养育孩子过程中的孤立感。当你遇到困难或心生疑问之时，看到其他孩子的类似举动会令你更容易感到心安，与其他家长分享育儿技巧和想法会令你感到更加放松。比如说，我认识一群总是在星期六聚会的上班族妈妈。她们很喜欢这一段聚会时光，因为她们有很多共同的话题。毫不奇怪，她们的讨论集中在愧疚、保姆、如何合理地分配工作和家庭时间、是否该让孩子晚睡以便有更多时间陪陪孩子等方面，此外还有各种困扰所有学步期宝宝家长的问题，比如设立规矩和界限、如厕训练、挑食烦恼，以及如何让丈夫更多地参与育儿事务，等等。同龄宝宝家长之间的这种情谊非常有益，也往往非常持久。通常，在孩子找到他的小朋友之后，家长们也会成为朋友并一直保持联系。

社交活动的准则

切勿强行将孩子推入社交活动。要让他以他感到舒适的进度与人交往，哪怕他的这个进度让你感到不舒服。

要提高孩子的社交能力，当然需要多多练习，包括在家、活动小组里与人交往，以加强你家宝宝与他人打交道的实用技巧。以下是一些可能对你有用的建议：

尊重你家宝宝的天性和步调。在我的这本书以及上一本书中，我总是不厌其烦地强调：没有哪两个孩子会对相同的情况做出完全相同的反应。不消说，孩子的天生特质（请参阅第253页插入栏）会影响他与人交往时的舒适程度，以及他掌握互动规则的进展速度。不过，其他一些因素也会起到这样的作用：他的注意力持续的时间、耐心程度、语言能力、以前的交往体验、在家里的排行（如果有哥哥姐姐，他们会提供给他很多的社交经验）等。此外，孩子最基本的信任感和安全感也很重要，他越是感到安全，就越是愿意在生活中尝试与他人交往。

如果你家宝宝不愿意加入群体活动，只想坐在场边，那就由着他好了。不要一直敦促他："你不想和胡安一起玩吗？"如果在他做好心理准备之前就催促他，孩子会失去安全感。还请你记住，学步期宝宝仍然是很敏感的小生命。他只能在潜意识层面上识别出自己的情绪，却还没法表达出来，只知道在某些情况下隐约感到心中不安。

要时时警醒你自己的情绪。如果你觉得自家宝宝坐在场边会令你感到尴尬，那么你肯定不是唯一为此苦恼的人，许多家长都会有这样的感觉。不过，你要尽最大努力克制自己，不可把这种别扭的感觉发泄到孩子身上，也不要替孩子的不肯合作找借口，"唉，她只是累了"或"她刚从午睡中醒来"。你家宝宝会感觉到你的不赞成，这会让他觉得自己很糟糕，或者觉得自己犯了什么错误。

保利娜是一位非常聪慧的妈妈，理解且能接受她儿子的天生特质。即使是在家庭聚会上，她也知道，儿子刚开始需要黏着她，但用不了多久他就可以自己四处游走了。可假如她敦促他，他反而会直接崩溃。因此，当有亲戚或另一个孩子来找他时，她总是帮他解释："请给他一点适应时间。过一会儿他就可以跟你玩了。"

一封来信：社交的好处

是的，养育学步期宝宝是一件很辛苦的事情，尤其是这个年龄的宝宝总是非常活跃，什么都想去尝试一下。我们每星期会有一次聚会，大家一起玩，一起游泳。每次聚会时我儿子蒂龙总是很活跃。他每隔一天就会约上一位同龄小伙伴跟他一起玩。我觉得这对我也有好处，因为我们这几个妈妈相处得很融洽。蒂龙的奶奶也每星期来我们家一次。

遇事不要小题大做。如果你家宝宝性格内向，不肯立即参与到大家的活动中去（通常敏感型孩子会是如此），那么，换一个角度来看可能会帮助你更加放松：他很谨慎，这种特质在有些场合下会对他相当有好处。同样，一个精力旺盛型的孩子可能会成为一个领导者，而一个脾气急躁型的孩子很可能是一个富有创造力的孩子。请记住，我们成年人在社交环境中往往也很谨慎：当走进一个聚会场所或是一个陌生场合时，我们会首先四下"琢磨"一番。我们会环顾四周，看看哪些人比较有趣，哪些人我们最好远离。总会有那么几个人让你感觉受到吸引；有些人会让你感觉容易接近；可还有一些人，无论出于什么原因，会让你感到厌恶。这是人的一种自然天性。孩子也一样，所以，要允许你家宝宝以同样的方式去"琢磨"一番他的社交环境，无论需要多长时间。

要多坚持一会儿。有时，仅仅尝试了一两次之后，孩子妈妈就会说："啊，这里不适合我们，我女儿不喜欢这个小组。"然后她会换一个宝宝班，再换一个，然后再换一个，一直这么换下去。这有可能是因为妈妈受不了自己的尴尬情绪，也有可能是因为她看不下去自家女儿的艰难挣扎。但是，不忍心让孩子去经历并战胜心中的恐惧或实际的困难，她其实是剥夺了孩子学习控制和管理自己情绪的机会。她在无意中教导孩子的，是但凡遇到困难或感觉不舒服了就可以直接放弃。这样的孩子将来可能会变成一只蝴蝶，从一件事飞到另一件事，却从不肯沉下心来认真去学、去做。

五种类型孩子的社交表现

天使型孩子具有非常讨人喜欢的社交天性。他通常是一群孩子中最爱笑、最快乐的一个，也是第一个愿意与他人分享的人。

教科书型孩子是学步期孩子的典型代表。他会从其他孩子那里拿东西，但那并不是因为他坏心眼或者好斗，而是因为他对其他孩子手上的任何东西总是充满好奇和兴趣。

敏感型孩子总是不停地回头看妈妈。若是另一个孩子拿了他的东西、撞到了他或打扰他玩耍，他就会非常不高兴。

精力旺盛型孩子很难与人分享。他往往会迅速改变关注点，在房间里不停地四处探索，游来荡去，玩很多不同的玩具。

脾气急躁型孩子更喜欢自己玩。他会比大多数孩子在同一件玩具或游戏上花更长的时间，如果另一个孩子打断他，他会感到很生气。

不要因为他不肯立即参与进去就放弃，退出与另一个或者另一群孩子的集体活动。如果你家宝宝表示不想参加而且想直接离开，你应该这么对他说："我们答应过要来参加这个活动的，我们必须遵守承诺。你可以坐在我身边，陪我一起看他们玩。"拉娜的女儿肯德拉是一个脾气急躁型的学步期宝宝，拉娜认识到女儿需要更多时间来适应社交场合。当她带着肯德拉来参加我们的"妈妈和我"小组活动时，她没有为女儿的不合群找理由。她只是静静地让女儿坐在她的腿上。这次活动的大多数时光就这么溜走了，肯德拉直到最后 5 分钟才加入进来。好在至少她终于加入了进来。

要准备好在新的环境中一再面对同样的困难。肯德拉从 2 个月大就开始参加"妈妈和我"的小组活动，这无疑使肯德拉变得更容易跟其他孩子打交道。在肯德拉 15 个月大时，拉娜开始带着她去宝宝健身房"金宝贝"，却发现当肯德拉要面对一种新环境时，她仍然需要一段"热身期"才能逐渐适应。第一天，肯德拉刚到门口就崩溃了。拉娜陪着她在门外站了足足 15 分钟之后，她才终于肯走进那道门。接下来的 5 个星期里，肯德拉每次都只肯坐在场边。拉娜真害怕肯德拉永远也不会加入其他孩子的行列——事实上，这也是所有父母的共同担忧。我向她解释："肯德拉就是这样的孩子，你必须给她足够的时间。"后来肯德拉爱上了这家"金宝贝"，每每玩到不愿意下课。尽管如此，当 2 岁的肯德拉去学习游泳的时候，同样的场景再次出现了。她一连几个星期都是一脸惶恐地坐在游泳池边上。但是现在，肯德拉已经变成了一条小鱼，拉娜很难把她从游泳池里拽出来。

要教导孩子管理好自己的情绪，肯定会是一个漫长的过程，需要你有极大的耐心。你也许不得不一遍又一遍地安抚你几乎一言不发的学步儿，告诉他慢慢来是可以的。你也许不得不对一个天生好斗的孩子反复说："要友善……不可以打人。"诚然，每一次的提醒都会有所帮助，可孩子仍然需要大量这样的练习。相信我，最好现在就教会他如何管理好自己的焦虑情绪或好斗心，花时间带他反复练习，让他知道你是在帮助他，毕竟总有一天他要自己去面对这一切。事实上，越是这样的时刻，越需要父母做出真正有益于孩子的选择。那些替孩子开脱或者允许他从一个宝宝小组换到另一个小组，而不是帮助孩子坚持下去渡过难关的家长，往往会在孩子上学的第一天就为此感到后悔："我要是早点那么做就好了。"

看看你自己小时候是怎么与人相处的。有时候父母会因为自己小时候有过的困难而深受影响。假如你小时候曾十分害羞，你可能会过度认同孩子现在的害羞表现。假如你小时候交朋友一点问题也没有，你可能倾向于认为你家宝宝也应该像你一样。假如你曾是个喜欢咬人的小家伙，你可能会替你家宝宝咬人辩解："这只是一个阶段性的行为。"而你和你爱人可能因为各自潜意识中童年经历的影响，在孩子的社交问题上出现分歧，一个说"往前冲"，另一个说"往后退"。你必须将你自己的问题与你家宝宝的问题区分开来，这一点很重要。你无法回过头去改变当年的你，也无法扭转你曾经遇到过的困境，但你可以觉察到当年的事给你留下了什么样的痕迹。不要让你自己的过去影响到你现在对孩子的引导。

安排活动时，要考虑到你家宝宝的天生秉性。社交环境包括场地布置、正在进行的活动、别的小孩子以及成年人。如果你知道你家宝宝是个内向而害羞的孩子，你也许应该替他选择一种压力较小的活动，比如说，欣赏音乐而不是翻跟头。如果他受不了明亮的强光，你就应该避免把孩子送到聚光灯下面去。如果他精力旺盛而好动，那么安静的美术课应该不是最好的选择。

当然，你不可能总是有选择余地。我前面已经提到过，如果是和一个约好的小伙伴一起玩，或者是去固定的宝宝小组参加活动（我下面还会谈到这个话题），那通常意味着你已经帮孩子选定了他的小伙伴，这样的交往环境比在游乐场或其他公共场所的"偶遇"要容易控制得多。但是，假如公园里真出现了一个好斗的孩子，那么你除了密切关注你家宝宝之外，也别无他法。同样，你可能不认识日托中心里其他所有的孩子，但是，你可以提前去参观、去观察；你可以将你家宝宝的所有信息，包括他过去与其他小朋友打过什么交道，他的特殊性情、特殊需要都告诉日托中心的人员。虽然你对这家日托中心的运营方式没什么发言权，但至少你能为你家宝宝在这家中心的平顺生活做些铺垫。

帮助你家宝宝为迎接新体验做好各种准备。多莉不折不扣地听从了我的这条建议。她找了几家日托中心，最后选定了离她上班地点很近的一家，这样万一有事她可以及时赶过去。她亲自去看过，知道那里对幼儿的监护是充足的，玩具和设备也都适合18个月大的孩子。她告诉了日托中心的主管她儿子喜欢什么样的食物，还给了对方一串电话号码，万一有事可以打这些电话联系她。一切都按部就班地安排妥当了。但是，就在她送安迪去日托中心的第一天，多莉才猛然醒悟她漏掉了什么。她那平时听话又好脾气的儿子，虽然在她告别离去时没有闹腾，但过了没多久他就完全崩溃了。当中心主管打电话给她，告诉她安迪哭得特别伤心时，多丽才意识到，尽管她做了所有的准备和铺垫，却唯独忘记了帮安迪做好心理准备，毕竟他将在没有妈妈陪伴的情况下独自待在中心好几个小时。固然她不可能向这么小的孩子解释时间概念，但是，她应该提前几天帮助安迪适应她的离去，比如每天安排1小时左右的时间在日托中心陪伴儿子，帮助他逐渐适应新环境、新的工作人员和新的小朋友，在他做好心理准备之后才离开。

帮助宝宝掌握更多的社交技能

　　2岁以下的宝宝，往往将自己视作宇宙的中心，一切都与"我"有关，或者都是"我的"。有时你根本就没法跟小宝宝讲道理。许多对孩子来说是"正常"的行为，在成人眼中看来往往是"过分"的（请参阅后面的插入栏）。那么，我们该怎么教导小宝宝学会体贴他人、顾及他人的感受呢？

　　请你仍然从"预先排练"这个角度来考虑。孩子并非一生下来就知道该怎么礼貌待人、怎么轮流玩、怎么分享。我们必须一方面亲自给孩子做出榜样来，另一方面要多给孩子机会去学习和实践。首先要在家里练习，教导孩子该怎么与人互动。一开始要求不能太高，因为这些事情对学步期宝宝来说真的挺难的，不过，要持之以恒。你不能今天要求你家宝宝跟小朋友分享玩具，明天看见他从另一个孩子手里抢走玩具时又不加理会。当你家宝宝做到了与人分享时，无论是因为你提了要求，还是其自主行为，你都要表示赞赏："你做得很好，珍妮特，你做到了分享。"

　　小孩子需要我们教导他社交技能，否则他没法在现实世界中生存下来。尽管他刚开始时并不能真正理解什么叫社会习俗，也无法明白"你要友善"是什么意思，我们还是必须一点一点地教导他，加深和扩展他的理解能力，提高他与人交往时的气度。这样的努力一定是值得的，因为没有谁会比一个举止检点、为人友善、懂得体谅的孩子更能赢得其他家长、老师和小朋友的喜爱了。

下面是你应该帮助你家宝宝在家中和玩耍中反复练习的关键技能。

讲礼貌。在上一章中，我谈到了教孩子用语言表达礼貌和感激的重要性，这里要讲的是你还要教导他具体的行动。假设现在是下午的点心时间，弗洛丽阿姨正好上门拜访。你要先对弗洛丽阿姨这么说："我很高兴你能来我们家。请问你想要喝杯茶吗？"然后，你转向你家宝宝说："我们一起来给弗洛丽阿姨泡点好茶吧。"在你泡茶的整个过程中，宝宝都应该在你身边看着你做事。然后，你拿过一个托盘，放上茶壶，也放上一些点心，一边放一边对宝宝说："我们也该吃点饼干了。"端着托盘回到客厅后，你递给宝宝一个塑料托盘，对她说道："梅拉妮，请你把这些点心端给弗洛丽阿姨好吗？你也想要吗？这些是你的。"这么做，会让孩子看明白，待客的时候，东西要先敬给客人，最后才轮到主人自己。这是最基本的礼仪。话虽这么说，你家宝宝一开始可能会一把抓过所有的饼干。你只需温和地纠正，而不要责骂和羞辱她："不对，梅拉妮，我们要分享饼干。这些是给弗洛丽阿姨的，那些是给梅拉妮的。"

教导孩子讲礼貌，需要你在适当的场合为孩子做出榜样。比如说，你在教堂里时，会压低声音轻轻对宝宝解释说："在教堂里，我们低声说话，也不跑来跑去。"你还需要利用一切与他人交流的机会，以自己得体的礼貌举动，一再向孩子做示范。当餐桌上的其他食客把食物传递到你手上时，你要说："谢谢。"假如你需要越过别人身边、打断别人说话，或是当着别人的面打了个嗝时，你要说一声："抱歉。"教导孩子举止礼貌的最好做法，当然是你自己的举止有礼貌。因此，当你家宝宝把他的玩具递给你时，你一定要记得对他说声"谢谢"；当你希望他能配合你的要求时，也要记得说一声"请"。

同理心。研究表明，仅 14 个月的宝宝就可以表现出关心他人感受的能力。你可以通过让你家宝宝知道你的感受来强化他的同理心。如果他打了你，你要说："哎哟！你打疼我了。"如果家里有人生病了，你要说："马克生病了，不舒服，我们要保持安静，别打扰他。"有些孩子天生就有较强的同理心。比如说我们家里住着一位鲁比阿姨，有一阵子她腿脚不太好。我女儿萨拉得知鲁比阿姨病了之后，会主动跑去帮她拿拖鞋。萨拉那时只有 16 个月大，就已经表现出了同理心，我于是夸赞她说："萨拉，你真是个好孩子，这么善意地帮助了鲁比阿姨。"

要鼓励你家宝宝多多关注发生在其他孩子身上的事情。即使是只有 10 个月大的孩子对另一个孩子做出了不该做的事情时，你也应该立即纠正，并指出他的行为后果："不行，别打，这会打疼亚历克斯的……要轻轻地摸，轻轻地。"如果看到另一个孩子摔倒并哭了起来，你要对自家宝宝说："约翰尼肯定是摔疼了。我们要不要过去看看他、帮他一下？"然后走到那个孩子身边，安慰他说："约翰尼，你现在好些了吗？"又比如说，看到有个小朋友因为累了或闹脾气了而不得不提前离开宝宝小组的活动时，你要鼓励你家宝宝向对方表达关心："再见，西蒙。希望你过一会儿就没事了。"

分享。这指的是东西的主人把自己的东西赠予他人（比如跟人分享自己的糖果），或者暂时允许他人使用自己的东西（心中知道那人用过之后会还给自己）。15个月大的宝宝就已经有了"分享"的概念，但仍需要很多帮助才能更好地实践这个概念。毕竟，在孩子的世界里，一切都是"我的"，而且"现在"是唯一存在于他头脑中的时间观念。"以后"听起来太遥远了。无论你对时间的描述有多么精确（"他会在2分钟内还给你"），学步期的宝宝还是心里没数。任何的延误对他来说感觉都像是永远。

在我主导的活动小组中，当宝宝们长到13个月大时，我就开始通过自身示范带领小家伙们练习分享。我会拿出一盘饼干，对宝宝们说："我要和你们分享我的饼干。"然后，在盘子里装下刚好够每个孩子一块饼干的量——5个孩子，5块饼干。然后，盘子在每个孩子手上逐一传递时，我也一再强调每个人都"只拿一块"的概念。

接下来我们还用一个"分享小桶"轮流把东西分享给大家。我请每个妈妈都带来一包可供5个宝宝分享的点心（我敦促她们回家之后也要不断找机会引导孩子分享），并让每个妈妈都带着自家宝宝一起，把从自家带来的、用来分享的食物装到分享小桶里，准备给大家分享："我们一起来为小朋友们准备分享的点心吧。你可以帮我从这个口袋里数出5根胡萝卜条（或者5块饼干、5个奶酪小金鱼）吗？"这么一来，帮忙准备食物也就变成了一个有趣的数数游戏。

孩子们一进到我们的活动室里，我就请他们把所有的分享食物放到分享小桶里。游戏时间结束后，我们有一段"分享时间"。每个星期都有一个小家伙当"值日生"，负责向小伙伴们分发食物。小值日生的妈妈在一旁帮忙，用礼貌的语气问每一个小朋友："你想要一份点心吗？"当然，这也是教导礼貌的好时机。拿起点心的孩子此时应该说："谢谢你。"然后，我们大家一起说："很好的分享！"

在活动室里教导分享的练习，还包括帮助学步儿理解"分享玩具"的概念。不消说，分享玩具比分享食物要困难得多。但是，每当你对孩子说"埃德娜和威利，你们可以一起分享那个卡车"时，他们至少不会再继续为之争吵，而是对你的期望有了一点点初步的认识。我们的目标是向你家宝宝灌输分享的概念，鼓励并夸奖他的分享行为，而不是由父母直接下令"把那个卡车还给人家"，然后在孩子听话时夸奖他的顺从。正确的做法是抓住孩子愿意跟别人分享玩具的瞬间，赶紧夸奖他，即使他的分享行为只不过是一个意外！

是好奇心还是欺负人？

不论孩子是出于好奇还是真的在欺负人，你都应该赶紧采取行动，不过，好奇心和欺负人还是有明显的区别的——既有意图上的区别，也有行为上的区别。因好奇心而行动的孩子，他的动作看起来比较慢，而当真欺负人的时候，他的动作是快速而果决的。因此，当11个月大的肖恩小心地靠近洛雷娜，打量她，伸手碰碰她的头，然后抓扯她的头发时，他很可能只是出于好奇。相比之下，1岁的韦斯利故意把挡在他路上的特里一把推开，这就是在欺负人了。

比如说，玛丽正忙着摆弄我游戏室里的"花园"。她一会儿往"邮箱"里塞邮件，一会儿转动字母盒里的塑料小鸟，玩得十分投入。这时朱丽叶走了过来。朱丽叶的妈妈打算跳起来冲过去阻止她女儿，但是我提醒她，要记住帮助诀 H.E.L.P. 中的第一条，克制。"我们先等一等，看看再说。"我建议道。朱丽叶只是站在那里，盯着玛丽看了一两分钟。然后，她打开"邮箱"，从里面取出一封塑料信函，递给玛丽。"很好的分享，朱丽叶！"我高兴地对她俩说道。朱丽叶一脸的欢喜。她可能并不知道我为什么这么高兴，但她肯定知道她做了一件令人高兴的事。

当然，有时父母不得不介入。假如说，你家宝宝从另一个孩子手里抢来一个玩具，那么，此时你要立即把那玩具拿走，然后：

纠正不当行为："这个玩具不是你的，乔治。这是伍迪的。你不能抢过来。"但是，要点到为止，不要训斥或羞辱你家宝宝。

安抚你家宝宝："我知道你想玩伍迪的小卡车。你一定挺难过的。"你这么说了，便表示你知道他此时的感受，但是你不打算过度保护他，让他免于想而不得的痛苦。

帮助他解决问题："也许你可以问问伍迪，看他是否愿意跟你分享他的玩具。"如果你家宝宝还不会说这么长的句子，你可以代替你家宝宝问话："伍迪，你愿意和乔治一起玩你的小卡车吗？"当然，伍迪的回答有可能是"不"。

鼓励他找别的东西玩："好吧，乔治，也许伍迪下一次会让你玩的。"然后，引导说他对另一辆小卡车感兴趣。

轮流。孩子需要学习基本的游戏规则：不可抢东西，不可把人推开，也不可因为你现在想用积木而推倒另一个孩子搭起来的积木作品。学习轮流着玩，这对学步期宝宝来说的确很困难，因为这意味着他要学着控制自己的冲动，而且耐心等待。然而，这正是人生最为重要的课程之一。等待的过程的确很是无聊，但我们必须都要学会耐心等待。

在家里，在日常生活中，你要多找机会让孩子反复演习，让你家宝宝习惯于"轮流"这个词。比如说，他正在浴缸里。你递给他一条毛巾，自己手里留一条，然后对孩子说："我们轮流来吧。我先洗你这只胳膊，然后你再洗那只胳膊。"玩游戏的时候也可以这么说："我们轮流着玩吧。你先按一下这个按钮，让我们看看它发出的是哪种动物的声音。然后，就轮到我来按下一个按钮啦。"

要知道，孩子一般是不会自愿提出让别人来分享自己的东西，或轮流玩自己看上的玩具的。你需要把自己当作一个出色的导演，指导孩子的行动。在我带领的学步期宝宝的活动小组中，我尽量保证每一种玩具都不会只有一个，以避免出现争抢。但是，争抢几乎是不可避免的：每个孩子都会看上另一个孩子正在玩的东西。

提示：我经常向妈妈们推荐的一个教导轮流的技巧，是给每一个人设定时间限制，尤其是在预先约好了的游戏活动中。不过，因为这么大的孩子还不懂得时间概念，所以你最好能准备一个定时器。这样一来，如果两个孩子都想玩同一个洋娃娃，你可以这么对孩子们说："我们只有一个洋娃娃，所以你俩必须轮流玩。罗素，你先来，因为这个娃娃是你找出来的。我会设置好这个计时器。等你们听到它响起来时，就该轮到蒂娜玩了。"蒂娜听了这番话会更有意愿等待，因为她知道，当她听到"叮！"的一声响时，她就能得到洋娃娃了。

你也要给孩子机会去体验那种他想要某种东西却无法立即拿到手的感受。我常常会听到父母对哭泣的孩子说："好啦，别难过啦。我们会给你也买一个跟巴尼手里一样的小玩意的。"这么说，教导给孩子的是什么呢？不消说，那肯定不是分享；相反，这让孩子知道，只要他哭闹一通，就能让妈妈或爸爸顺从他的意愿，给他想要的东西。

当一个孩子拒绝轮流玩玩具或分享时，让你家宝宝感受到失望，这是非常有意义的事情。毕竟，这是现实生活中的一部分。比如说，在我主持的一次活动中，埃里克和贾森都在玩具箱旁边玩耍。贾森拿着一辆消防车，正玩得十分投入。忽然，埃里克看了眼自己的小伙伴。他的心思明明白白地写在了他的脸上：哎哟，看来那个消防车比我手里的这个好玩多了。我该把它从贾森那里拿过来。请注意，埃里克并不是"坏"，更不是"占有欲"在作祟。在学步期宝宝的心目中，一切东西都是"我的"。当埃里克伸手去拿贾森手里的消防车时，我鼓励他妈妈用我在其他场合向她们示范过的做法，出面干涉。

她伸出手，拦住了埃里克伸向消防车的手："埃里克，贾森正在玩那辆消防车。"

然后她转向贾森："贾森，你还想接着玩这辆消防车吗？"贾森听明白了，他当即把消防车拽回来抱紧了，清楚地表示出他还没有玩好。

"埃里克，贾森还想玩那辆消防车，"她一边解释，一边递给埃里克另一辆载货卡车，说道，"你先玩这辆卡车吧。"埃里克把它推开，他只想要那辆消防车。

"埃里克，"他妈妈重申一遍，"贾森现在正在玩那辆消防车。他玩好了以后，就可以轮到你玩了。"

好吧，这不是埃里克想听到的，所以他摆出了"你什么意思，我怎么就不能拿过来玩了"的表情。这时他妈妈看向我，问我：

"现在我该怎么办呢？"

我告诉她："既不要说'我很抱歉你不能拿过来玩'，也不要说'可怜的孩子，我会给你买一辆你自己的消防车'。这都不可以。你只管把事实明白地告诉他：'埃里克，贾森现在正在玩消防车。等一会儿才轮到你玩。我们必须分享玩具。我们必须轮流着玩。'"

埃里克继续不依不饶的。我对他妈妈说："现在，你必须坚定，但仍要尊重孩子。你的目标是尽可能地避免他的不满情绪进一步升级。你可以这么对他说：'我看得出来你很失望，但你现在也真的不能拿过那辆消防车来。所以，我们还是去那边看一看有什么会是你愿意玩的吧。'然后，你就直接把他抱走。"（在第 7 章中，我接着讲述了更多的可能：假如妈妈这么做仍然没能转移埃里克的注意力，他反而因此气得火冒三丈了，那时候他妈妈又该怎么办。）

社会化阶段：成为最牛的社交宝宝

随着你家宝宝的逐渐成长，他玩耍的能力也会自然而然地增长。我们不妨从你家宝宝的视角来了解孩子在每个成长阶段的能力表现。

注意其他孩子。才 2 个月大的婴儿就开始注意到其他小婴儿和自家哥哥姐姐的存在了，还会对他们感到非常好奇。最初的阶段里，小宝宝的眼睛会一直跟着他们转。到了大约 6 个月大时，当有了能力伸手去拿东西时，他会伸手去抓其他小孩子。他想知道那是什么东西，也许觉得那是一种很奇妙的玩具——嘿，如果我戳那个小东西一下，他就会哭。

模仿其他孩子。我们看到学步期宝宝从另一个孩子手里抢玩具时，会觉得那种行为是恶意的、自私的、坏心眼的。可实际上，你家宝宝只是想模仿另一个孩子的玩法。看到那个孩子的玩法，你家宝宝忽然就有了灵感，于是，一个几分钟前还让他不感兴趣的玩具就变得生动起来——嘿，我不知道那个东西还可以那样玩，我也想要试试看。

在其他孩子旁边玩。学步期宝宝实际上还不会互相配合着玩耍，他们只是并排在一起各玩各的，所以这个阶段小玩伴之间的关系被称为"平行玩耍"。分享和轮流的观念于你家宝宝而言似乎是天方夜谭——我想怎么玩就可以怎么玩，对吧，毕竟我是这世上唯一的小孩子嘛。

和其他孩子一起玩。到了2岁半或3岁时，大多数孩子都已经掌握了最基本的社交技能，而且可以在脑海中进行各种想象。因此，他们的"扮家家"游戏内容更加精致，并开始玩各种需要彼此配合的游戏，比如说互相追逐，来回滚球或来回踢球。现在，当你家宝宝看到一个玩伴时，他想的就会变成——如果我把这个球踢过去给他，他就会踢回来给我。

帮助宝宝找到玩伴和参加小组活动

邀约另一个宝宝和自家宝宝一起玩，以及带宝宝去参加小组活动，都有助于你家宝宝练习社交技能，不过，这两种活动会让你家宝宝面临两种截然不同的挑战。我建议这两种挑战你都让宝宝多去体验体验。我知道，有些人认为不应该让2岁以下的小孩子参加小组活动，但我不同意这样的看法。只要孩子的父母陪伴在身边，即使两个小宝宝只是静静地躺在一起，都是一种不错的交往训练。因此，在我举办的"妈妈和我"以及"爸爸和我"的小组活动中，是欢迎刚出生6个星期的小宝宝一起来参加的。

玩耍约会。通常是一对一地玩耍，不需要刻意的安排或组织。一位宝宝家长打电话给另一位宝宝家长，双方约定一个具体的时间和地点（通常是在某个宝宝的家里，或者附近的公园里），让两个小伙伴在一起玩上一两个小时。

这样的玩耍约会中的重要问题之一，是两个宝宝是否"合拍"。有些孩子会一见如故，而且他们的友谊可以一直持续到上小学甚至更久以后。还有一些孩子，通常是天使型宝宝，他们总是善解人意、招人喜欢，随便跟哪个小朋友在一起都能相处得很好，因此，跟任何人在一起都不会有"不合拍"的问题。但是，有些时候，的确会遇到两个孩子"不合拍"的情况。比如说，你家宝宝是一个敏感型的孩子，当他正玩得很专心的时候，另一个孩子的打扰很容易让他吓一跳而变得惊慌，所以，第一次给你家宝宝约请小玩伴的时候，你也许不希望挑选一个精力旺盛型的孩子，因为那样的孩子喜欢满屋子闹腾，而且喜欢抢人玩具。

尽管如此，在现实世界中，玩耍约会其实往往是宝宝的家长们在相互约会，他们当然会挑选自己喜欢的其他家长。通常，具有相似背景和兴趣以及共同育儿理念的家长喜欢聚到一起形成一个小型团体，要么就是一群保姆因为住在同一个街区或来自同一个国家而聚在一起。无论出于哪种情况，孩子们都会被"扔"到一起去。

有时两个人之间真的需要讲缘分。前面我们讲过的卡西和埃米，这两个孩子的妈妈是在"准妈妈课堂"上认识的，两人一见如故。幸运的是，她们的两个孩子，一个是精力旺盛型的，另一个是天使型的，在一起玩得相当融洽。可有些时候，尽管两位妈妈都有最美好的善意和最衷心的祝福，但她们的孩子却如同鸡鸭不能同笼似的，一个孩子总是会被另一个孩子欺负，每次都是眼泪汪汪地不欢而散。这种情况下，没有谁，尤其是孩子家长，能心里好受。比如说我认识的一位妈妈，名叫朱迪，她儿子桑迪是个脾气急躁型的孩子。有一次她对我说，其实她很害怕盖尔带着儿子阿贝来找她家桑迪玩，因为桑迪经常被弄得哇哇大哭。后来，朱迪只好直接对盖尔说道："我不想把我的育儿理念强加给你，但每次你和阿贝过来玩的时候，桑迪总是害怕得不行。这已经影响到了我们两人之间的友谊了。"

提示：该不该替你家宝宝约某个小朋友，你需要靠自己的直觉来判断。即使你可能喜欢和某个妈妈交往，但如果每次你家宝宝跟她家宝宝的约会都玩得不开心，对方会欺负他、抢他东西、弄哭他，以至于你都开始害怕这样的约会了，因为你不知道下次又会发生什么不愉快的事情，那么，你的确应该给孩子换个小玩伴。至于说舍不得你自己的玩伴，你们当然可以继续来往，抽空一起喝喝咖啡，打打网球什么的，只不过别带上孩子就好。

爱是可以分享的

要让你家宝宝知道你也是可以分享的，如果你打算多要个孩子的话就更应该如此（请参阅后面第9章）。玩耍约会往往是一个很好的机会，让你家宝宝知道你也可以抱抱另一个孩子。卡西（见前面的段落）第一次注意到她妈妈抱起埃米来的时候，小脸上颇有些惊讶：呀，我的妈妈居然抱起埃米来了。由此，她收到了一条重要的信息：妈妈也是可以分享给小朋友的。

不要让你家宝宝认为爱必须是排他的，这一点非常重要。有些孩子甚至会在爸爸去亲吻和拥抱妈妈的时候上前去推开爸爸。爸爸也许会认为这说明"儿子不愿意我们抱在一起"，其实，正确的做法是爸爸应该立即对孩子这么说："来，宝贝，我们可以一起拥抱。"

在约好的小朋友到来之前，你最好先问问你家宝宝："等会儿蒂米该来了，你过来看看，哪些玩具你愿意跟他分享，哪些你想先收起来？"你也可以直接建议他把某个他珍爱的玩具收起来，或者是把他的安抚毯给收起来，并且向他解释原因："我知道这是你最喜欢的东西，也许我们最好把它收起来。"不幸的是，有的孩子总是要等到另一个孩子从他手中抢走某样东西时，才意识到那是他的"最爱"。

当然，尊重必须是双向的。你家宝宝也可能是个小访客，并且可能遇到其他孩子拒绝跟他分享玩具的时候。这时，你要这么对宝宝说："弗雷德不想让你动他的那个玩具，你就不动好了，因为那是他的玩具。"然后,你要尽量用别的东西或事情吸引他的注意力。如果他已经不高兴了,你要对他说:"我看得出来,你不乐意了,但是,那毕竟是弗雷德的玩具。"

这样的摩擦几乎是不可避免的,但这其实是好事情。孩子们就是在这样的摩擦中学习和进步的。我家孩子还小的时候,在每次的玩耍约会上,我总会给宝宝准备两个玩具,小伙伴的妈妈也会带两个玩具来。如果有一个玩具玩坏了,我们就拿出另一个来补上。你也可以告诉将要上门来玩的小朋友的妈妈,让她鼓励自己的孩子也带上一两个他自己的玩具来,这样做能有效地减少两个孩子之间的争抢次数。我知道这听起来可能不切实际,因为现在的孩子总是有太多的玩具,但是,我相信,尽量限制玩具的数量,肯定符合每一个人——包括孩子和家长——的最大利益。

提示: 如果玩耍约会定在你家里,请替孩子们布置出一个安全的空间供他们玩耍。家里的宠物要预先挪开。要限制时间,在宝宝们感到疲倦之前就结束,因为那时候是两个孩子容易发生冲突的时候。通常来说,一个小时的玩耍时间就足够了。

约会地点在两个孩子的家中轮流着来,当然最好不过了。如果每次都是你带着孩子上门去拜访,那么至少要带上你们自己的零食,这样做不至于让负担全落到对方的肩膀上。另外,你还要带上你需要的各种其他东西——尿布、奶瓶或吸嘴杯等。尽管没有必要为这样的玩耍约会定下什么"规矩",但是,正如我对活动小组的建议(见下一段)一样,了解小玩伴的妈妈在某些问题上的立场,以及小玩伴本身是个什么样的孩子,总归是有好处的事情。比如说,因为你已经教导过自家宝宝不可以触碰家里的贵重装饰物，所以你并没有把那些宝贝都收起来，那么你最好确认一下你邀请的妈妈是不是也这么教过她的孩子，尤其教过他不可随便乱动别人家的东西！此外，你还需要问明白对方在吃食上有没有什么禁忌，有没有过敏症以及如厕训练方面的问题。还有，如果一个孩子欺负另一个孩子了，你们两个做妈妈的会怎么处理呢？这也要商量好。

宝宝活动小组。 一个活动小组中要有 2 个以上的宝宝，而且通常比玩耍约会更讲究安排和规划。活动小组的好处是孩子们的互动更加复杂，因此给了孩子们更多的机会练习前面已经概述过的各种基本社交技能。不过，对 3 岁以下的孩子来说，我建议将活动小组的人数限制在 6 个宝宝以内，最好是 4 个。要尽量避免"三剑客"的组合，因为这很容易让其中的一个孩子觉得被另外两个孩子排斥在外，从而让局面变得很棘手。

如果你打算自己组织一个宝宝小组（而不是报名参加一个由专业人士指导的活动小组），那么你需要有周密的计划。假如我们仍以话剧排练来类比，那么在这个排练过程中你需要做大量的舞台指导，以及比两个孩子约会时更加精细的剧情安排，当然也需要各位妈妈更多的密切关注。

1. **在孩子不在场的情况下，家长们先开个会，确定你们的主旨——你们这个小组具体要怎么组织、怎么安排。** 这包括了确定你们这个活动小组会有哪些活动、玩什么游戏、唱什么歌、吃什么食物等等。每一小节时间段也需要预先做好规划。正如在家里保持你家宝宝可以预计的规律性日常活动能让孩子的生活更加顺畅一样，宝贝小组中规律性的活动安排也有助于宝宝们知道接下来将要发生什么，以及家长对他们的预期是什么。在我主持的"妈妈和我"的小组活动中，时间被分成了五个小段：游戏时间、分享时间（吃点心）、音乐时间、清理时间，以及最后的"放松时间"——这时候，我会播放舒缓的音乐，让孩子们依偎在妈妈的膝头听听音乐。你们也不妨将这种模式复制到你们自己的活动小组中去。

每一小节时间段的活动内容，应该自然而然地随着孩子的年龄变化而变化。我且以音乐时间为例。在我主持的6—9个月的宝宝小组中，我在录音机上播放的音乐是"忙上忙下小蜘蛛"，不过，唱歌的人，以及跟着这首歌比画的人，只有我以及宝宝们的家长。小宝宝们全都坐在那里傻愣愣地听着，每个人都一动不动。在12—18个月的宝宝小组中，宝宝们变得活跃了许多，并开始模仿妈妈和老师的肢体动作。大约15个月大时，大多数宝宝都知道歌唱到哪里该做什么动作，在连续听这首歌看我们比画四五个星期之后，有些宝宝已经可以开始比画一些动作了。到了2岁的时候，大多数宝宝都能跟着哼唱这首歌了。

2. 讨论并制订几条基本规则。大家要认真说说你们各自的想法。这些规则不仅有针对宝宝的——能做什么和不能做什么，还有针对家长的——当宝宝不遵守规则时，妈妈该做什么（见后面的插入栏）。每当看到有孩子打了另一个孩子，或故意破坏另一个孩子的玩具，而他妈妈只是说一句"我很抱歉"便什么行动也没有了的时候，我总是感到很生气。这样的举动也会让其他家长感到非常不舒服。

在我走访的一个宝宝小组中，妈妈们讲述了一个已经离开了她们小组的前小组成员的故事。那位妈妈在她家宝宝推了其他宝宝甚至打了其他宝宝时，总是轻描淡写地替她宝宝找借口："哦，她只是处在这个阶段。"（打人是一种行为，而不是一个阶段——下一章我们会详细讲解。）其他妈妈对她的态度感到越来越生气，这给整个群体都蒙上了一层阴影。最后，有一位妈妈终于开口说道："我们正在努力教我们的孩子学习自我克制。每当我们的孩子不能克制住自己的行为时，我们就会进行干预。在你家贝丝推人或打人时，你也许认为没必要进行干预，那是你的选择。但是我们认为，这对其他孩子不公平。"虽然很尴尬，但她们还是一致决定让那位妈妈另找人结伴。

如果你们提前制订好了相关规则，那就不太可能在活动小组中出现这样的问题和冲突。此外，规则也让孩子们有了行为界限。不过，我们也不要走极端。比如说，规则之一是孩子索要东西时要使用礼貌语言，可是有个过来找你要水喝的宝宝忘记说"请"了，那么请依然给他，然后鼓励他下次记得说"请"。

"亲子朋友圈"的规范

我认识的几位妈妈为她们的宝宝活动小组制订了一套需要遵守的规范。你也许不太认同下面的部分内容，不过可以将它看作一个范本，并据此创建出你们自己的规则来。

针对宝宝的规则：

不可在客厅里吃东西。

不许在家具上攀爬。

不可有攻击性行为（打人、咬人、推人）。

针对妈妈的规则：

不可带家里的大孩子过来。

如果有宝宝"崩溃"了，妈妈需要当即带宝宝离开。

鼓励孩子的礼貌行为。

如果孩子有了攻击行为，妈妈要让他到一边去冷静一段时间，直到他同意遵守规则。

孩子弄坏的玩具，妈妈要负责换上新的。

---

3. **准备好宝宝们的活动空间**。无论小组当中有多少个孩子，你们准备好的玩耍区域都应该足够宽敞，也足够安全。最好能有一张适合宝宝们吃点心的小桌子。我还建议你们准备的玩具至少每样都有两个。在我主持的宝宝小组中，每样东西我都会提供两个（或更多）——两个一样的娃娃、两本一样的书、两辆一样的卡车。诚然，在现实世界中，并非每样东西都能有两个一样的，但是，在这里我们的目的是训练学步期宝宝学习社交技能，两个一模一样的东西有助于减少宝宝之间的争抢。

提示：如果小组活动总是在同一个妈妈的家里进行，那么每个参与的家庭都应该捐赠一些玩具。如果你们决定一家一家地轮流来，请准备一个移动玩具箱。比如说，这星期是在玛莎家，下个星期在塔尼娅家，那么，当这个星期的小组活动结束时，塔尼娅就该把移动玩具箱拿到她家里去。下个星期的时候，下下个星期的负责人也要做同样的事情。

4. **结束时要有特定的结束仪式**。我发现，如果一个活动小组没有明确的结束时间，妈妈们就会继续聊天，一转眼就又聊了

10—15 分钟。可你家的小孩子却因此越来越疲倦，心情也越来越烦躁。每当下课的钟声敲响时，我总是喜欢唱上一首歌，在歌声中加入每个孩子的名字，跟宝宝们一一道别："再见，史蒂维；再见，史蒂维，再见，史蒂维。下星期我们会再见。"这不仅意味着结束，也避免了一群学步期宝宝一起冲向门口的哄乱。

做好及时干预的准备

不论你做了多么周详的计划，宝宝活动小组的进展从来都不可能毫无波折。请记住，学步期宝宝的玩耍首先是模仿别人，然后是在一起各玩各的，而且肯定是模仿远远多于彼此间的合作（请参见第 265 ~ 266 页的提示栏"社会化阶段：成为最牛的社交宝宝"）。孩子们互相受对方的启发。卡西和埃米在一起玩耍时，如果卡西拿起一个娃娃来抱在怀里，埃米也会突然想要抱过那个娃娃来。有趣的是，埃米家里其实有一个同样的娃娃，可她却从不拿来玩。还有，由于特定的玩具或活动已经成了宝宝们在小组活动中日常惯例的一部分，所以，他们只在这样的场合做这样的动作、玩这样的游戏。比如说，巴里喜欢坐在我游戏室的玩具车里，尽管他家里也有一辆一样的车，但他从来不爬进去玩。

家长们也不应期望孩子在小组活动中会乐意分享自己最喜欢的玩具。我在我家门口特意放了一个大盒子，用来"安置"宝宝们的一些特殊物品，直到活动结束离开时才各自拿走。如果这次宝宝小组活动轮到在你家举行，请鼓励你家宝宝事先把他不愿意跟人分享的东西收起来，尤其是他自我安慰时需要的安抚毯之类的东西。如果他不想自己收拾，那么请你替他收起来，以避免出麻烦。

虽然你已经设定好了一定的程式，但孩子们往往需要四五个星期的时间才能逐渐习惯并对每一段的活动内容有所预期。不消说，有些孩子会比其他孩子花上更长的时间才能对一个新的环境产生安全感。正如我在下面的插入栏中所解释的那样，有些孩子很容易融入新环境，有些孩子则喜欢先旁观一段时间。即使妈妈们在活动程式中加入了音乐片段或有组织的游戏，一些孩子也可能不肯参加。这没关系，等到他们感到安全的时候，自然会加入进来的。

虽然我总是建议小组中的妈妈们先观望，而不必仓促介入孩子之间的事情，但是，如果孩子被小朋友欺负了，我又会反过来敦促妈妈及时介入："保护好你家宝宝，你是他的监护人。"有些家长觉得不好意思去责怪别人家孩子，比如说，当杰克打了玛妮时，玛妮的妈妈布伦达对杰克的妈妈苏珊说："没关系。"布伦达显然是不想让苏珊对杰克的行为感到愧疚。但我不觉得这是恰当的做法。如果苏珊真对自己儿子的打人行为无动于衷，至少布伦达要赶紧采取行动，而不是让可怜的玛妮独自一人无助地站在那里。

> ## "观察派"宝宝和"行动派"宝宝
>
> 在我的宝宝小组中，有些孩子被我称为观察派，他们通常是脾气急躁型或敏感型的宝宝，遇事往往先向后退一步。自己去尝试之前，他们会等其他孩子先去尝试一番，要么就是先避到没有那么多刺激和干扰的角落里去。

另一些孩子则被我称为行动派，通常是天使型、教科书型和精力旺盛型的宝宝。他们会用眼神进行交流，会向其他孩子主动伸出手去，乃至亲吻他们。

即便是宝宝们在自己玩耍时，我们也不难看到这两种不同的交往模式。给观察派宝宝一个新玩具，他会小心翼翼地审视它，而行动派宝宝则会直接抓过来玩。若是将观察派宝宝带到一个新地方，他会首先环顾左右观察一番，而行动派宝宝则几乎是立即就冲进去并开始行动。观察派宝宝常常寻求父母的帮助，而行动派宝宝则倾向于自己去尝试。

我们再回顾一下前面讲过的、小组中的一位成员最终被大家请出去的故事，这个例子充分说明了预先制订好基本规则的重要性。如果大家事先讨论过并制订出了对攻击行为零容忍的规矩，那么，苏珊就应该在她的儿子打了玛妮时立即介入。如果苏珊没有采取行动，那么布伦达在安慰了自己的孩子之后，应该转身对小杰克说："不可以，杰克，我们有规矩的，不可以打人。"我知道管教别人的孩子是一个比较棘手的问题，家长们常常不知道这是不是该他们管的"闲事"。

注意

如果另一个孩子拒绝与你家宝宝分享，那的确不是你该管的事。如果另一个孩子打了、咬了、推了或以任何其他方式欺负你家宝宝了，那肯定是你该管的事。

归根结底，不论是一对一的宝宝玩耍约会，还是宝宝小组的集体活动，或者其他各种户外活动，对你和你家宝宝来说既可能是有趣又令人兴奋的活动，也有可能是一场灾难。想要完全避免出现问题乃至宝宝情绪崩溃，是不可能做到的。在下一章中，我将向大家讲解应该如何应对这样的糟糕局面。

第 7 章

有意识的管教：教宝宝学会自我控制

也许在所有的教育中最有价值的成果，
就是在你必须去做你应该做的事情时，
你能够管得住自己，去做那该做的事，
无论那件事情你是否喜欢。

——托马斯·赫胥黎[1]

大多数孩子能听到你说的话；
少部分孩子能照你说的去做；
但每个孩子都会照你做的去做。

——凯瑟琳·凯西·泰森[2]

---

[1]Thomas Huxley（1825—1895），英国博物学家。他也是一位多产的科学作家，在科普方面颇有建树。——译者注

[2]Kathleen Casey Theisen，当代美国女作家。——译者注

两个妈妈，两种不同的教育结果

在家长们向我提出的各种问题中，"管教"这个词似乎总是反复出现。如果你思考一下，也许会觉得"管教"这个词有点军事化的味道。词典上的解释是这样的："就正确的行为或行动进行指导和训练。""为了达到纠正错误的目的，需以惩罚为手段。"鉴于词典上的这些描述，我真希望我能找到另一个更合适的词。所以，在此我要先申明一点：我并不认为管教等同于惩罚，也不认为管教就是以严厉手段把我们的意愿强加于孩子身上。我心目中的"管教"是一种情绪教育，也就是说，教导你家宝宝如何处理好他的情绪，提醒他该怎么做出得体的行为。由于这个教导过程也牵扯到你自己，你要关注你自己的行为，关注与孩子交谈时你自己的态度和方式，而且要处处亲自给孩子做出示范，做他的榜样，让他因此模仿你、学习你，所以，我更愿意把这样的管教称为"有意识的管教"。

有意识的管教的最终目标，是帮助你家宝宝学会自我控制。让我们再次拿话剧排练做类比。学步期宝宝需要大量的排练。你，作为现场指导，需要在一旁拿着提示卡，反复提点，直到你的小演员能记住剧本台词，熟记自己在舞台上的移动方向和位置，最终能靠他自己完成一切动作。

且让我举一个发生在超市中的、所有父母都熟悉的情况作为例子，通过两位妈妈的不同做法，来说明我想要表达的意思。她俩都有一个 2 岁的男孩,这两个孩子都在妈妈站到收银台前面排队时吵着要妈妈买糖。(我们都知道,亲爱的,超市老板总是会与小家伙们沆瀣一气。他们故意在孩子坐在购物车里最容易看到并抓到的地方摆满了糖果,方便小家伙们"顺手牵羊"!)

先说说弗朗辛和克里斯托弗这对母子的故事。弗朗辛正推着购物车走进收银台前的通道,克里斯托弗的手此时指向了色彩鲜艳的糖果陈列架。他妈妈正忙着把购物车里的东西放到传送带上,完全没有注意到儿子的动作,直到他大声喊了起来"我要!"。

弗朗辛温和地回答:"不买糖,克里斯。"她继续忙着清空购物车。

克里斯托弗的音量提高了,声音开始有了不满:"糖糖!"

"我说过,不买糖,克里斯托弗,"弗朗辛重复道,加重了语气,"糖会毁了你的牙齿。"

克里斯托弗哪里能明白"会毁了你的牙齿"是什么意思,他皱起小脸,哭了起来,边哭边喊:"糖糖!糖糖!糖糖!……"

此时,后面排队的其他人开始瞪大了眼睛看过来,有人还挑了挑眉毛。至少弗朗辛是这样觉得的。她非常尴尬,心中开始慌乱起来。她尽量不去看克里斯托弗。

克里斯托弗顿觉自己被妈妈忽视了,再次加大了他的力度,声音已经变成了高声尖叫:"糖糖!糖糖!糖糖!糖糖!"

"如果你现在还不停下来的话,"弗朗辛用犀利的目光警告道,"我们这就回家去。"克里斯托弗的哭声更加响亮了。妈妈道:"我是当真的!克里斯!"他继续号哭,还加上了踢金属购物车的"助攻"招数。

面对儿子的坚决抗议，弗朗辛深感羞愧。"好吧，"她说，递给了他一块糖，"就这一次！"她涨红着脸，一边付钱给收银员，一边对所有竖着耳朵的人解释道："他今天没怎么睡午觉。他只是太累了。你们都知道的，小孩累了的时候总是要闹脾气的。"克里斯托弗脸上虽然还挂着泪水，但此刻却已经笑逐颜开。

下面再说说利娅和尼古拉斯的故事。当利娅推着她的购物车走进收银台前的结账通道时，尼古拉斯看着色彩鲜艳的糖果陈列架，说道："我要糖糖！"

利娅平静地回答："今天不行，尼古拉斯。"

尼古拉斯的声音开始有了不满。他提高了音量，大声要求："糖糖！我要糖糖！"

利娅停下了她手上的动作，看着尼古拉斯的眼睛，说道："今天不行，尼古拉斯。"她声音平和而坚定。

这可不是尼古拉斯想要的结果。他哭了起来，边哭还边使劲地踢购物车。利娅毫不犹豫地将刚放到传送带上的货物又迅速放回到她的购物车里，然后向收银员问道："你能替我看着购物车，等我回来再说吗？"收银员了然地点了点头，目光中带着同情。然后，利娅转向尼古拉斯，用平静的声音说："既然你这样闹，那我们就得走了。"她把他从购物车里抱出来，平静地离开了超市。尼古拉斯继续大哭大闹，利娅则由着他大发脾气——在她的汽车里。

等尼古拉斯终于停下了哭泣时，利娅对他说道："你可以和我一起回到超市去，但是，不买糖。"他点点头，带着急而浅的抽泣声，这是他刚刚大哭过一场的标志。她带着他返回超市，顺利完成了在收银台前的任务。当母子俩再次离开超市时，她对尼古拉斯说:"好孩子,尼古拉斯。谢谢你没有再要糖。你很有耐心。"
尼古拉斯开心地笑了。

　　正如你所见,管教孩子其实就是教导孩子,只是很多父母并不总能知道自己正教导孩子的是些什么。在上面两个相同背景的故事中,两个男孩从他们的妈妈那里学到的是完全不同的教训。克里斯托弗学到的是,为了得到他想要的东西,他需要采取一定的方式——哼哼唧唧、哭哭啼啼、大发脾气。他还发现,他的妈妈嘴上说的和她真会做的不见得是一回事。所以,他不必把她的话当真,因为她并不会说到做到。而且,他妈妈还会帮他挽回颜面,替他找借口。这条信息真是很了不得。等下一次他又和弗朗辛一起去超市时,我敢向你打保票,克里斯托弗一定会故技重施。他会这么对自己说:嗯……我们又在超市了……糖糖!上次我来这里时,我闹腾了几下就成功得到了一块糖糖,这次我还要这么做。等到了弗朗辛勉强坚守阵地时,克里斯托弗将继续从他的"武器库"里找出更多的"新弹药"来。啊?这一招行不通?那我得哭得更大声。还是行不通吗?看来我应该设法从这辆购物车里爬出来,趴到地上去打几个滚。克里斯托弗于是更加清楚地认识到,他有很多"好招数"可供使用,只要他多动动脑筋,他肯定能找到合适的招数,最终获得他想要的"奖励"。

　　尼古拉斯则不同。他学到的是,他妈妈嘴里说的和她要做的是一致的,而且她真的说到做到。她还设定了界限,当他的行为超出了界限时,他就一定会承受后果。此外,由于利娅没有怒气冲冲地把他拽出去,而是一直保持着冷静,因此,她以自己的行动为儿子树立了好的榜样,让他看到,人的情绪是可以控制住的。

最后，他还发现，当他做出了得体的表现时，他会赢得妈妈的称赞——对学步期的孩子来说，妈妈的认可是非常重要的，是几乎和糖糖一样美味的东西。我敢向你打保票，尼古拉斯以后不太可能再在超市里大发脾气了，因为他妈妈不会"奖励"他的哭闹。

有些学步儿只需要妈妈把他从"闹腾"中抱走一次，他就能明白妈妈设定的界限在哪里。不过，且让我们来假设，尼古拉斯也做了第二次尝试：妈妈站在收银台前，他盯着糖果架看。啊，糖糖啊……我来哼唧几声试试看？没有用吗？也许，大哭几声？踢几脚购物车行不行？……那也不管用？哎哟，她现在是要带我去哪里？……走出超市？……还是没有得到糖糖。上次也是这样的……我可不喜欢这样，这一点都不好玩。就在这时，尼古拉斯终于意识到，他的哼哼唧唧、哭哭啼啼，甚至直接升级到大发脾气地"情绪崩溃"，都不会得到任何的回报。他妈妈只会奖励他的良好行为。

作为父母，你必须决定你要给孩子提供什么样的学习机会。你必须担当起舞台指导的角色。你是成年人，你家宝宝需要你引导他、为他指明道路。让他知道事情会朝什么方向发展，知道你的界限在哪里。这么做并不会像当今许多父母以为的那样束缚他的成长，恰恰相反，明确的规则会让孩子感到心中安定。

在本章中，我将向你详细介绍"有意识的管教"中的一些基本原则。当然，最好是你能想办法尽量避免孩子出现行为问题。如果问题不可避免，那么你至少知道可以采用哪些恰当的措施。如果你做到了有意识的管教，哪怕刚才你家宝宝已经给你来了一番可怕的"崩溃洗礼"，你也可以在事情结束之后松一口气，因为你知道是你始终掌控着一切，而且克制住了自己的情绪，帮助你家宝宝上了一堂宝贵的情绪自制课。我们并不需要孩子们做到完美，不需要他们只长耳朵不长嘴巴[①]。我们正在塑造他们的未来人生，教导他们价值观，教导他们尊重他人。

"有意识的管教"的十二个基本要素

有意识的管教，是为你家宝宝设界限立规矩，是让他知道自己的行为后果是可以预料的，从而让他能心中有数，也有安全感；是让你家宝宝知道他能指望你什么，以及你能指望他什么；是让你家宝宝知道什么是对什么是错，并帮助他培养出自己的判断力；是教导你家宝宝言谈举止中他需要遵守的相应规则。学步期宝宝是不会故意"顽劣"的，那只是因为父母还没有教他学会正确的行为方式。而且，就在父母从"外在"为他定出恰当的规矩和界限来约束他行为的同时，他也会因此从"内在"培养出遵守这些规矩和界限的自我克制力。

最终，有意识的管教能帮助我们的孩子学会如何做出正确的选择，如何承担责任、独立思考，以及如何以周围的人可以接受的方式行事。不消说，这是一项十分艰巨的任务。尽管你家学步儿的大脑正朝着可以做出计划、预期结果、理解要求和标准以及控制自己的情绪冲动这样的大方向发展，但是，这条成长之路绝不会一帆风顺。下面是有意识的管教的十二个基本要素，也是用

---

①这是西方传统"育儿经"，即，小孩子只可以默默听话，不可以张嘴提意见、讲价钱乃至抗议。——译者注

来辅助你帮助孩子成长的重要因素。

1. 弄清楚你自己的界限在哪里，并以此替孩子订立规则。

2. 关注你自己的行为，弄明白你在教你家宝宝些什么。

3. 关注你自己的声音，确保你——而非你家宝宝——才是掌舵人。

4. 尽可能凡事预先做好计划，以避免出现问题、陷入困局。

5. 从你家宝宝的角度来看待问题。

6. 挑选你"打得起"的战斗。

7. 提供封闭式选择。

8. 不要害怕说"不"。

9. 将不良行为掐灭在萌芽状态。

10. 夸赞好的行为，纠正或忽略不好的行为。

11. 不要依赖体罚。

12. 记住，你的退让并不等于爱孩子。

1. 弄清楚你自己的界限在哪里，并以此替孩子订立规则。

你需要设立哪些规矩和界限？隔壁的内莉可能以为她儿子小休伯特在你家客厅里的沙发上蹦跳没关系，但是，你能指望小家伙自己停下来吗？只有你才可以制订出你家的规矩来。先想清楚你需要设立什么样的规矩和界限，然后，你就要始终如一地守住这些规矩和界限。要明白地告诉你家宝宝你对他有什么期望——看在老天的分上，别以为他会读心术！比如说，你不应该什么准备也没有地带孩子去一家有糖果卖的商店，然后突然告诉他"你不能买糖吃"（除非你喜欢应付小孩子大发脾气）。相反，你要预先设置好相关规矩：

"我们去商店的时候，你可以带上点零食。但是，我不会买商店里的糖给你吃。你想让我帮你带点胡萝卜条还是小金鱼饼干？"

设好你的规矩与界限，然后好好守住。相信我，孩子会找你要各种各样的、你想象不到的东西，而且，他还会不停地要求下去。如果你模棱两可，他会抓住你的这点漏洞，知道如果他再"加把劲"，就能得到他要的东西了。不幸的是，通常来说，孩子一再"加把劲"的时候，也就是你越来越怒气腾升的时候，最终你会忍不住让这怒气爆发出来，对着你家宝宝大喊："行了！看在老天爷的分上，你闭嘴！"也有可能这时你实在受不了众目睽睽之下的尴尬，一心想让事情赶紧收场，因此决定"走捷径"，选择了投降，答应了孩子的要求。那么，用不了多少年，你还有你家宝宝便都会为此而后悔的。你的模棱两可对孩子来说实在算不上是爱。我们都必须成为懂得尊重他人、遵从规则，接受社会道德标准和价值观的人。这种教学需要从小就从家里开始，这样孩子才能在逐渐走出家门的过程中不断茁壮成长。

2. 关注你自己的行为，弄明白你在教你家宝宝些什么。

在管教这一领域里，环境因素可以比天生特质发挥更大的作用。不消说，有些孩子天生比其他孩子更难控制自己的冲动，在遇到新的状况或者困难时更容易茫然无措，因此家长在管教方面需要花更大的力气。但是，管教的得当与否，却是可以改变这种"天生"差异的。我亲眼见过明明是天使型的宝宝，却因为父母不懂得如何给孩子设界限立规矩而变成了小恶魔，也见过原本是精力旺盛型或脾气急躁型的宝宝，在恰当的管教之下，表现得像是可爱的小天使。而这个"恰当的管教"，便是其善解童心的父母所设定的清楚明白且坚守如一的规矩与界限。

此外，我们在管教时所采用的方式——平静而不是恼怒地设定限制，平和而不是冲动地行动，冷静而不是失控地处理事情——都是我们示范孩子该如何控制自己情绪的教学良机。比如说，怒气冲冲地把孩子从商店里拽出来，和冷静地、不带偏激地把他带出商店是有很大区别的。前者教给孩子的是暴力，后者教给孩子的是自制。孩子就像是块海绵，汲取着我们的所作所为。有时候，正如前面讲述的弗朗辛和克里斯托弗的故事所表明的那样，孩子也会从我们身上学到不是我们想教他的东西。这样的"教育机会"不仅仅会出现在亲子冲突的时刻，也会随时随地地出现在平凡的生活之中。假如你对店员不够礼貌，假如你因为忽然断线而对着电话发上几句牢骚，假如你和你爱人起了争执大吼大叫，你家宝宝通通看在眼里，记在心里，于是你的这些行为便很有可能被他纳入自己的行为列表中。

3. 关注你自己的声音，确保你——而非你家宝宝——才是掌舵人。

在爸爸妈妈们向我提问时，常常会诉说一些他们遇到的、类似下面这样的情况：

"特蕾西，我儿子亚伦不许我坐到椅子上。"

"我女儿帕蒂非要我陪她一起躺在地板上不可，还不许我在她睡着之前爬起来。"

"我儿子布拉德不肯让我把他放进高脚椅里。"

"特蕾西，我儿子格里在他该睡觉时不许我离开他的卧房。"

在我的脑海中，不由得浮现出这么一个场景：还不到两英尺高的小人儿，拿着把塑料枪把妈妈或爸爸给绑架了。

我总会请这些家长好好听听自己刚刚说出来的话，这样他们才能知道自家宝宝也听到了什么。在上述的每个场景中，都是做父母的对自家"小皇帝"俯首帖耳。那是不行的。为人父母意味着担当责任。

比如说，宝宝不喜欢穿上衣服。让他在自己家里来回晃悠一个小时固然不是什么问题，可是，到了该出门的时候呢？你应该这么说："我们要去公园了，你得穿好衣服。"如果你早制订好了规矩，你家宝宝就会要么遵守规矩，要么承受去不成公园的后果。只有当父母自己不设立规矩与界限，反而一切任由孩子"做主"时，问题才会冒出来。

这并不是说我们就应该"搞一言堂"，或者"死守规矩"，也不是说我们不可以给孩子一定的决定权。（"你是想穿这件蓝色的还是那件红色的衬衫去公园？"）这只是意味着，假如你想尽各种办法、尝试了这本书（或任何一本书）中的所有技巧，却仍没能赢得你家宝宝的合作，那么，到了最后，"做主"的人归根结底必须是你。

4. 尽可能凡事预先做好计划，以避免出现问题、陷入困局。

年幼的孩子还没有形成足够的认知能力，因此遇到超出他理解能力的事情会接受不了。父母最好能事先想办法避免这种过于挑战孩子能力的场合。如果你认真动动脑筋，这通常是可以做到的。请时刻记住帮助诀 H.E.L.P. 中的 L：限制。要限制给你家宝宝接受的刺激，或是他要面对的困难程度。要尽可能避免一切"太"的情况——太大的声音、太疯狂的玩闹（孩子太多、活动太多）、太高的要求（要求孩子集中注意力或者端坐不动的时间太长，超过了这个年龄段的宝宝的承受范围）、太高的认知要求，以及视觉上太可怕的电影或电视画面，消耗体力太大的活动（长途步行），等等。请记住，困难的严重程度不可超过孩子天生的承受程度。即使是个天使型宝宝，你若是不顾他还没有午睡就带他去逛街，那肯定是既不负责任也很不善意的做法。

而且，孩子的天生特质也是一个重要的考量因素。不论你要带他去哪里、去做什么，都应该考虑到你家宝宝的天性。如果他天生性情活泼，那么你不要带他去有精致物品的商店，也不要带他去需要静坐一个小时的独奏音乐会。如果他天性害羞，那么你给他邀请的小玩伴不应是喜欢打闹和好斗的孩子。如果他对嘈杂的声音和大量的刺激很敏感，那么你带他去热闹的游乐园就是自找麻烦。如果他很容易疲倦，你就不该安排对他的体力要求偏高的郊游活动。

有一次，当我向伯莎（一位女律师）讲解我的这些建议时，她看着我，摇了摇头："特蕾西，说实话，虽然你的这些建议在原则上都很有道理，但在实际生活中是行不通的。"然后，她从她极其忙碌的一天中挑选了一个经常出现的典型场景，说给我听："我刚刚忙完了一整天的工作，下了班，从保姆那里接回了我的孩子们。我头痛欲裂，却突然想起家里已经没有牛奶了，我还必须去买些做晚饭的东西回来。

"所以，我带着孩子们去超市，买了东西，然后去收银处排在长长的队伍后面（因为每个刚下班的人都急着买点东西好回家做晚饭）。这时，孩子们开始哼哼唧唧起来。他们每个人都顺手抓了一个挂在收银台附近陈列架上的玩具。我说'不行'，但他们却哼唧得更加响亮了。

"我知道，此时我应该用经过精心装饰的声音回应：'孩子们，我们不买玩具。如果你们现在还不放回去的话，我们这就到外面去.'可是，现在真不是耐心教学的好时机。在他们冷静下来之前，我没有那个时间也没有那份耐心坐在车里跟他们讲道理。我必须尽快做好晚饭。而且，如果此刻再多耽误15分钟，一会儿就该陷入交通堵塞中，然后事情就更没法收拾了。他俩会饿得难受，也无聊得难受，然后就会相互吵架、打架，冲我尖声大叫，最后我也会开始大喊大叫。到了那时，我会恨不能扔下一切自己跑到火星上去。"

"那你说，我又能怎么办呢，特蕾西？"伯莎一脸的不信服，"我该如何避免陷入那样的困境中呢？"

"我又不是魔术师。"我回答她，"如果事情已经发展到了这一步，那你就已经来不及补救了。我这本书中的所有招数都派不上用场了。你只能事后从中吸取经验和教训。"

你呢？你从中学到了什么？计划啊，亲爱的。前一天晚上你要先检查一下橱柜，以确保你不必在最糟糕的时间与你家宝宝一起去买东西。如果在最后一分钟你发现自己忘记了检查，现在需要赶紧去买几样东西，那么请你在去日托中心接孩子之前，先去买好东西。如果你时间实在安排不过来，那么你至少可以在你的汽车上的杂物箱或后备箱中准备一些小金鱼饼干或其他健康的、不易腐烂的零食，在有需要的时候就能派上用场了，你也就不必这么手忙脚乱的。另外，汽车里还要放一两个专为这样的意外场合准备的玩具。如果你不想让你家宝宝在排队交钱时感到无聊、闹着要买糖买玩具以及在你不答应时大闹天宫，请你将这些吃的玩的一起带进商店。也许这样的计划不可能解决所有的问题，但它肯定可以减少一些突然出现的麻烦所带给你的烦恼，而且，我们能继续从中学到有益的经验和教训……只要我们肯用心去学。

5. 从你家宝宝的角度来看待问题。

在成人看来是"不好"的或"错误"的行为，从学步儿的角度来看可能是不同的。当16个月大的登策尔抓住了小朋友鲁迪手上的玩具时，这并不意味着他"蛮横"。当他在穿过房间的路上踩到他哥哥的拼图上时，这并不意味着他"坏心眼"。当他咬了他妈妈的胳膊时，并不意味着他想要伤害她。当六七本书和一篮子玩具从游戏室的架子上掉下来时，这并不意味着登策尔是想"搞破坏"。

那么，上面登策尔做的每一件事到底是怎么一回事呢？登策尔是一个还在蹒跚学步的孩子，他试图独立，试图靠他自己做成他想要做的事，可是，显然他还有好长的一段路要走。首先，他还没有用语言表达自己意图的能力，不会说"我也想要做鲁迪正在做的事"。在第二个例子中，他还没有足够的身体协调能力来稳稳地跨过他哥哥的拼图（当他径直走向房间另一边的玩具卡车时，他甚至可能没有注意到地上有东西）。在第三种情况下，他的牙齿难受起来了，但他既没有足够的心智也没有足够的克制力去拿一个更合适磨牙的东西来咬。至于第四个例子，他是想让妈妈给他读一本故事书，但他还不懂得事情的因果关系，不知道如果他从下面抽走那本他最喜欢的书，那么上面所有的东西也会随之掉落下来。

正如我在第6章中说过的那样，有时学步期宝宝做出来的看似是攻击性的行为，其实只是因为单纯的好奇心。比如说，学步儿喜欢戳他的小婴儿弟弟或妹妹的眼睛，这绝不是偶尔发生的事情。那眼睛是会动的，而且还是软软的，谁不想戳一下试试？也有些不当行为的出现只是因为你家宝宝在错误的时间出现在了错误的地方。又或者你家宝宝可能已经太过疲累，这种身体状态往往会使学步儿更加冲动，有时甚至更具攻击性。此外，如果你设定的界限和规矩总是变来变去，那你就不该指望你家宝宝猜得出你的那条线到底画在哪里。既然你昨天允许他在沙发上跳了，那么今天你又怎么能因为他在沙发上跳而责怪他淘气呢？

提示：要帮助你家宝宝遵守你制订的规则。比如说，有一个常见的家规，"不许在屋里扔球"。我们成年人都知道球是在外面玩的玩具，那么，为什么我们要把它们收在屋里的玩具盒里呢？既然如此，当孩子在屋子里扔球时，我们又何必感到惊讶呢？

6. 挑选你"打得起"的战斗。

监护一个学步期的宝宝，会是一件很辛苦的事情："不行，小本，你不可以动那个。""要轻一点。""小本，别站这么近，离熨衣板远一点。"有些时候，这么不断地指导真会让你忍不住上火。尽管如此，管教仍然是养育学步期宝宝的重要组成部分。只不过，重要的是你心里要有一把尺子，知道什么时候有必要强化你定下的界限，什么时候可以稍微放宽一点尺度。不消说，如果你陷入了一个谁也赢不了的僵局，那就必须做出应有的判断——我是继续死撑下去还是优雅地让步？要有创意。

假如说现在是清理玩具的时候，你家宝宝已经有点累了。当你说"该收拾玩具了"时，他大声地回了一个"不"字。如果这孩子平时挺乐于收拾玩具的，那么此时何必自找麻烦呢？帮助他好了。你不妨说："来，你把这个娃娃放回玩具箱里的小床上，我来帮你把积木收起来。"如果他仍然不肯动，你就再说一遍："我会帮你的。"一边继续把玩具一样一样地收起来，只留下最后一个，递到他手里，说："给，你可以把这个收进玩具箱里。"当他做到时，夸奖他（但不过分）一句："好样的。"

再假设你正试图让你家宝宝穿好衣服。如果你已经迟到了并且知道他通常是个拖拖拉拉的人，那就说明问题在于你的计划做得不够好。此时，你已经没有时间像往常一样每15分钟哄着他穿一件衣服了，那还有没有其他的选择呢？有。你不妨允许你家宝宝就这么穿着他的睡衣出现在日托中心或其他任何他该去的地方。他很快就会意识到他的睡衣不适合穿出来给大家看，结果很可能是你以后再也不必面对这样的场景。（当然，他还会想出一些其他的方法来跟你作对！）

关键是有时你必须有一个快速的解决方案。赶时间的时候必须做出些取舍。善用你的判断力和独创性，但不要找借口或进行冗长的解释。比如说，你正在商场里，你家宝宝一步也不肯走了，而你已经迟到了。这时，不要给孩子"讲道理"（"我们必须快点——妈妈已经约了医生，必须在15分钟内赶到"）。他不但听不进去，反而可能会故意磨蹭。孩子本能地知道父母的"短筋"在哪里，而且专往那里戳。此时，你不如直接行动：不必啰唆了，直接把他抱起来走就行了。

7. 提供封闭式选择。

当有一定的选择余地时，学步期宝宝通常会更愿意合作，因为这给了他一定的控制感。与其威胁你家宝宝或者与他对峙，不如让他也参与进来，成为解决问题的决策人之一。但是，你给出的选择一定要是"封闭式"的——他只可以在你给出的具体选项中做出选择，而且不要有"是"或"否"的选项："你想要麦片还是可可泡芙？""你想先收你的积木，还是先收你的手推车？"（更多示例，请参阅下面的提示栏）。这些必须是摆在眼前的真实选项。所谓的真实选项自然是你根据眼前的情形做出的最小范围内的备选方案，孩子别无他选。比如说，你要给他脱衣服洗澡了，如果你这时问的是"你现在准备好洗澡了吗？"就不行，因为此时你并不是真的在征求他的意见，只不过是在间接地告诉他将要发生的事情。可是，因为你用了这么一个提问句，答案就有可能是你不愿意听到的"不"字。所以，更合适的问法是提供封闭式选择："我们要洗澡啦，你想用红毛巾还是蓝毛巾啊？"

给孩子提供选择余地

命令与威胁	给孩子提供选择余地
如果你不吃饭，我们就不去游乐场。	等你吃好了饭，我们就可以去游乐场了。
到这里来，现在就过来。	你是想自己走过来，还是要我过去抱你过来？
你必须换尿布了。	你想让我现在就给你换尿布，还是等我们读完这本书之后再换？
放下萨莉的玩具。	如果你放不下萨莉的玩具，我可以过来帮你。
不行，保罗！你不能玩我的口红。	你是想自己把那支口红递给我，还是要我过来拿？谢谢你的合作。现在，你是想帮我拿着这把梳子还是这面镜子？
不许再摔门！	请你轻轻地关上门。
不许嘴里含着食物说话。	先嚼好了咽下去，然后你就可以跟我说话了。
不行！回家的路上我们不买冰激凌。那东西会伤了你的胃的。	噢，我知道你这是饿了。我们一到家你就可以吃到（列举孩子喜欢的某样点心）了。

8. 不要害怕说"不"。

无论你事先考虑得多么周到，有时你都不得不拒绝孩子的请求。请扪心自问：我是不是那种认为一定要让孩子一直活在快乐之中的父母？如果你是，那么你可能很难受得了你家宝宝因为你严厉的"不"字而涕泗横流。比如说，最近，我和一家母子三人一起度过了一天，她家的两个男孩一个 2 岁一个 4 岁。每当他俩想要什么时，他们都会哼哼唧唧，而她每次都会屈服于孩子的这般哼唧。她实在没法对孩子说"不"，因为她非常希望她的孩子们一直都快快乐乐的。可这非常不切实际，而且，更重要的是，我们必须让孩子明白人类可以有各种各样的情绪，包括悲伤、愤怒、懊恼等。如果她一直这么下去，终将让孩子和她自己都痛苦不堪，因为生活本就处处有挫折和失望，而避免让孩子难过并不能让他们为真实的生活做好准备。正如滚石乐队那首经典歌曲所提醒我们的那样，我们不能总是得到我们想要的 ①。如果我们从不教孩子如何接受别人的"不"字，到了必须面对真实世界时，孩子一定会吃大亏的。（当然，这并不一定意味着我们就应该一再对孩子说"不"；请参阅第 5 章的提示。）

提示：当你家宝宝不高兴时，不要试图哄他开心，因为这等于是在忽略他的感受；也不要试图劝他相信自己并非"真的"感到难过，因为这会"堵住"他的情绪通道，让他没法表达他真实的情绪。与此相反，你应该说诸如"我知道你很失望"或"看起

---

① 这借用了 20 世纪 60 年代著名的美国滚石乐队所创作和演奏的一首歌曲的名字，"You Can't Always Get What You Want（你不能总是得到你想要的）"。——译者注

来你真的很生气"这类的话，让他知道有情绪甚至不开心都是正常的事情。

9. 将不良行为掐灭在萌芽状态。

要在孩子发作之前，至少在他马上就要发作的时候，及时制止他的行为。有一次，我在观察一群 19 个月大的孩子玩耍。其中一个叫奥利弗的小男孩常常喜欢对小玩伴有过激行为，我发现他现在又要开始失控。他的妈妈多萝西也注意到了。多萝西并没有劝慰自己"这是他成长中的一个阶段，过了就好了"，而是更加密切地关注着她的儿子。终于，奥利弗拿起了他的玩具小卡车，多萝西意识到他就要把它扔出去了，立即用平静但暗含警告的语气说："奥利弗，我们不扔玩具。"奥利弗放下了卡车。

你当然不一定总能在宝宝发作之前及时制止他，但你肯定可以在事情已经发生时立即介入。我再举一个例子。丽贝卡打电话给我，向我倾诉她家饭桌上的闹剧。她 15 个月大的儿子雷蒙德在他的高脚椅里坐上大约 15 分钟之后往往就会开始扔他的食物。"这意味着他已经对吃东西不感兴趣了，亲爱的。"我解释道，"这时你该立即把他从餐桌旁带走。如果你让他继续坐在那里，那无异于自找麻烦。你越是试图多喂他几口，他越是要试图从椅子里爬起来、弓起背或是高声尖叫。"

"对！就是这样的！"丽贝卡惊呼道，就仿佛她刚刚从"心理之友"①上听到了一句打动她心扉的话似的。她却没有想到我其实已经见过数百个学步期宝宝做过这样的事情。我给她的建议很简

---

①"心理之友"是 20 世纪 90 年代曾盛行于美国的电话心理咨询服务。——译者注

单：在她把雷蒙德从餐桌旁带走半小时后，可以再次把他送回到高脚椅里，看看他是否还饿。她照我的建议坚持了整整两天。一会儿把他抱走，一会儿又把他抱回来，这固然增加了她不少的工作量，但是，雷蒙德现在已经知道好好吃他的食物而不是拿来乱扔了。

帮助你家宝宝弄明白他有不当行为时的情绪也很重要。你要根据此时此刻的情景加以判断。如果他错过了午睡，他此时可能是在闹觉。如果他没能达到目的，他此时可能正在生气或懊丧。如果有人打了他，他显然伤了心。你看明白之后，应直截了当地告诉孩子他此刻的情绪："我知道你现在正……（描述情绪的词语）。"不消说，你切不可因为你家宝宝有某种情绪而羞辱他，或责骂他"讨厌"。与此同时，让孩子知道他的情绪，并不等于他的不当行为就有了"正当理由"。无论他是打了人、咬了人，还是在撒泼耍赖，你都必须立即制止他的不当行为。因为你的目的就是教导你家宝宝识别他的情绪并且管理好他的情绪。

10. 夸赞好的行为，纠正或忽略不好的行为。

可悲的是，有些父母过于关注孩子做的"不该做"的事情，却一点也不关注孩子做的"该做"的事情。但事实上，关注孩子的良好行为比斥责他的不当行为更加重要。我举下面一对夫妇和他俩的小宝宝的故事为例。有一天，毛拉和吉尔带着他们可爱的孩子海迪来到了我的办公室。他俩向我诉说 18 个月大的小海迪"总喜欢哼哼唧唧的"。当妈妈和爸爸向我讲述他们的不幸遭遇并互相指责是对方"宠坏了"孩子时，小海迪却心满意足地站在我游乐室的小花园里，一会儿把一封封的塑料信函塞进"邮筒"里，一会儿又忙着打开和关上各种"门"。

在此期间，毛拉和吉尔几乎完全没有关注孩子在做什么，直到海迪感觉到他们的注意力不在她身上，没有看到她在小花园里取得的惊人成就，开始哼哼唧唧起来。这下子，他俩赶紧围了过去，对她表现出的所谓"痛苦"大呼小叫。"哎哟，我可怜的孩子啊，你怎么了？"吉尔的声音充满同情。毛拉说道："快过来，我的小心肝。"你可以明显地感觉到他们对她的满心怜悯。海迪爬到了吉尔的腿上，不过，短短的几分钟之后，又匆匆回去探索其他的玩具去了。在长达一个小时的咨询过程中，相同的模式至少重复了五次。当海迪表现很好的时候，也就是她不哼不闹独立玩耍的时候，她的父母一句话也不说；等海迪玩腻了，开始哼唧并转向爸爸妈妈寻求安抚的时候，她立刻得到了他们的关爱。

当我告诉毛拉和吉尔正是他俩教导海迪哼哼唧唧并依赖他俩以寻求安慰时，这对夫妇感到十分惊讶。而且，他俩的做法也破坏了对孩子专注力的培养。他们疑惑地看着我。我向他俩建议道："与其等到她哼哼唧唧起来你们才注意到她，不如在她能愉快地自娱自乐时及时夸奖她。你们只需简单地说一句：'海迪，你自己玩得很好啊，真棒！'要让她知道你们在关注她的良好行为，这会鼓励她继续专注于她正在做的事情；而不要在她感觉到你们不再关注她时——开始哼哼唧唧——才表达你们的关心。"我接着说道："每当她又开始哼哼唧唧时，你们要么不理她，要么纠正她。纠正的时候你需要这么说：'你要好好跟我说话才行，否则的话我不会理你的。'"当他们第一次纠正海迪时，我解释说，他们要先给海迪做出示范，让她知道什么样算是"好好说话"："海迪，别对我哼哼唧唧的。来，像妈妈这样说话：'妈妈，你来帮我。'"

提示：请注意，你关注什么就是在"奖励"什么——不要在孩子哼唧、哭闹、纠缠、喊叫、在教堂里乱跑时才去"关注"他，相反，要在孩子乐于合作、友善、安静、能独立玩耍以及能自己安慰自己时，表达你对他良好表现的赞许。换句话说，认可孩子的良好表现，并以此鼓励他继续朝这个方向努力下去。

11. 不要依赖体罚。

有一次，我在一家购物中心看到一位妈妈啪啪地打了好几下她孩子的腿，还狠狠地拽了他一下。我忍不住大声叱道："你个凶婆娘！"那女人吓了一跳，问道："你说什么？"

我毫不畏惧地重复了一遍刚才的话："我说的是，'你个凶婆娘'。你怎么下得去手打这么小的孩子！"

她回击了我一串脏话，然后扬长而去。

家长经常会问我："打我自己的孩子是可以的吧？"大多数父母从我的表情就知道了我的答案。然后，我反过来问了对方一个问题："当你看到你家宝宝在打另一个孩子时，你会怎么做？"

大多数人都会回答："我会上前制止。"

"好吧，如果你家宝宝打另一个孩子是不对的，"我继续问，"那你凭什么就可以打你家宝宝呢？孩子不是我们的财产。只有恶霸才会攻击无法反击或自卫的人。"

为什么不应该打孩子?

　　尽管最近所谓的育儿专家提出了相反的说法,但我坚决不赞成任何形式的"打孩子"。有人会给自己找理由,说什么"轻轻地打一下这里或那里并不会造成任何伤害",或者"我只是很轻地拍了一下而已",可是,这样的理由在我看来无异于一个有酒瘾的人在为自己辩解:"我只是喝点啤酒而已。"

　　打只能暂时起作用。打孩子并不能教导孩子克制他的不当行为。打告诉孩子的只是打了他他会痛。他可能会暂时表现得更好,因为他很自然地想要逃避皮肉之苦。但是,孩子并没有因此学到任何有益的东西,而且肯定没法因此培养出内在的控制力。

　　打孩子并不公平。一个成年人失去了对自己的控制而打了一个小小的孩子,他显然就是以大欺小。

　　打孩子是双重标准。既然你自己生气或沮丧时可以打孩子,你凭什么不许孩子在生气或沮丧时打别人呢?

　　打孩子说明打人有理。我奶奶喜欢说的一句话是"恶魔越打越恶毒",也就是说,你越打孩子,孩子越不会听话。研究证实,被打过的孩子更有可能用暴力解决问题,并且更有可能去打他的同伴,特别是那些比他小或更弱的孩子。

　　这里说的打孩子,包括你轻轻地打了孩子的手背或者后背。我的感觉是,但凡你打了孩子,或以任何形式表达了你的暴力,那就说明你已经失去了对自己的控制，也就说明需要纠正的是你，而不是你家宝宝。

有时，家长会与我争辩："可是，小时候我爸爸打过我，这并没有对我造成任何伤害。"

我会这么回答："不对，你说得不对。打你确实对你造成了伤害。它告诉你的是打人是可以的。但是，在我的书中，打人是不可以的。"

体罚只能暂时解决眼前的问题，并没有任何的积极意义。相反，它告诉孩子的是，当感到沮丧时，我们可以打人；当不知道该怎么办时，我们可以打人；当控制不了自己时，我们可以打人。

耐心告罄时……

即使是反对打孩子的父母也可能不由自主地打了孩子。有时是出于恐惧，比如孩子跑到马路上去或陷入其他危险时。有时是父母倍感沮丧的结果，比如说，你正在阅读杂志什么的时候，你家宝宝反复做一些诸如拉扯你的衣袖等让你心烦的事情，最终你失去控制，伸手打了孩子。即使只是轻拍一下他的小屁股，你也要为自己的行为承担责任。

主动道歉。你应该说："对不起。妈咪打你是不对的。"

照照镜子。想想你是不是没有照顾好自己？你的饮食是否正常、休息是否充足、家庭是否出现问题。如果的确是这样，那么你的"保险丝"可能比平时更容易"烧断"。

评估情况。这种特殊情况之所以发生，是不是因为有什么东西触及了你的"雷点"？一旦意识到是什么触动了自己的"雷点"，你就知道该怎么尽量加以避免，或者至少在你的血液开始沸腾之前先出去冷静一下。我们每个人都有这样的"雷点"。在找我咨询的父母当中，最常见的"雷点"包括以下几项：

- 吵闹

- 哼哼唧唧

- 睡眠问题

- 哭闹，尤其是哄不住的、过分的哭闹

- 故意试探（你要求孩子不要做某事，他却偏要做某事来试探你）

不要内疚。每个父母都会犯错，你不必过于自责。因为愧疚而对孩子有求必应会让他有太多的控制权。你的愧疚感也会使你以后很难给予孩子恰当的管教。

12. 记住，你的退让并不等于爱孩子。

许多父母，尤其是那些每天要出去上班的父母，会觉得自己下不了手去管教自己的孩子。他们的想法是这样的：我整天都在外面忙，我的孩子已经一整天没见到我了，我可真不想对他板起脸来。我不希望我的儿子会这么想我："唉，真气人，每次爸爸回家就会责怪我。"要我说，亲爱的，你需要提醒自己，有意识的管教是用来教导孩子的，不是用来惩罚孩子的。不要把你自己当作一个兵营里的训练官。恰恰相反，你是在帮助你家宝宝明白与人合作是快乐的，得体的行为也会使他自我感觉良好。

如果你不帮助你家宝宝弄明白界限在哪里，那是在害他而不是爱他。你也许会出于各种原因而选择退让，比如，你内心的愧疚（"多可怜的孩子啊，一整天都见不到我"）、你自己的恐惧（"如果我管教他，他会不会因此恨我呢"）、你觉得不值得（"等他长大了他就不会那样了"），以及你不想承担责任（"还是让保姆来管教吧"），等等。无论出于什么原因，你的不作为便等于你不肯教导你家宝宝每个孩子都需要学习的技能：如何控制好自己。每一次你的退让，每一次你以此"换取"了孩子的爱，或借此躲避了一次麻烦，我敢向你打保票，下一次你家宝宝会得寸进尺。更糟糕的是，在某些时候，你终究会对孩子的行为感到沮丧，尽管他的这些行为都是你无意中"鼓励"出来的。终有一天你会发现自己失去了控制。是的，是你自己失去了控制。可这不是你家宝宝的错。

与此同时，我也请你要允许自己犯错。有意识的管教并不容易做好，需要大量的练习。从我女儿们还很小的时候起，我就设立了清晰而坚固的界限，就像在我小时候我妈妈和我奶奶为我设立的界限一样。尽管如此，我仍然是不完美的，我不止一次地大发雷霆。而且我也会担心自己的爆发会不会给孩子带来无法消除的伤痕。这样的担心其实不必要。犯一些错误，出一些前后要求不一致的问题，并不会毁掉孩子的整个童年。现在我的两个女儿已经十几岁了，与现在相比，小时候对她们的管教简直容易太多了。姐妹俩当然总是给我出各种难题，面对这一切我必须充满创意，尽量保持轻松愉快，同时又要努力控制好自己。尽管我已经写出了一本书，可我还远非完美。

不论是我的亲身经历还是其他父母的经历，都明明白白地告诉我们，只要你设立出清晰的规则与界限，并能始终如一地坚守，那么，不仅你会对自己感觉更好，对这样的为人父母之道感觉更好，你家宝宝也会因此更有安全感，更愿意尊重你的界限和你的要求。他会因为你能说到做到而更加信任你，更加爱你。

一二三法则

正如我奶奶总是告诫我的那样，"要走好你的第一步"，也就是说，要注意你传递给孩子的信息。特别是最易受影响的幼儿，坏习惯是很容易养成的。我们在本章开头的故事中讲过的那个小男孩，克里斯托弗，已经学会了在超市怎么能买到糖。每次他妈妈做出让步，他都会不断地从他的"武器库"拿出新的"弹药"来——这些"弹药"让他越加"有能耐"，也让他妈妈越加"听话"。同样，如果孩子要求你今晚再多讲两个故事、多给一杯水、多给一个拥抱，并且他真的得到了，那么，明天晚上他的要求会变得更多（下一章我们将详细讨论这类的育儿难题）。

有意识的管教需要你保持头脑的清晰和眼光的长远，预防孩子养成坏习惯，而不是等坏习惯出现之后你再来纠正。当你看到孩子表现出某种不妥当的行为时，你应该这么想：如果我任这种行为发展下去，可能会是一个潜在的问题。眼下的一些看上去像是"可爱"的事情，比如说宝宝赤身裸体围着餐桌来回跑，逗你抓他去洗澡，等你家宝宝再长大一些，这样的"不听话"就不会那么可爱了。

当你家宝宝表现出不当行为时，比如说哼哼唧唧或是大发脾气，打了你或是另一个孩子，不肯好好入睡或是半夜吵醒你，吃饭时瞎胡闹或是在公共场合大发脾气，不肯进浴缸或是不肯离开浴缸，等等，你都可以应用下面这个简单的一二三法则：

一法则。当你家宝宝第一次超出了你设立的界限、违反了你定下的规矩时，比如说，爬上你不许爬的沙发，打了宝宝小组中的另一个孩子，断奶后在公共场合拉着你的衬衫赖着要吃奶，等等，你要立即予以注意，你要让孩子知道他已经越界了。（在本章结尾部分，你会找到针对许多常见行为问题的建议和"脚本"。）比如说，你正抱着孩子，他打了你。第一次发生这种情况时，你要抓住他打你的手，对他说："哎哟，好痛。你不能打妈咪。"有些孩子只需这么一次就不会再犯，但是，你不能指望你家宝宝一定会一次见效。

过度解释。举一个现实生活中的典型例子。当一个学步期宝宝正要爬上椅子时，父母上前，开始详细解释："如果你爬上去，可能会摔下来并伤到你自己。"小宝宝哪里能听懂，所以，正确的做法是不必说话，直接抱他下来，用你的实际行动约束孩子。

语义含糊。有些话，例如"不行，那很危险"，可以理解成多种含义。相反，说"不要爬上台阶"却是具体而明确的。还有，诸如"如果我打了你，你会愿意吗？"之类的话（通常是在孩子打了人时你会这么说），对学步期宝宝而言同样是没有意义的话。最好直白地说："哎哟，你打疼他了。你不可以打人。"

拿感情说事。每当听到家长对孩子说"你的行为不端总是让我很伤心"，我总是感到很别扭。告诉孩子他的行为会让你感到不开心，这相当于给了他太多的可以控制你的权力。这也意味着他需要对你的情绪负责。所以，最好这么说："每当你那样做的时候，你就不可以留在我们身边。"

乞求或道歉。管教孩子的时候你心里不可左右为难，不可一边做一边不忍心。要控制好你自己的情绪。如果你在管教孩子的时候用的是乞求的语气（"请不要打妈妈"），事了之后还忍不住向孩子道歉（"妈妈不得不让你去站墙角，这让妈妈很难过"），那么，给人的感觉似乎不是你在当家做主。

不克制你自己的怒气。管教孩子应该出自你的爱心，而不是出自你的愤怒。不要用威胁来恐吓你家宝宝。此外，最好不要一直让你的负面感受留在心里。你家宝宝很快就会忘掉刚才的不快，你也应该如此。

二法则。孩子第一次咬人或向桌子上扔食物，可能只是一个偶然的举动，但是，第二次发生时，你要更加关注，这可能表明某种模式开始了，这种行为有可能变成一种习惯动作。因此，如果你家宝宝第二次咬了你时，请将他放下来，并提醒他要遵守规则："我告诉过你，你不能咬妈妈。"如果他哭了，你不妨对他说："只要你不再咬我，我就可以再把你抱起来。"请记住，你对特定行为的关注程度决定了你家宝宝是否会继续这种行为。哄劝、妥协、屈服，以及极端的负面反应，比如大喊大叫，都可能强化这种不当行为。也就是说，你的过度反应通常会鼓励孩子再次做出这种不当行为，要么是因为他将此视为与你的互动游戏，要么是因为他的良好行为得不到你足够的关注，而这种新"把戏"却是让你关注他的有效方式。

三法则。"精神错乱"的定义，是一个人一遍又一遍地做同样的事情并期待不同的结果。如果孩子的不当行为一再出现，你必须先好好反省自己，是你做了什么使得孩子要一再做出这种行为？尽量不要让某种不当行为出现第三次。

假设你家宝宝打了另一个孩子。第一次出现这种情况时，请你直直地盯着你家宝宝的眼睛，对他说："不可以。你不可以打曼努埃尔。你会打疼他的。"第二次出现时，请将你家宝宝带出游戏室。不要带着你的怒气行动，你只需带他出去并向他解释："既然你打了人，你就不能和小朋友一起玩了。"如果你从一开始就态度明确而且坚定，你家宝宝可能会就此作罢。如果你没能阻止他第三次打小朋友，那么是时候把他直接带回家了。（让孩子做出三次不当行为，往往会引发第8章中提到的各种长期行为问题。）

还记得第 6 章的故事吗？一位妈妈因为再三纵容她的孩子打人、推人，其他孩子的家长最后要求她离开宝宝游戏小组。那位妈妈不但让女儿贝丝超越了一二三法则，还一再替她找借口："这是一个阶段性的问题，等她长大些就好了。"不对。亲爱的，学步期宝宝唯一长大些就能扔掉了的是他的鞋子！

与此同时，我也为贝丝感到难过。她因为团队中其他成年人对她妈妈的不满而遭了殃。妈妈纵容女儿的不当行为，等于在教她使用武力而不是与人合作。我们当然能理解无论是孩子还是其他家长都不希望她家这样的孩子在身边。我不相信贝丝或任何孩子天生就是"坏"孩子。没错，有些学步儿会不断试探你的底线，看他能走多远，能得到什么回应，别人会怎么做；也有些学步儿会比其他同龄孩子更容易失控。虽然会有试探也会有失控，但是，他们还是希望自己的父母能为他们设定限制。可悲的是，当妈妈或爸爸不认为孩子的行为有何不妥，或是不采取任何措施纠正孩子的不当行为时，最终背负了"坏"名声的却是孩子。

尊重宝宝的管教方式更有效

当你家宝宝有了任何不当行为时，你最好能迅速采取行动。与此同时，以尊重的态度进行干预也很重要。换句话说，此时你要沉着冷静而且富有爱心。永远不要让你家宝宝感到难堪和羞愧，永远不要用羞辱来"教训"孩子。你要时刻铭记，你是在教导孩子，不是在惩罚孩子。

平静地陈述规则:"不行,你不能……"

解释不当行为的影响:"那会打疼他(或者,萨拉会哭的,那样做不友善)。"

让孩子道歉并给另一个孩子一个拥抱:"说,对不起。"(但不要让你家宝宝以为一句"对不起"就能敷衍了事。)

解释不当行为的影响:"既然你……那我们就不能留在这里了。"或者:"我们必须离开这里,直到你能冷静下来再回来。"(这也是教导孩子"冷处理"的好机会。)

例如,在我主持的一个宝宝小组活动中,精力旺盛型的孩子马科斯变得越来越亢奋。这对学步期宝宝来说是很正常的,尤其是精力旺盛型的孩子。当几个小宝宝在一起的时候,尤其是4个或更多孩子的情况下,他们之间会有很多的互动。孩子们会相互模仿,会想要同样的玩具,有时难免会出现冲突。糟糕的是,此时父母常常要么试图强行控制情绪过激的宝宝,要么一味好言哄慰好让他平静下来。有些家长会因自己的行动没能立即奏效而感到有些尴尬或绝望,这时他们就会改为递给孩子这样或那样的东西,希望这样做能换取他的安静,不再闹腾;还有些家长则采取另一种做法,对着孩子大喊大叫,或使劲拉扯孩子以迫使他屈服。这两种做法都容易产生相反的效果。父母越是加大力度,孩子就越是焦躁和固执。

在他的小脑瓜中是这么想的：哎呀，这是引起妈妈（或爸爸）注意的好办法啊，你看，她现在都没跟其他妈妈聊天了。所以，妈妈这种所谓的干预，实际上是对宝宝不良行为的奖励。

幸运的是，在马科斯所在的这个宝宝小组中，妈妈们制订的规矩之一，就是在孩子出现攻击行为时要立即采取行动。马科斯此时眼睛瞪得大大的，显然已经玩得太累了，他突然走向了萨米，狠狠推了他一把。马科斯的妈妈塞雷娜一秒钟都没有耽误就行动了。她首先把注意力放在了倒在地板上、因摔疼而哭起来的孩子身上："萨米，你还好吗？"等到萨米的妈妈也过来安抚自家宝宝时，塞雷娜就回身看向儿子，按照以下步骤，以尊重的态度对孩子的行为进行了干预：

她平静地陈述规则："不可以，马科斯，你不可以推小朋友。"

她解释了他行为的影响："你弄疼了萨米。"

她让他道歉并拥抱另一个孩子："说，我很抱歉。现在给萨米一个拥抱。"马科斯和许多学步期宝宝一样，说了"对不起"，上前拥抱了萨米。不过，在马科斯看来，这些言语和行为都是有魔法的，他说了做了就抹平了他刚刚干过的坏事。塞雷娜觉察到了这一点，注意到她的儿子还没有冷静下来，便知道她该把"二法则"放在心上了。

她解释了他的行为后果："你向萨米道了歉，这很好。但是，现在我们必须站到外面去，直到你冷静下来。当你推了小朋友时，你就不可以和大家一起玩了。"

认清自己的育儿模式

育儿模式与家长对管教的态度以及采取的行动密切相关。

权威型家长往往会带着怒火对孩子进行管教。他们经常对孩子大吼大叫或狠狠拉扯孩子，更糟糕的甚至对孩子进行体罚。

纵容型家长往往会替自己的孩子道歉，为他的不当行为找借口。除非情况已经失控，不得不出面采取一定的行动，他们一般不怎么舍得管教自己的孩子。

辅助型家长会找到一个愉快的中间点。他们会给孩子足够长的时间，让孩子自己尝试评估状况并处理问题，也会在必要时立即出手，以尊重的态度进行干预。他们知道让孩子感受自己的情绪很重要，所以不会试图打岔将孩子的注意力引到一边去，也不会想方设法哄他开心。当孩子的行为越过了家长设定的界限时，他们会按照既定规则让孩子承担后果。

尽管在孩子情绪过于激动时送他回家可能是更好的选择，但通常来说，让你家宝宝离开刚才的环境 10—15 分钟就足够了。我更喜欢的"冷处理"的形式是你伴在一旁，而不是让他独自去冷处理（见第 319 页的提示栏）。若是在别人家里，你可以问问主人是否可以使用备用卧室；若是在公共场所，你可以带着孩子到走廊上甚至洗手间里去。你的目的是帮助你家宝宝重新控制好自己的情绪。如果你知道抱着他时他会更加生气甚至动手打你，那就把他放到地板上。要鼓励他表达自己此时的情绪，你也可以替他说出他的情绪："你看起来很生气。"当你家宝宝平静下来时，你应该对他说："现在你平静下来了，我们可以回去跟小朋友们一起玩了。"

由于"惹事"的孩子已经被带到外面去了，其他孩子大多都能很快安安心心地回到小组活动中。但是，假如你家孩子没法安下心来，请你立即告别并带孩子回家。不过，不要让你家宝宝因半途离开而感到愧疚。请记住，这对他来说也挺不容易的。他需要知道你是站在他这一边的，是帮助他学会自我克制的盟友。（顺便说一句，如果你家宝宝是被打的孩子，或者目睹了刚才的场景，那么，除非你家宝宝问，否则你不要解释为什么马科斯被他妈妈带走了。请记住，孩子会模仿其他孩子。你不会希望在孩子的心中种下任何念头，不会希望你的过多关注会强化不良行为对孩子的影响。还有，不要给另一个孩子贴上"讨厌"的标签。）

了解宝宝的"小心机"

许多孩子是天生的演员，他们可以随意打开魅力的开关。开关一打开，父母沉浸到他们的"可爱"当中，所有的规矩和界限忽然就都失效了，管教也被搁置到了一旁。我最近在朋友家中就看到了这样的一幕。当时我跟小亨利的妈妈正聊得开心，忽然，亨利抬手打了他们家的猫咪毛毛。他妈妈立刻站了进来："不可以，亨利，你不可以那样打毛毛。你打疼它了。"她拽住了他的手，补充道："你要轻轻地摸它。"亨利抬起头，看着他妈妈，脸上扬起最甜美的、天使般的笑容，说道："嘿。"那神情就仿佛刚才什么事都没发生过一样。我立即觉察到亨利不是第一次对他妈妈动用这招数。年仅19个月大的亨利，非常清楚他的"嘿"和此时脸上灿烂而可爱的微笑会让他妈妈的心立即融化。果然，他妈妈得意地笑了。"他多可爱啊，对不对，特蕾西？"她又加了一句，"你难道能不喜欢那张可爱的脸吗？"几分钟后，亨利将他的小卡车重重地砸在了毛毛的头上，然后满客厅地追着那只可怜的猫。我忍不住担心起来：如果妈妈再不管教小亨利，恐怕用不了多久毛毛就该替她管教了……用它的利爪。

另外还有一种是"替我难过吧"的表情。可以在扮家家时假哭的学步期宝宝，在其他场合下也会假装出某种表情来。格蕾琴才17个月大，每当需要妈妈的关注时，她就会"摆出一副噘嘴脸"，这是她妈妈对这种表情的描述。她妈妈认为，她的这种表情——眼睛低垂，下唇噘起——十分可爱，令人心软。唯一的问题是这副表情已经成了格蕾琴"武器库"中的一把"武器"。格蕾琴现在很善于摆出一副可怜巴巴的痛苦表情来操纵她妈妈，她妈妈现在已经被弄糊涂了，分不清她女儿是真的很伤心，还是又在耍花招操纵她。

我相信你家宝宝也有一些类似的小把戏。虽然他可能是你身边最可爱、最聪明的孩子，但是，如果他用"可爱""伤心"或其他一些招数来逃避你的管教，请你最好不要赞赏他的演技。请记住，每次你放过孩子的不当行为，都不是真的为了你家宝宝好，因为他需要学会自我控制。如果这时你哄慰他、屈从他，无异于不先清理伤口就直接贴上一张创可贴。你可能会暂时松一口气，但是，创可贴下的伤口只会日渐恶化。接下来你会知道，你家宝宝会用大发脾气来收拾你。

简单化解宝宝的乱发脾气

不幸的是，学步期宝宝有大发脾气这一法宝。诚然，如果你遵守了我前面给出的一二三法则，干预孩子的时候带着尊重的态度，孩子的脾气升级到大发雷霆的可能性就会大大降低。不过，既然你是学步期宝宝的父母（我猜你一定是，否则你怎么会读这本书？），你可能免不了会有那么几次面对宝宝的超级发作。这种行为经常出现在最令父母感到尴尬的场合，比如说在朋友家中，或者在公共场所，例如餐厅或超市里。此时，你家宝宝躺倒在地板上，尖叫着，双腿乱踢，双臂乱舞；也有可能是站在那里，跺着脚，用尽全力对你大喊大叫。无论孩子是以哪种形式发作，你都恨不能立即找个地洞钻进去。

宝宝大发脾气的本质，是寻求你的关注，当然也是他自身的失控。虽然你可能无法完全阻止宝宝大发脾气，但你可以阻止你家宝宝把大发脾气当作破坏你制订的规则与界限的招数。要做到这一点，我的建议很简单，只需两步就好：第一步是你做出分析（了解孩子发脾气的原因），第二步是你采取行动。

1. 做出分析。只要你找到让孩子大发脾气的原因，便可找到遏止这场发作的线索。导致脾气爆发的因素有很多，比如说，"帮帮我—放开我"的两难挣扎很容易让学步期宝宝筋疲力尽。此外，困惑、沮丧和过度刺激也都是常见的诱因。

很多时候学步儿发脾气也是因为他还不会表达，如果你仔细观察，便可能发现你家宝宝是想借此告诉你一些事情。我女儿索菲这么大时，从不喜欢参加小朋友的派对。当她第一次在这样的派对上大发脾气时，我曾希望那只是她偶然的行为。但是，第二次去参加小朋友的生日派对时，看到她气急败坏地尖叫着指向门口，我总算意识到，对她来说面对这么多人是一件让她受不了的事情。也就是说，参加生日派对超出了她的承受能力。当然我也知道，若因噎废食，从此再也不带她参加任何派对同样是不妥的。索菲是个很安静也很害羞的孩子，她当然需要在各种环境中练习与人交往。但我也应该尊重她通过大发脾气所告诉我的事情。所以，从那以后，我要么只在派对开场时带着她出现几分钟，要么就在大家唱《生日快乐》切蛋糕时才出现。我会事先征询小主人父母的同意，并向他们解释："我家索菲还不能从头到尾地参与这样的活动。"

还有一种情况是最为糟糕的，那就是孩子为了达到"我要什么就该得到什么"的目的而大发脾气，也就是说，他的目的就是要通过这种招数来控制你。不过，虽然这种行为的目的是冲破父母的防线（而且孩子经常获得成功，这又反过来激励了他一再使用这一招数），但是，闹脾气的孩子既不是坏也不是可怜。他只是在做父母无意中教他做的事情。

要区别孩子大发脾气究竟是为了操纵父母还是真有缘由（比如遭受挫折、过于疲劳、过度刺激等），我在上一本书中曾介绍过一个简单的 ABC 法。

A（Antecedent）：看看有没有什么"引子"或"前奏"。比如说，你当时在做什么？你家宝宝又在做什么？你是在跟你家宝宝互动，还是在忙别的事情或跟别人互动？此时周围还有谁？爸爸？奶奶？另一个孩子？他周围是不是还发生了什么事情？你家宝宝是在自卫吗？是不是他想要什么却遭到了拒绝？

B（Behavior）：看看你家宝宝此时的"行为"。他是在哭吗？他看起来或听起来很生气吗？他显得一脸沮丧吗？他是不是累了、害怕了或是饿了？他有没有咬人、推人或是打人？他现在的举动是不是以前从未有过的？还是已经有过几次了？如果他在跟另一个孩子对抗，这是首次出现还是习惯性模式？

C（Consequence）：看看因为 A 和 B 而产生的"结果"。在这里，重要的是你要为你过去的行为将你家宝宝塑造成现在这副模样承担责任。我不认为谁有本事把孩子给"宠"坏了。实际上是父母无意中的行为强化了孩子的某种坏习惯，而且父母不知道该怎么帮孩子改过来。我把这样的结果称为"意外教养"（请参阅第 8 章；此外，第 8 章中列出的每个问题都是这样的"意外教养"造成的），换句话说，做父母的并没有意识到自己的某种行为如何强化了孩子的某种行为，并一再做出这种行为而形成了孩子现在的行为模式。比如说，孩子一不开心了，父母就想方设法哄他开心，给孩子定的规矩连他们自己也不认真遵守，出现矛盾冲突或陷入尴尬境地时他们又常常退让，等等。他们的做法有可能暂时控制住了孩子的不当行为，但从长远来看，这样的做法却在无形之间强化了孩子的不良习惯。尤其是他们的退让，最能强化孩子的不当行为。

是的，当你家宝宝当众情绪崩溃时，这的确会很让你尴尬。如果他一次次地这么当众崩溃，你只会更加尴尬。因此，在你试图哄孩子开心或给他一些什么东西以平息他的怒火之前，请你认真思考一下：如果你不改变你的行为模式，以后你还将面临无数次的尴尬局面。

因此，改变上述 A 与 B 的结果的关键，是父母要改变自己的一些做法——允许孩子有负面情绪，同时不应去哄他开心或屈服于他的要求。让我们重温在本章一开头我们讲述过的、弗朗辛和克里斯托弗以及利娅和尼古拉斯这两对母子的故事。我们用刚才讲过的 ABC 法来分析一下就会发现，这两个故事的"引子"都是妈妈在收银台前把注意力从孩子身上移开了，再加上收银台前有引人垂涎的糖果架。

克里斯托弗的行为——从哼哼唧唧到猛踢购物车——的结果，是弗朗辛的退让和屈服。虽然妈妈屈服于克里斯托弗"买糖糖"的要求暂时平息了事态，缓解了在超市里的尴尬，但是，她在无意识间告诉克里斯托弗的却是他的闹腾非常有效。所以，以后克里斯托弗肯定会再次使用这套招数。

尼古拉斯的行为虽然与克里斯托弗没什么不同，但他却没有得到同样的结果，因为利娅的做法不同于弗朗辛——她没有屈服，因此也就没有强化孩子的不当行为。尼古拉斯下一次去超市时可能不会再拿出这套招数来了。当然了，即便他又拿出了这套招数，只要利娅仍然能坚持她自己的立场，他就会进一步明白发脾气是没有用的。我并不是说尼古拉斯从此再也不会这么发脾气，或是从此会成为其他孩子的行为典范。而是，因为他妈妈不肯"配合"他的这种特殊的、令人不快的互动，所以他的这种行为并不会被强化乃至固化。

当然，并非所有的发脾气都是"意外教养"的结果。你家宝宝可能是因为无法表达自己、疲倦了、感冒了等而陷入深深的沮丧，而所有这些又都会加重他的需要、加剧他的情绪起伏。发脾气还有可能是多种因素叠加起来的结果，比如说，本就已经累了的孩子，偏又得不到他想要的东西，或是被小玩伴推搡了。但是，当你用 ABC 法进行分析并意识到孩子一连串的发脾气行为——通常是类似情况的重演——是因为你的某些行为强化了他的消极行为之后，你就需要采取措施做出改变，不要再走老路了。

中场暂停，先冷处理一下！

什么是冷处理："冷处理"这个词被误解得很严重。让孩子回到他的房间里去冷处理，绝不是对他的惩罚。这是一种让孩子撤离当下的战场以避免战斗升级的方法。适当的冷处理有助于孩子重新控制住自己的情绪，也能防止父母在不经意间强化孩子的不当行为。对学步期宝宝来说，我建议家长陪着孩子一起冷处理，而不要把小宝宝单独留在婴儿床或游戏围栏里。

该怎么进行：如果你是在家里，请将你家宝宝带离"犯罪现场"。假设他在厨房里发脾气，那么请你带他到客厅去，和他坐在一起，直到他平静下来。如果你家宝宝在公共场合或在他人家中做出了不当行为，你也要将他带到另一个地方。然后，告诉他你接下来的打算和要求："在你安静下来之前，我们不可以回去。"他会比你想象的更明白你的意思。你的解释和要求，再加上你带他离开现场的具体行动，都在向他清晰地传达着你的信息。等到他平静下来之后，你就可以带他回到原处。如果他又开始有不当行为，你就再次带他离开。

你可以说什么：先说出孩子的情绪（"我能看出你很生气……"），再告诉他你的态度（"……但是你扔食物是不可以的"），最后以一个简单的结论收尾："当你这样做时，你就不可以跟其他小朋友（或某某人）在一起。"但是，请不要说"我们不想让你在我们身边"。

你不该做的事：永远不要为你带他出来冷处理而向他表示歉意，诸如"我也不想这样对你的"或"要冷处理你，我也感到挺难过的"。还有，永远不要使劲拉扯孩子、呵斥孩子，而是要冷静地带着他离开刚才的行为现场。最后，切勿将你家宝宝单独锁在房间里。

2. **采取行动**。无论是什么导致孩子发了脾气，当孩子情绪失控时，都只能由你来引导孩子恢复冷静，因为他还不具备推理或思考因果关系的认知能力。让孩子不再发脾气的最佳途径，首先是你自己能保持冷静，其次是允许孩子宣泄他的情绪，并确保他的宣泄不会有观众，也就是说，让他达不到他借发脾气吸引关注的目的。为此我总结出了三个 D：

D1，分散注意力（Distract）。这个年龄段的宝宝注意力都很短暂。当你家宝宝处于情绪崩溃的边缘时，他注意力的短暂是好事情。所以，你可以赶紧递给他另一个玩具，或者把他抱起来让他看看窗户外面。不过，当孩子已经发脾气时，你再用分散注意力这一招则很难会奏效，因为此时他陷入了情绪爆发的旋涡当中。还有，你不可将"分散注意力"与"哄孩子开心"混为一谈。后者指的是当孩子已经在发脾气了而且情绪在不断地升级时，你仍然继续用不同的物品和活动试图哄好他。

D2，拉开距离（Detach）。只要你家宝宝在大发脾气时不会伤及自己、伤及他人或弄坏财物，那么你最好跟他拉开距离，不要理会他的大哭大闹。如果他躺在地板上踢腿尖叫，请你走远一些，或至少背过身去。如果你正抱着你家宝宝，而他对你大喊大叫甚至打你（或以任何其他方式攻击你），请将他放下来，用平静而坚定的声音对他说："你不可以打妈妈。"

D3，帮忙降温（Disarm）。孩子正在大发脾气时，他是没有能力控制自己的情绪的。所以你必须帮助他冷静下来。你可以试着抱住他。有些孩子在父母双臂的环抱中能很快"降温"，可也有些孩子反而因为被束缚而变得更加焦躁。你也可以将孩子带离让他不高兴的环境，这可以帮助他降温。如果他的怒火迅速升级，你应该带他去"冷处理"（见第319页的提示栏）。这样的做法，不仅让孩子摆脱了困境，避免了进一步的冲突和危险，还能帮他挽回一些面子。但是切记，你帮孩子降温时不能带上你自己的愤怒情绪，更不可有肢体上的暴力行为。

上面的这三个D，你可以选用最合适的一个或两个，甚至三个全用上。具体该怎么做，需要根据当时的具体情况以及你家宝宝的特质临场发挥，权衡怎么做会对你家宝宝最为有效。不过，有一条是很肯定的：你只动嘴威胁却毫无行动肯定是不行的，说到做到才能真正起效果（请参阅第8章中关于孩子习惯性发脾气的建议）。

毫无疑问，孩子大发脾气，尤其是在公共场合，会让父母倍感羞耻和沮丧。无论你打算动用上面哪个"D"，都必须先检查你自己的情绪状态，这一点十分重要。如果你还不太善于觉察自己的情绪状态，请多多关注你自己的身体向你发出的"发怒信号"——告诉你即将失去控制的身体信号（请参阅下面的插入栏）。在本章中我已经反复强调过，现在我要再说一遍：在愤怒的情绪中是不可能做到有意识的管教的。也就是说，在管教孩子时，尤其是面对最易受影响又幼小无助的学步儿时，你不可有羞辱、吼叫、威胁、拉扯、打屁股、扇耳光等任何有暴力色彩的行为。如果你无法控制自己的愤怒，你就无法帮助你家宝宝控制他的冲动。

发怒的预兆：我怎么了？

正如你需要敏锐地觉察你家宝宝的情绪变化一样，你也需要关注自己的情绪变化，比如说当孩子使劲跺脚对你说"不"时，在公共场合大哭大闹时，你的情绪肯定也会有变化。我问过不少妈妈，在她们即将情绪失控时，是否接收到自己身体发出的任何信号。下面我列举了一些妈妈给出的答案，不过，如果你觉得自己的身体信号并不在此列，那么请弄清楚你自己的身体传递给你的发怒信号会是什么。

> "我浑身燥热。"
>
> "我浑身发痒。"
>
> "我感到情绪涌上心头。"
>
> "我的心跳加快。"
>
> "我好像不会呼吸了一样。"
>
> "我胸膛起伏，呼吸加快。"
>
> "我的手心开始出汗。"
>
> "我忍不住咬紧了牙关。"

当你感到血液开始沸腾时，请赶紧离开，给自己一段冷处理的时间。即使你家宝宝在哭泣，也请先将他放在婴儿床或游戏围栏中以确保他的安全，然后你自己离开孩子几分钟。我经常这样告诉父母："孩子哭一哭肯定死不了，但是，太多的孩子因为总是面对怒火燃烧的父母而一辈子带着伤痕。"你也不妨与朋友聊一聊，问问他们当孩子的行为过分时他们会怎么做。你还可以寻求专业人士的帮助，他们会为你提供帮助你控制愤怒的详细策略。

带着爱和温暖的心管教孩子，是你能给予孩子的珍贵礼物。你若能做到言必信、行必果，孩子就会知道你是一个值得信赖的人，这不但有助于你和尚在学步期的宝宝搞好关系，而且在他成长到了青春期之后，仍然对你们大有好处（这一天并不像你想象中那么遥远，亲爱的）。他会因为你为他设界限立规矩、约束他管教他而尊重你。他会更加爱你。简而言之，有意识的管教并不会破坏你和孩子之间的感情，反而会加强亲子之间的纽带。我知道，有些时候要守住你的底线的确非常不容易——小宝宝的一再试探甚至让最坚定的灵魂也难以经受考验。但是，正如你将在下一章中看到的那样，如果你放任自己的底线一再被孩子突破，孩子就可能养成很难改掉的、长期性的坏习惯。

有意识的管教·简易指南

遇到的问题	该怎么办	该说什么
过度刺激。	将他带离现场。	我看得出你很沮丧，所以我们到外面去走走吧。
因为他想要得到某样东西，所以在公共场所闹脾气。	不予理会。 如果孩子继续闹，将他带离现场。	哇，那看起来真是不错，但那不是你的。（或：我们不买。）你不可以在这里这样发脾气。
穿衣服时拒不配合。	暂时停下，等他几分钟。	当你准备好后，我们再接着穿。
他继续跑来跑去。	拦住他，抱起他。	等你穿好鞋袜，我们就可以走了。
大喊大叫。	压低你自己的声音。	我们可以小点声音吗？
哼哼唧唧。	看着他的眼睛，为他做出"好好说话"（而非哼哼唧唧）的榜样。	我听不清你说的是什么，请你好好说话。
在不该跑动的地方跑动。	将双手放在他的肩膀上，阻止他继续跑。	你不能在这里跑。如果你还要跑，我们就只好离开这里。
你抱着他时，他踢你或打你。	马上把他放下。	你不可以打我（或踢我）。那很痛的。
抢另一个孩子的玩具。	站起来走到孩子身边，鼓励他把玩具还给别人。	威廉正在玩这个玩具。我们应该把它还给他。

遇到的问题	该怎么办	该说什么
乱扔食物。	把孩子从高脚椅上抱下来。	我们不可以扔食物。
抓扯另一个孩子的头发。	将你的手放在他正在抓扯另一个孩子头发的那只手上；轻抚孩子的那只手。	要轻轻地摸，这样，不要拉。
打另一个孩子。	制止他；如果他闹脾气，带他到外面去，或去另一个房间，直到他平静下来。	你不可以打人。吉姆被你打疼了。
一再打其他孩子。	带他回家。	我们现在得走了。

第 8 章

被偷走的时间：应对睡眠困难、分离焦虑和其他棘手的问题

要我说，一个被宠坏了的孩子，

是一个想要弄清界限在哪里的、满心焦虑的孩子。

如果没有人能告诉他界限在哪里，

他就只能继续试下去。

——T. 贝里·布雷泽尔顿[1]

①T. Berry Brazelton（1918—2018），美国著名儿科医生和儿童成长学专家，尤其在婴幼儿成长方面贡献最为突出。他还是多本育儿书的作者。这句话来自他的著作《婴儿和母亲：成长中的差异》。——译者注

谁"偷"走了我们的时间：尼尔的故事

　　我常常会看到做父母的是如何被"时间小偷"偷掉了他们很多的时间，不论是白天的还是夜晚的时间。这个"时间小偷"，指的是他们孩子的各种让人倍感沮丧的、似乎没完没了的问题行为。他们来找我诉苦时，总是会以这样的句式开场："特蕾西，我真是有些害怕……"省略号里的内容往往会是"出门办事""小睡以及晚上就寝""洗澡""吃饭"等。也就是说，原本的日常小事对他们来说已经变成了可怕的噩梦。他们不知道的是，除了他们之外，还有许许多多的家长也都在受着同样的煎熬。

　　让我举个例子来说明吧。下面是 2 岁的尼尔、他的爸爸伊万和妈妈马洛里的真实故事。这个故事有些长，详细描述了这家人在孩子晚间就寝时段前后的一个个场景。请你耐心往下读，因为这是一个非常典型的"问题行为"的范例。你甚至可能从中看到你自己的育儿过程中的某些影子。讲述这个故事的马洛里解释说，在他们的家里，尼尔的睡前仪式从晚上 7 点半开始，第一个步骤就是他喜欢的洗澡。"问题是，"马洛里开始诉苦了，"要把他从浴缸里捞出来，总免不了一场战斗。每回我都要警告他两三次：'好了，尼尔，洗澡时间该结束了。'

　　"可是，每当他开始哼哼唧唧时，我总忍不住心软：'好吧。那就再过 5 分钟吧。'5 分钟过去了。我提醒他：'尼尔，现在我们出来吧。'他继续哼哼唧唧，满脸的不情愿，我忍不住再退了一步：'好吧，但这是最后一次了。赶紧最后玩几下挤水瓶和小鸭子，然后你就该从浴缸里出来准备睡觉了。'

"几分钟后，我终于下定了决心：'好了，就这样吧。'我有些严厉地说道：'现在，从浴缸里出来。'我伸手去拉他，他左躲右扭，要抓住他滑溜溜的小身子真不容易。'过来，尼尔。'我坚持道。终于，我的手像老虎钳一样抓牢了他。他又踢又喊地反抗：'不！不！不！'

"他从我怀里挣脱出去，就那么浑身湿淋淋地跑回他的房间。我沿着地毯上那一串湿脚印，气喘吁吁地追上他，给他擦干身子，然后手忙脚乱地想替他穿上睡衣。我开始好言相求：'你过来……请你穿上这件睡衣……别动，让我给你把睡衣穿好。'

"最后，我终于把睡衣套到了他的头上，他大喊道：'哎哟！哎哟！'

"我顿时觉得非常抱歉。'啊呀，我可怜的尼尔。'我喃喃道，'妈咪不是有意要弄疼你的。你还好吗？'

"就在此时，他咯咯地笑了起来。我赶紧回到了正事上：'好吧，该上床睡觉了。因为你花了这么长时间才从浴缸里出来，所以今晚我们只有讲一个故事的时间了。你要不要去选一本你喜欢的书？'尼尔走到书架前。我问道：'你想要那本吗？'他开始从书架上一本又一本地把书拉下来扔到地板上。我又问道：'这个？那个？哦，那个。'我尽量压制着火气，不让自己因为地板上的一团糟而发脾气，然后花了半个小时才让他把弄乱了的东西收拾整齐。不消说在这个过程中我做的要比他多。

"但至少现在我们正在走向一天的结束。手里拿着书，我对他说道：'好啦，赶紧爬上你的床吧。'他钻进了被窝，我搂了搂他，然后开始给他读书，但他仍然过于兴奋而且不肯合作，甚至在我读完之前就伸手翻页了。突然，他猛地直起身，从床上站起来，想把书从我手里夺过去。我说道：'躺下，尼尔，该睡觉了。'

"他终于躺下了，似乎变得软和了下来。我松了口气，暗自对自己说，也许今晚会容易一些。但是，片刻之后，他的眼睛突然睁开来，大声说道：'我要喝水。'唉，完了。我听见自己心中有一个声音在嘲笑我：你想得倒美。

"'好吧，我去给你倒水。'说罢起身，但就在我离开房间时，他尖叫了起来。我知道他那声喊叫的意思：别留下我！'好吧，你可以跟我一起去。'我说道。如果我不让他跟我一起去，接下来一定就会爆发第三次世界大战。我抱着他走下楼梯。他啜了几口水——他并不真的口渴（他从来都不是真的口渴），然后我们又回到了楼上。我刚把他重新按进被窝里，就又有什么东西引起了他的注意，他再次坐起来试图爬下床。

"此时我已经受够了。我伸出双手握住他的肩膀，提高了嗓门：'现在，躺回到床上去，年轻人。别让我再说一遍。现在夜已经深了，你必须去睡觉了。'我关上了灯，但此时他却哭了起来，紧紧抓住我不放。

"这我哪里受得了啊，不由得软了下来：'好吧，我会重新把灯打开。你还想再听一个故事吗？好吧，但这是最后一个了！躺下吧，你躺好了我就会开始读。'可是，我说的话他全都听不进去，他直直地站在那里，僵硬得像一块木头，泪水还在他的脸颊上闪着光。他一动不动。'躺下，尼尔。'我重复道，'好了，请你躺下。我不会再说一遍的。'

"他还是一动不动。然后我试图分散他的注意力。'来,'我把书推给他,'你帮我翻页。'他什么反应也没有。我只好威胁他道:'好了,尼尔,躺下,否则我就走了。我是当真的,我真会走的。如果你不躺下,妈妈就不会给你读这本书了。'最后,他躺下了。

"我读了一会儿,发现他几乎就要睡着了,我小心翼翼地挪动身子,生怕打扰了他。但他的眼睛突然睁开了。'别担心,'我向他保证,'我在这儿呢。'

"当他终于再次闭上眼睛时,我又等了几分钟,然后小心翼翼地将一条腿放到地板上。我屏住呼吸。他握着我的手紧了紧。所以我就又躺在那里,一动也不敢动,再等了几分钟。然后我试图从床上慢慢滑下来。就在我几乎成功的时候,尼尔突然睁开了眼睛。我僵在那里,半悬在床上。我对自己说,千万不能失误,一个不小心我就会滚到地上,然后我就该彻底完蛋了。幸而他又安静下来了。我继续等。等得我的脚已经发麻了,胳膊也开始抽筋了。

"最后,我悄悄滚到地板上,四肢着地,轻轻爬向门口。终于完事了!我慢慢地打开了门……门吱嘎地响了一声,我简直要魂飞魄散,糟糕了!果然,我听到房间另一头传来一个小小的声音:'不,妈咪,不走,不去睡觉!'

"我一个哆嗦:'我就在这里,亲爱的。我哪儿也没去。'但我的安慰显然没有起作用。尼尔开始哭泣。所以我又回到他的床上,试图安慰他。他要我再给他读一遍故事。我真想割腕自杀,或者掐死他……可我又读了一遍这个故事……"

马洛里的声音渐渐小了。她有些尴尬地承认,刚才的整个过程又从头来了一遍。尼尔直到十一点才睡着，这时马洛里又一次四肢着地，悄悄从他的卧室里溜了出来。"我每天晚上躺在床上时都已筋疲力尽。"她说，"然后我转向伊万，他刚才一直在看电视，或是读书，显然没有意识到刚才的三个半小时我一直被我们的儿子扣押在手中。当我告诉他说'又是一个地狱般可怕的夜晚'时，他看起来很是迷茫，对我说道：'我以为你在书房里支付账单什么的。'我的声音里忍不住带上了一丝不满，对他说道：'好吧，明天晚上该轮到你了。'"

马洛里已无计可施。"每天晚上睡觉前都是一场折磨，特蕾西。我觉得我成了尼尔的人质。这只是成长中的一个阶段吧？他长大些就不会这样了吧？还是说，是因为我去外面上班他看不到我？他有睡眠障碍吗？他是不是有多动症？"

"都不是，你说得都不对。"我回答道，"唯一有一点你说对了：你的确成了他的人质。""问题行为"的确会让人筋疲力尽，不但会消磨掉我们自己的时间，还会夺走属于夫妻的时间。这样的行为不仅造成了亲子关系的紧张，也会导致成年人之间的矛盾，他们会相互指责，相互埋怨，经常为究竟什么才是处理这种情况的最佳方法而争论不休。然而，他们当中却始终没有人关注问题最初是怎么出现的、以后又该怎么加以缓解。

所有"问题行为"的根源都在这里

每一位家长遇到的"问题行为"是怎么磨掉时间的也许有所不同，但其根本原因基本上可以追溯到以下一条、数条甚至每条缘由之上：

- 父母不严格遵守作息规律。

- 父母允许孩子做主。

- 父母不能说到做到，前后不一致。

- 父母不设界限。

- 父母没有底线——他们尊重孩子但不要求孩子尊重他们。

- 父母不肯接纳孩子的天生特质，一心希望自己能改变孩子。

- 父母没有帮助孩子培养自我安慰的能力。

- 出现危机，例如疾病或事故，所以父母放松了他们定下的规矩和要求，但事后却不记得应该重新回归正轨，哪怕孩子好转之后也是如此。

- 父母互相争吵，没有给予孩子足够的关注。而且，没人注意到已经出现了问题。

- 父母沉浸在他们自己过去的心灵伤痕中，这让他们很难看明白自己的孩子。

我们的学步儿并不想当小贼，偷走我们宝贵的时间。我们做父母的从没想过要当孩子的从犯，但我们常常就是从犯（见上面插入栏）。好消息是，我们有可能改变这种长期性的行为问题。在本章中，我将跟你逐一讨论我遇到的一些常见的"问题行为"——睡眠障碍、分离焦虑、安抚奶嘴成瘾（可能导致睡眠障碍）、没完没了地闹脾气以及吃饭时的不良行为。不论是针对哪一种情况，家长都可以依照我推荐的这套有理可循的行动方案（接下来会有更详细的讲解）：

- 想清楚是你自己的什么行为鼓励了或强化了孩子的问题。
- 想清楚你是否已经真的做好了改变自己的准备。
- 使用上面说过的 ABC 法来分析孩子的问题。
- 制订好你的行动计划，然后认真落实并坚持下去。
- 要小步缓行；你的每一个改变都可能需要两三个星期的时间才能见效。
- 要尊重你家宝宝；孩子也需要有一定的掌控权。
- 设限制、立规矩，然后认真落实并坚持下去。
- 要看到你赢得的每一步胜利。

从自我改变做起

每当家长们就"问题行为"的苦恼找我咨询时，我的目标从来都不是让他们为自己的行为感到愧疚，或对自己的育儿能力感到绝望。可与此同时，为了让他们学会帮助自己的孩子，他们必须对造成孩子现状的自己的不当行为承担起责任来。这就又回到了"意外教养"的概念上，也就是母亲或父亲在无意中的行为强化了孩子的不当行为。学步期宝宝很容易就能养成一种新的习惯，因此我们无法完全避免"意外教养"。每一个做父母的肯定都曾或多或少地屈服于孩子的不合理要求，在孩子哼哼唧唧时给予了过多的关注，又在宝宝露出胜利的笑容时无视了他的不当行为。然而，当孩子的这类负面行为模式持续了数月甚至数年之后，要改掉这些坏毛病肯定会越来越困难，而这些坏毛病也就演变成了"问题行为"。

要解决这些让父母倍感头疼的长期存在的问题，我通常会建议家长采取以下行动步骤：

想清楚是你自己的什么行为鼓励了或强化了孩子的问题。不要觉得是你家宝宝被宠"坏"了；相反，请你自己照照镜子。（也请你诚实地回答第 337 页"行为自查表"插入栏中的问题。）正是因为马洛里自己无法为孩子设界限、立规矩，凡事都任由她儿子做主，所以她的退让实际上强化了尼尔在浴缸里磨蹭的习惯，以及他在就寝时跟她作对的固执。如果她自己不做出改变，那么她儿子就不可能有任何改变。

想清楚你是否已经真的做好了改变自己的准备。每当有家长找我咨询，虽然衷心感谢我提出的每一个建议，但又表示"可是，我们已经试过了，没用的"的时候，我便知道对方其实还没有真正准备好改变自己的行为。尽管孩子的坏毛病真的很让他们头疼，可他们往往意识不到其实是他们自己并不真正愿意做出改变，因为潜意识里有些意念还在起作用。比如说，孩子很黏人，或是断奶后很长时间还想要吃奶，这其实会令妈妈感到满足，觉得自己仍被孩子需要。又或者，妈妈很喜欢和她现在已经 2 岁半的"宝宝"相拥在一起的亲密感，尽管她意识到小家伙每天晚上钻进她的被窝其实对她和丈夫的感情没什么好处。再比如，曾经是职业女性的妈妈会把所有精力都投入对孩子的养育中，每处理"一个问题"就会激发她挑战困难的热情，让她从中得到一种成就感。还有些爸爸会暗自欣赏孩子的攻击性，觉得自家宝宝很"厉害"。另一种情况是父母不舍得管教孩子，因为他们自己曾经在非常严格的家庭中长大，所以下定决心不要"重蹈覆辙"。每当我感觉到是家长自己不情愿做出改变时，我总是会直截了当地对他们说："你家宝宝没有问题——需要帮助的是你。"

使用上面说过的 ABC 法来分析孩子的问题。使用 ABC 法，找出问题的引子（发生了什么事情）、孩子此时的行为（你家宝宝做了什么）以及最后的结果（A 和 B 造成的后果所形成的惯性模式）。当睡眠、饮食或不当行为都变成了长期存在的问题时，这往往涉及多方面的原因。尽管如此，如果你能用心仔细观察，还是可以弄清楚问题是怎么形成的，以及该如何改变它。

在尼尔的案例中，问题的引子，是在晚间就寝程序中从洗澡到最后入睡的整个过程里，马洛里一再放宽她的规定。再读一遍故事……再过 5 分钟……只是喝一杯水，等等。尼尔此刻的行为，是不断地试探妈妈的底线，也一再不尊重妈妈设下的界限。此外，他还害怕妈妈离开他。而这引子和行为所形成的结果，是妈妈一再为儿子感到"抱歉"，不断地退让，无意中加重了儿子的入睡困难，还教会了他如何操纵妈妈。我向马洛里解释道："尼尔已经知道你肯定不会说到做到。更重要的是，你想要偷偷溜走的行为破坏了他对你的信任，所以他不敢进入放松状态，觉得那样不安全。他知道如果他睡着了，你就会离开。所以，想要改善孩子的入睡问题，你就必须先改变你自己的行为。"

制订好你的行动计划，然后认真落实并坚持下去。若要改善"问题行为"，保持一致性至关重要。假如在过去的 8—12 个月中，妈妈习惯性地在夜间多次哺乳孩子，那么孩子自然会期望在凌晨 3 点时能吃到奶。现在，为了改变这种模式，妈妈需要始终如一地拒绝在凌晨 3 点爬起来喂奶。同样，为了解决尼尔的磨蹭问题，假如马洛里今天尝试一种方法，明天又尝试另一种方法，那肯定是行不通的，她只会毫无进展。我并不是说她应该分秒不差地严格按照作息表做事，但是，如果洗澡时间是从 7 点半到 8 点，那么她就不可以让孩子磨蹭到 9 点。马洛里必须好好调整一下她安排的作息表，然后认真落实并坚持下去。

行为自查表

请思考下列问题。如果你的答案中出现了"是"，那么你家宝宝"问题行为"的根源中很可能有你的"功劳"，只是你自己没有意识到。

- 你对给孩子设限制立规矩感到愧疚吗？
- 你是否自己不太遵守规则？
- 假如你是个上班族，那么回到家中的你是否会对孩子放宽要求？
- 当你对你家宝宝说"不"时，你心里是否替孩子感到难过？
- 你家宝宝是否只是在你身边时才会发脾气？
- 你是否一看到孩子不高兴了就忍不住想哄好他？
- 你是否担心孩子会因为你管教他而不爱你了？
- 当你家宝宝看起来不开心时，你会不会也没法开心？
- 看孩子流眼泪会不会让你也很难过？
- 你是否经常觉得其他家长对孩子"太严厉"了？

要小步缓行；你的每一个改变都可能需要两三个星期的时间才能见效。这里没有捷径可走。如果还是个小婴儿，要改变他的习惯相对容易；但是，到了学步期时，长期存在的模式已经根深蒂固，你无法一下子就把老习惯扭转过来。我举个例子。罗伯托和玛丽亚这对夫妻，带着他们19个月大的儿子路易斯来找我咨询，诉说他午睡时的困难。"为了能让他入睡，我们不得不开着车子带他兜圈，每次都要在我们小区里绕上好几圈，"罗伯托说，"等他睡着了以后，我们才敢把车开进车库，还得让他继续睡在汽车座椅上。"他们在车里安装了对讲机，这样回到屋里他们也能听到路易斯醒来的声音。这种情况从路易斯大约8个月大时就开始了。这对夫妻不可能一下子就彻底改变路易斯的老习惯，他们必须逐渐消除儿子对汽车摇动感觉的依赖。

第一个星期，他们逐渐减少了兜圈子的时间。第二个星期，他们发动了汽车，但没有真的开出去。第三个星期，他们把路易斯放在汽车座椅上，但没有发动汽车。此时孩子还不能在自己的小床里入睡，所以接下来他俩必须进一步解决这个问题。他们把他挪进了他的小卧房，先用摇椅当作过渡工具。刚开始时，他们要摇上40分钟路易斯才能睡着，毕竟，这感觉跟汽车的摇晃是不一样的。然后，罗伯托和玛丽亚逐渐减少了推动摇椅的时间，每隔四五天就设定一个新目标，推动路易斯不断改变。到了后来，他们已经不再需要摇椅，路易斯可以直接在婴儿床上入睡了。整个过程花费了三个月的时间，也花费了这对父母非常多的耐心。

每一种"问题行为"都需要类似的一系列改进步骤，每个步骤都旨在解决一个特定的小问题。蒂姆和斯泰茜过去一直让卡拉跟他们一起睡在大床上，为了让卡拉睡到自己的小床上去，他们在卡拉卧房里的儿童床边摆上一张充气床，他俩轮流陪伴在卡拉的儿童床旁边。他们不能一下子就把女儿扔去单独睡，必须尊重她对独自入睡的恐惧，让她知道他们其实就在她身边。第二个星期，他们开始将充气床挪远一些，拉开与儿童床的距离。后来，随着这般逐渐拉远距离，他们最终让女儿生出了足够的安全感，她可以独自在她的儿童床里入睡了。

要尊重你家宝宝；孩子也需要有一定的掌控权。给孩子提供一定的选择余地。比如尼尔洗澡时，马洛里不要说"洗澡时间该结束了，出来吧"，因为他很可能回答"不"，她应该给他一个选择："你想让我来拔掉塞子，还是你自己拔？"这样的选择能给孩子一种掌控感，因此他会更愿意与你合作。

设限制、立规矩，然后认真落实并坚持下去。假如尼尔拒绝拔掉塞子，而且说"我不要出去"，那么此时马洛里必须坚守自己的底线，否则她又会跌回到以前的旧模式当中。这时候，马洛里可以面色平静地说："好吧，尼尔，那我来拔塞子吧。"等水淌走了，她立即用毛巾裹住他（此时他还在浴缸里），把他抱出来，径直走进卧室并关上房门，不给尼尔夺门而出的机会。

要看到你赢得的每一步胜利。"问题行为"不会在一夜之间扭转，但也不要觉得无望改变。要始终牢记你的目标，即使你离实现目标只有一步之遥也不要松懈。有些家长一心走捷径，结果欲速则不达，问题永远无法解决。有时我帮这样的家长拟定计划时，会听见他们忍不住吃惊地大叫："两个月！要花那么长的时间？那怎么行！"

"放宽心，"我答道，"想想你因为这个问题已经浪费掉了多少时间吧。跟那些时间比起来，两个月真不算什么！重要的是要看到你赢得的每一步胜利。否则的话，你会觉得这辈子都要被困在这个问题里面了！"

我们仍以马洛里的故事为例，她正试图扭转数月以来睡觉时间被无限拖延的问题。尼尔会一再试探她的底线，而她每次都必须坚守自己的阵地。我们研究了她遇到困难时可以采用的各种"脚本"，包括睡前仪式中的每一个小细节。比如说穿睡衣，在尼尔表示不肯穿睡衣时，她可以给他一个选择的机会："你想先穿上衣还是先穿睡裤？"

当尼尔回答"不穿"时，她没有像以前那样追着他穿衣服，把事情变成一场游戏（在尼尔的心目中）或是一场战斗（在妈妈的心目中），而是做出了一个不同以往的举动，让自然后果来教他该怎么做。所以，她对他说道："行。那我们开始读故事书吧。如果你觉得冷了就告诉我，那时候我们再穿睡衣好了。你喜欢读哪本书？这一本还是那一本？"当他选定了一本书时，她说道："不错的选择。上床吧，然后我就可以开始读书了。"读了几分钟书之后，尼尔就会说道："要穿睡衣。"马洛里于是回应道："你冷了吧，亲爱的？"通过这种方式，她帮助他明白了洗完澡后不穿睡衣的感觉。"好，我们现在就把你的睡衣穿上，这样你就不会觉得冷了。"奇迹中的奇迹，尼尔很合作！不需要妈妈的吼叫或羞辱，他自己就弄明白了拒绝穿衣服的自然后果。

请注意，这里的转变并不是神迹。马洛里在整个睡前仪式中始终坚持着她的立场。她接下来告诉尼尔："等你进了被窝，我就读书给你听。等这个计时器响起时，我们就关灯。你要来按计时器的启动键吗？不想？好吧，那我来按好了。"尼尔这时改主意了："不要，我来按。"当他按了启动键之后，马洛里说："干得好。"

为了避免尼尔等一会儿要下楼去喝水，马洛里已经准备好了一杯水放在床边。"你现在想要喝口水吗？不想？好的。你想喝的时候，水杯在这里。现在躺好，我要开始读故事了。"

当尼尔开始发脾气，喊叫着"不去睡觉"时，马洛里态度坚定："尼尔，我会在读书时和你一起躺在这里，但你也必须躺下。"然后，她不再多说一句话——没有哄慰、说教或威胁。然后，尼尔开始了他一贯的表演，又哭又闹，就是不肯躺下。妈妈只是简单地重复了一遍："该睡觉了，尼尔。只要你躺进被窝里，我就开始给你读故事书。"小男孩继续抗议，但她没有理会他的各种把戏。当计时器响起时，他还没有躺进被窝，马洛里起身轻轻地将他打横抱起。他开始踢打和尖叫，她告诫他"不可以打妈妈"，然后把他放下。她没再说别的。

过了一会儿，因为马洛里的"路数"变了，并没有像往常一样回应尼尔的各种闹腾，他停了下来。既然他的闹腾得不到妈妈的关注，再闹下去还有什么意思呢？他躺进了被窝。马洛里平静地说："好孩子，尼尔。我会一直待在这里，直到你睡着为止。"当他要求喝水时，她什么也没说地把杯子递给了他。她也没有试图偷偷溜出去。尼尔好几次从枕头上抬起头来看她还在不在。她什么也没说，但他看到她还在那里。终于，尼尔沉沉睡去。现在是晚上 10 点，比平时早了整整一个小时，不错。

值得赞扬的是，马洛里和伊万在接下来的几个星期内始终坚持不懈地执行着这套方案。夫妻俩轮流着来，这给了马洛里非常需要的休息时间。他们很用心地坚守着新设立的规矩界限与作息规律。坚持了两三个星期之后，马洛里和伊万终于能够重新"当家做主"了。这一步成功之后，他们又开始了另一步重要的改变：

他们不再像以前那样每晚都陪着尼尔一起躺在他的床上，而是坐在他的床边陪伴他，直到他入睡。两个月之后，他们已经可以在尼尔睡着之前离开房间了，而且，在大多数情况下，尼尔都能在晚上9点之前睡着。

回顾之前，当时这对夫妻已经完全失去了控制，让"主动权"落入了尼尔的手中。而且，因为这两个家长没有团队合作意识，重担全都落在了马洛里一个人的肩上（这是一个很常见的问题；更多内容请参阅第9章，"家务争执"）。母子之间的拉锯战延续了一年多。不消说，假如马洛里能够在意识到晚间就寝时间拖拉严重之时当即采取行动，问题就会容易消除得多。

毋庸置疑，每一位做父母的都会有一时的失误。孩子偶尔一两个晚上比平时更兴奋不要紧，那并不一定会演变成严重的长期问题。但是，如果一种特定的模式已经形成，并造成了无休止的挫折、愤怒和争论时，那就必须做出改变，不可再继续"观望"。"问题行为"是不会自动消失的，相反，随着时间的推移，已经形成的固定模式会因为一再强化而更加根深蒂固。

切记：问题不会神奇地自动消失

如果"问题行为"已经影响到了夫妻之间的感情，你需要改变你对待宝宝的一些具体方式。

如果你们夫妻之间出了感情问题而导致孩子"问题行为"的出现，你需要改变你对待伴侣的一些具体方式（请参阅第9章）。

利安娜的故事：帮助宝宝学会自主入睡

最常见的"问题行为"之一是睡眠障碍，这种问题最糟糕的情况，是一个已经进入学步期的孩子夜间反复醒来，需要哺乳之后才能重新入睡。这时通常会发生以下两种情况：一种是妈妈夜间一再爬起来，每次孩子一哭，她都会把奶头或是安抚奶嘴塞进孩子嘴里，直到把他哄睡着。另一种是父母不立即起身照顾孩子（也就是"法伯训练法"①），让孩子多哭一会儿，而且这个时间会故意拖得越来越长。第一种方法剥夺了父母的睡眠，而且并不能教给学步期孩子任何东西。第二种方法可能给孩子造成心理创伤，破坏孩子对他生存环境的信任。无论是哪种方式，都会令做父母的筋疲力尽。

薇姬就是这样的一位家长。她的女儿，14个月大的利安娜，习惯于夜间每隔一个半小时就醒来一次，而且不啜上几口奶就不能重新入睡。几天前，薇姬因几个月以来的严重睡眠不足而神志恍惚，她开着车子撞上了另一辆车。幸运的是，没有人受伤，但这件事情昭示出她的生活已经变得过于不平衡。她已经不需要我问她是否准备好做出改变了。

---

① 由理查德·法伯医生在他的著作《法伯睡眠宝典》中提出的一种睡眠训练法，父母先让孩子哭一段时间再去检查，目的是教孩子学会自我安慰，最终不需要有父母在场或帮助的情况下就能自己入睡。——译者注

薇姬承认，在她出事之前，她一直认为她女儿再长大一点就不再需要夜间哺乳了。她所在的母乳喂养支持小组中的几位妈妈的观点助长了她的这种错觉。

贝弗利坚持认为："你家利安娜只是还没有准备好。等时候到了，她就会整晚睡得像个小婴儿一样香甜了。"薇姬心想，利安娜已经不是一个小婴儿了，但她把这个想法赶出了脑海。

尤妮斯说："我家乔尔花了两年的时间。"

多丽丝附和道："我女儿晚上要吃五次奶，而且我不觉得醒来照顾孩子是个问题。这只是你当妈妈所必须做出的牺牲之一。"

伊薇特说："我和我爱人一直让我家宝宝跟我们睡在一起。"她还补充说："翻个身把奶头塞进儿子嘴里真不算个事。"

薇姬将这些妈妈的话转述给我听之后，问道："我对利安娜的期望是不是太高了？"不等我回答，她又紧张兮兮地继续说下去："可她太可爱了。我不忍心看到她伤心。我知道每次我给她喂奶时她都不饿，但为什么她要这么频繁地醒来呢？我们试过'该睡觉时就睡觉'的套路，但结果却是全家人谁都没法睡觉，而且这让她的状况更加糟糕。当我跟她一起睡觉时，她几乎整晚都含着我的乳头。每当我想翻个身时，她立刻就会哭起来，并伸手抱住我的乳房。我已经束手无策了。"

我帮着薇姬制订了一套解决"问题行为"的计划。

先看看这个问题的形成过程中你做了哪些不恰当的事情。我解释说，小婴儿长到6—9个月大的时候，睡眠模式开始与成人相似，即每隔一个半小时到两个小时，他就会经历一个睡眠周期。如果你观看婴儿或成人入睡之后的录像，你会看到他们在不断地从轻度睡眠（也就是众所周知的快速眼动睡眠期）转换到深度睡眠再回到轻度睡眠，如此循环往复，整夜都是如此。他们会翻个身，拉拉床单，伸条腿出去，低声呢喃几下，甚至大声喊叫。婴儿和学步儿常常会在夜间醒来，有些甚至醒一两个小时都不睡，独自在那里咿咿呀呀、叽里咕噜。如果没有人打扰他，他会自己重新睡着。

然而，这种独立入睡的能力需要学习。从宝宝出生第一天开始，父母就必须教他学习如何自己入睡、如何独自在婴儿床里也能安心。如果孩子不曾有这样的学习机会，等他长到了学步期时，你经常会在孩子午睡、夜晚睡觉时看到他陷入无法自己入睡的困境。我告诉薇姬："我看得很清楚，你们从来没有教过利安娜该如何自己入睡。相反，她被你训练（当然你不是有意为之）得将入睡与嘴里含着的乳头联系到了一起。在一个睡眠周期结束之后，当她再次进入快速眼动阶段时，她没有能力靠自己重新进入深度睡眠期。"在这里，妈妈的乳房已经变成了我所说的"依仗"——这可以是任何物件或动作，除了妈妈的乳房，也可以是安抚奶嘴、摇篮甚至汽车的摇动——而一旦这个"依仗"不见了，婴儿立即就感到惶然不安。

"哦，是我毁了她。"薇姬哀叹道。

"我肯定不会让你毁了她的。"我向薇姬保证，"而且我们不应再有这种'哦，可怜的利安娜'的怜悯情绪。可怜她并不能帮助她，也不能解决你的苦恼。作为一个母亲你十分尽心尽力，而且你在坚持到底这一方面做得很好。现在我要向你展示什么是你应该坚持到底的正确做法！要帮助利安娜改变她夜间需要多次吃奶的习惯，并让她培养出更好的睡眠模式，正好就很需要你这份坚持到底的能力。"

借用 ABC 法来分析问题的成因。很明显（至少对我而言是如此），这里的 A 是从未有人教过利安娜自己睡觉；B 是她的脾气相当大，不论是白天打盹还是晚上就寝都必须抱着妈妈的乳房才肯入睡。这里的 C，结果，是薇姬的一再退让使得利安娜的行为被一再强化，最终形成了根深蒂固的过度哺乳模式。在听薇姬讲述她的一天是怎么过的之后，我更加确定我的判断没有错。利安娜通常在早上 5 点 30 分左右醒来。妈妈会给她喂奶，然后带她下楼。利安娜玩耍大约 45 分钟之后，开始打哈欠。这时，妈妈会把她抱回楼上，然后坐在摇椅里再次给她喂奶，直到她睡着。"如果足够幸运的话，"薇姬说道，"有时候她会让我把她放回婴儿床上。可一般情况下她是不会允许我挪窝的。"

一个灵光从我脑海中闪过："等一下，你刚才说，她不会允许你挪窝。这话什么意思？"

"是这样的，尽管她看上去像是睡着了，但如果我想要从摇椅上站起来，往往刚一动她就会尖叫起来。所以我只好重新把乳头塞进她嘴里，然后她就又能睡着。如果我过几分钟再试一次，她就会哭得歇斯底里。所以，通常经过两次的尝试之后，我只好在摇椅上坐一个小时。"

"哇，"我忍不住惊叹，"那一定很不舒服。"

"现在已经好多了。我丈夫专门替我买了一个垫脚软凳，放在摇椅旁边。当利安娜睡着了以后，我可以轻轻地将双腿伸到软凳上面。他之所以会帮我买这个凳子，是因为有一天早上我实在是太累了，不小心打了个瞌睡，利安娜差点从我怀里滑落出去。"

利安娜再次醒来时，通常是早上 7 点 30 分前后。薇姬会为她穿好衣服，迎接新一天的开始。利安娜早餐吃的是固体食物，等到了 10 点 30 分左右时开始感到疲倦，薇姬就带她回到楼上，喂奶哄睡。"通常情况下，她只需要 5 到 10 分钟就能睡着，不过，睡上大约 20 分钟她就会哭着醒来。如果她刚哭第一声我立即就把乳头塞进她嘴里，那么只需 5 分钟她就能重新入睡。但是，如果我错过了她的第一声哭喊，那我肯定要花更多时间来哄她，最长可能需要一个小时才能让她再次平静下来。不过到那时，她已经又饿了，所以我会再喂她吃点奶，她通常会再睡 20 分钟。"

亲爱的家长，如果这段故事你读到这里就已经感到很累了，相信我，我也听得很累啊。到此时为止，我们才刚刚讲到了 11 点 30 分而已！当利安娜再次醒来时，薇姬会想办法挤出一点时间出门散步。这位妈妈白天从不把女儿放到婴儿床里让女儿自己玩，因为她害怕这会导致女儿尖叫。她有时会带利安娜一起出去办点事，但前提是她必须先坐在车里给利安娜喂奶，直到哄睡了利安娜，否则的话，按照薇姬自己的解释，利安娜会"不允许"妈妈把自己放进汽车座椅上的。利安娜会挺着背，尖声大叫。说到这里，薇姬坦白道："我敢说，邻居们很可能觉得我是在折磨自己的孩子。"

"可是，在我看来，"我说道，"是她在折磨你。"

接下来的时间基本上是重复刚才的描述，直到下午 5 点左右时，利安娜的爸爸，水管工道格下班回家。妈妈喂饱利安娜后，爸爸负责给她洗澡。薇姬满口赞赏："他太棒了。他还会给她读一本故事书，然后才把她交给我。我再次给她喂奶之后她又能睡大约一个小时。"

我问她为什么不让爸爸试试看能否让利安娜躺到床上入睡。薇姬回答道："道格试过好几次，但她根本就不买账。她会尖声大叫，我听不得她叫得那么惨，所以只好自己进去给她喂奶哄睡。于是她又能打个盹，大约晚上 8 点醒来，和爸爸一起玩，玩到晚上 11 点 30 分左右，我会再次给她喂奶，直到她睡着。这一觉她能睡到 12 点 30 分左右，然后我再次给她喂奶，直到她又睡着。

如果"幸运"的话，凌晨 3 点左右我会再次给她喂奶哄睡，好在这样的情况并不多。通常来说她能一觉睡到凌晨 4 点，喂奶哄睡后再睡到早晨 5 点 30 分左右，新的一天就算是开始了。"薇姬停顿了一下，然后若有所思地回忆道："有一天晚上，我在日历上写下她连续睡了 5 个小时。但那只是唯一的一次。"

很显然，这是一个日积月累的、已经根深蒂固的老问题，不可能有立竿见影的解决办法。薇姬和道格需要一起拟定一个计划，采取一系列的措施，逐渐淡化利安娜的"问题行为"，同时还要教她学会靠自己入睡的能力。

制订好行动计划，并认真坚持下去。我向薇姬建议道："你要找利安娜心情好的时候，每天两次把她放到婴儿床里。第一次你这么做的时候，她可能会抱着你哭。你可以试着做些什么来分散她的注意力。比如说，把毯子盖在头上跟她玩躲猫猫；做鬼脸逗她开心；扮演一个跳上跳下的"傻妈妈"。如果你坚持做下去，她就会被你的动作吸引。一开始你也许只需让她在小床上待上四五分钟就好。你可以一再告诉她'没事的，亲爱的，妈妈就在这里呢'来向她保证她是安全的。

"接下来最重要的一点，是不要等她哭出来才抱她。在她心情仍然很好的时候就把她从婴儿床里抱出来，哪怕她只在里面待了几分钟。然后，你每天把这个时间延长一点点——试着在两个星期内达到每次她能在小床里待上 15 分钟的目标。你要在她的婴儿床里放些玩具，培养她对那里的好感，把那里当作一个令她开心的地方。不过，在此期间，在其他方面你先不要做出任何改动。她会逐渐习惯在小床里愉快地自己玩上越来越长的时间，只要你别去打扰她独自玩耍。等两个星期之后，当她忙于手上的玩具时，你可以开始让自己稍微远离她的婴儿床，但切莫偷偷溜出房间去。你要以放松的口吻告诉她：'妈妈就在这里。'要借这样的机会培养她对你的信任。此时你虽然仍跟她待在同一间屋子里，但要做出你专注于自己的事情的样子，比如说，收拾洗好的衣服或整理她的衣橱。"

不肯宣之于口的秘密

尽管最常见的"问题行为"往往与睡眠有关，但这也常常是妈妈们不肯宣之于口的秘密。丽贝卡讲述了她亲历的一个小故事：

"我被选作法庭陪审员，在等待室里与陪审团中的其他妇女聊起天来。我告诉她们，昨天晚上我花了好几个小时才终于让乔恩睡着。旁边一个年龄较大的妇女过来握着我的手，安慰我，还告诉我，当年她的女儿还在婴儿期的时候，她和她的丈夫每晚都必须轮流陪女儿一起睡觉。直到现在女儿十几岁了，她才敢跟别人说起这事。她坦言道：'我为自己这么笨感到非常羞愧。'她刚说完，另一个妇女也加入了我们的话题，很不好意思地说她现在也正做着同样的事情。

"意识到并不是只有我一个人这么笨之后，我感觉好多了。但我心中却也升起了迷惑：'可是，奇怪的是，'我对她俩说道，'最近我参加了一个小朋友的生日派对，那派对上的妈妈都说他们的孩子很快就能入睡，而且通宵不吵不闹。'

"'她们那是在撒谎！'两个女人异口同声地笑了起来。"

以前，每当薇姬试图把利安娜从怀中放下时，利安娜都会惊慌失措，因为她知道妈妈要离开了。她还没有学会独立，连自己入睡都做不到。正是因为这种恐惧，她完全无法放松下来。妈妈每次都退让，都以喂奶来哄她入睡，这当然消除不了利安娜心中的恐惧。事实上，妈妈的行为等于是在不断向利安娜发暗示："你确实离不了我。"因此，薇姬现在必须帮助利安娜建立她对环境的信任，让她能逐渐习惯独自待在婴儿床里，当她醒来后发现妈妈不在身边时，她不至于满心惊惶。不过我也叮嘱薇姬必须慢慢地推进。要帮助利安娜建立对环境的信任，从而能逐渐培养出独立性，这需要时间——也需要成年人的耐心。

要照顾好你自己

纠正宝宝的睡眠习惯对你来说可能很难。以下是有助于你减轻心理压力的几个办法：

• 戴上耳机或耳塞，可以减少孩子哭闹时对你的刺激。

• 如果你失去耐心，请将你家宝宝交给你爱人。如果你爱人不在身边或你是单亲妈妈，请先将宝宝放在安全的地方，然后你自己出去透透气。

• 眼界要放长远一些。一旦宝宝在你的引导下成功地学会了自己入睡，你一定会为你的努力成果感到自豪。

要小步缓行，并尊重孩子对控制权的需要。"你的建议真的很好，特蕾西，"几个星期之后，薇姬向我汇报时说道，"我第一次把她放进小床时，她当即哭了。但我知道她喜欢这个小手指布偶，所以我赶紧拿出来在她面前晃，她很快笑了起来。第二次和第三次时，手指布偶的游戏效果不如第一次理想。我只让她在婴儿床里待了大约2分钟，每次都是在她还开心的时候就把她抱了出来。再往后，事情就变得出奇地顺利。

"到第二个星期结束时，我该开始逐渐远离婴儿床了。对此我心里有些紧张。所以我先陪她玩了一会儿'傻妈妈'游戏，然后我走向了她房间另一边的衣橱，开始整理她的橱柜抽屉。令我惊讶的是，她还好，只是稍有些不安，所以我用轻松而安详的声音与她交谈，让她知道我觉得她独自玩得很好。到第三个星期结束时，我变得更加大胆，走出了屋子几秒钟。我告诉她：'我马上就回来。我要把这些脏衣服拿出去放到洗衣篮里。'我屏住了呼吸，可她其实自己玩得开开心心。我甚至不确定她是否注意到我出去了一小会儿！"

十个错误行为 —— 永远不该对宝宝做的事或说的话

当宝宝养成了"问题行为"后，父母最不该做但偏偏做得最多的10件事往往是：

1. 打屁股（见第7章）。

2. 打孩子[①]。

3. 羞辱："你真是个爱哭鬼。"

4. 吼叫（请反省自己："我为何忍不住对宝宝大吼大叫？是不是因为我一再对他退让，直到我最终自己崩溃了？"）。

[①]使劲拍打孩子屁股之外的任何部位，比如孩子的小手、脸颊、肩背等。——译者注

5. 鄙视：你说的是"看！你又尿湿了！"（而不是"我看到你需要换衣裤了"）。

6. 怪罪："你气死我了"或"你害我迟到了"。

7. 威胁："如果你再这样做，我就把你撂这儿自己走了。"或"我警告你，你会知道什么叫作害怕。"（或更糟糕的说法："看你爸爸回来怎么收拾你！"）

8. 当着孩子的面数叨孩子的不是：这种话大多数情况下可以等孩子不在眼前时再说，如果非说不可，请手写出孩子的名字，或换个假名字。

9. 给孩子贴标签："你是个坏孩子！"（而不是"你刚才推了拉尔夫，所以你现在不可以和他一起玩了"。）

10. 问些孩子回答不了的问题："你为什么要打普丽西拉？"或"在商店里时你为什么就不能懂事一点？"。

我向薇姬表达了祝贺。既然已经获得了这么大的成果，我知道她现在急于进入计划的下一个阶段。我们把目标的重点放在了纠正哺乳过度的问题上。我们必须从利安娜白天的打盹开始。薇姬不认为她的孩子能很快纠正这个毛病，不过我仍然告诉她，在利安娜开始昏昏欲睡的那一刻就把手指伸进孩子嘴里将乳头拔出来。薇姬说她女儿肯定会哭。"你很可能是对的。"我说，"这也是意料之中的事情。她开始哭时，你就把乳头塞回去，等她又开始打瞌睡时，你就再次把乳头拔出来。这样反复做上 15 分钟。如果她还在哭，那就换个场景，到楼下去走走。20 分钟后回到楼上，重复刚才做过的事情。"

利安娜不喜欢这样的变化。她妈妈第一次这么做时，她非常愤怒，尖声高叫。"我真的很替她难过，"薇姬在一个星期后的电话中承认，"所以我屈服了。但是，第二天，我下定了决心，所以她一开始打瞌睡，我就把我的乳头从她嘴里掏了出来。当她闹脾气时，我按照你的建议，带她离开房间几分钟。经过 5 次努力之后，她终于靠在我的腿上睡着了，没有含着乳头。到了第 7 天的时候，我已经只需陪她一起坐在摇椅上她就能睡着了。睡前她摆弄着我的衬衫，但并没有要求吃奶。"

关注任何微小的进步。三个星期后，利安娜在午睡时已经可以不含乳头就能入睡，但她仍然会在夜间醒来时要求吃奶。我解释说："薇姬必须和道格联手，一起努力。"我直截了当地问薇姬："你真的愿意让你先生也参与进来吗？"薇姬在这里遇到了她自己的一个问题：她很享受做母亲的乐趣，并不那么乐于分享。

"现在，每次道格抱起利安娜时，你都要从他手里把孩子夺走，"我直白点明，"你这样做，在无意中向利安娜表达了这样一个信息：爸爸是坏人，你才是她的救星。这不好。当利安娜在半夜醒来时，你必须允许道格也去照顾她。"

我解释了合理哄睡的正确概念——那是一种分寸合适的做法，既鼓励孩子在自己的床上独自入睡，同时在她需要的时候安慰她，让她知道她不是孤立无援的。习惯了每次一哭都能得到"口中奖励"的孩子，一旦没了这个依赖物自然很难入睡，所以要纠正这个习惯并不容易。但是，既然我们已经看到利安娜在白天不含奶头就能自己入睡，那么我坚信，在父母的帮助下，她也一定能学会在夜间同样靠自己入睡。

我向这对夫妇建议道："当她哭的时候，陪着她。请注意，陪伴她的不该是薇姬的乳房，而是你们两个人本身，让她知道你们在那里。当她哭得很厉害时，把她从床上抱起来。不难预料头几个晚上她一定会很生气，即使你抱着她也可能会哭得很厉害，甚至可能会打挺会蹬腿，要把你推开。你可能需要抱着她大约40分钟或更长时间才能让她冷静下来。一旦她停止哭泣，你就再次把她放回小床里。她很可能会再次立即哭闹起来。你就立即再把她抱起来。尽可能多地重复这套动作。你可能要将她抱起再放下50次甚至100次！"我让他俩将每夜的实际次数记录下来，以便他们看到具体的进步。我还要求他们两个星期后向我报告结果。

第一天晚上，利安娜断断续续地哭了将近2个小时。她的父母始终守在她身边，安慰她。"听到她的哭声我心里真的很不好受，"薇姬后来对我说道，"但我们始终守护着她。我们把她抱起来又放下，第一个晚上46次，第二个晚上29次，第三个晚上12次。到第四天，她从晚上9点一口气睡到了凌晨4点30分。我不太确定那是因为她太累了，还是我们太累了所以没听见她的声音。但随后，在第七天的夜里，她一口气睡了9个小时。第九天的夜里，她醒来了两次，但我们坚守着拟定的计划——没有退让。我想她可能是在试探我们。现在她已经睡了十一个通宵。最令人称奇的是，当她早上醒来时，我们听到她在和她的小动物玩偶说话。她真的做到了独自玩耍。不过，只要她开始有一点呜咽声，我们就会立即进去把她抱起来，以免她对我们失去信任。"尽管薇姬和道格坚称让利安娜能安睡通宵是个"奇迹"，但在我看来，这一切都是他们自己的决心和力量所结出的硕果。

科迪："妈妈……你不要离开我！"

　　分离焦虑是许多"问题行为"的导因之一。尼尔和利安娜都有同样的恐惧心理：如果我让妈妈离开我的视线，我可能就再也见不到她了。如果你觉得这听起来太过离谱，那么请记得，对大多数学步期宝宝而言，妈妈是他们赖以生存的根本。年幼的孩子都需要克服两个最大的困难：一个是弄明白妈妈离开自己视线时并不意味着她会永远消失；另一个是培养出自我安慰的能力，当妈妈不在视线内时可以靠自己支撑下去。

　　虽然分离焦虑在这个年龄段比比皆是，但当我看到一个格外黏人的孩子或是一个在午睡和夜间就寝时间有入睡困难的孩子时，我总觉得原因恐怕出在父母身上——这是不是他们一再退让的结果？他们是不是不知道自己做了什么导致孩子失去了对他们的信任？比如说，他们对孩子说了谎话，嘴上说他们"马上回来"，但一走就是好几个小时，甚至是什么也不说就偷偷地溜了出去？若果真如此，那么当他们下次想要出门时，我们能责怪他们的学步儿在门口哭得如同生离死别吗？事实上，这同样令要出门的父母感到很痛苦。他们最终会拖延了好些时间，离开家门时会带着满心的恼怒，而且很可能深感愧疚，因为被他们"扔下"的孩子正在尖声哭叫，仿佛再也没有了明天一样。

　　当然，如果这一切都是因为孩子没能得到足够的关注，或者他的父母没有注意到他的需要，或者反之他父母给了他过度的关注，或者他们欺骗了他，那么，所有这些问题必须首先得到解决。与此同时，如果一个孩子完全依赖于来自外在的安抚，我们也必须教导他学习如何从自己的内在资源中汲取安慰。在这种情况下，如果孩子还没有属于他自己的某种安抚物，我建议家长主动介绍某种东西给孩子。孩子年龄越大，接受安抚物所需要的时间就越长，因为他已经将某个人当成了他的依赖对象。现在要他学会依赖"自己"，当然会更困难。

正如我之前所说，许多孩子在8—10个月大时会自动将某种物品当作自己的安抚物，这样的孩子在进入学步期之后往往会更加独立，比那些没有给自己找安抚物的孩子更善于进行自我安慰。科迪的妈妈达丽尔在儿子14个月大时打电话向我求助，她的孩子就还没有安抚物。许多成年人都在他背后悄悄称他为"黏人的科迪"，或者给他贴上"被宠坏了"的标签。但是，他成了这样的孩子并不是他的错，原因实际上在于他家人对待他的方式，他所做的正是他的家人教他那么做的事情。这是一个典型的"意外教养"的案例，孩子因家人而养成的坏习惯后来演变成了让家人头疼的"问题行为"。所以，我据此帮助达丽尔制订了一套行动方案。

想清楚是你自己的什么行为鼓励了或强化了孩子的问题。 从科迪还是个小婴儿的时候起，他就从没有机会独处过。他要么在达丽尔的怀里，要么在保姆的怀里。他从来没有自己在婴儿床或婴儿围栏里独自玩耍过。事实上，如果他的眼睛是睁着的，那么一定会有人在他身边，或者抱着他，或者以其他方式逗他开心。甚至当科迪已经可以自己坐起来、可以跟人以互动的方式玩玩具时，达丽尔也总是在他身边，给他做示范、向他讲解、教他怎么玩……唯独不给他机会自己去探索。其结果就是现在科迪几乎玩不了 5 分钟就要打手势求他妈妈帮忙，若妈妈没过来他就会哭起来。这就是我们所说的"问题行为"！如果不带上他，达丽尔是真真正正地哪儿也去不了。

使用 ABC 法来分析问题。听完了达丽尔的叙述，我问道："当科迪玩累了，或者当你离开他视线时，他会怎么样？"

"他会哭得好像是世界末日一样。"达丽尔回答。

他当然会那么做了。我们用 ABC 法来分析他的这种情况时，很容易就看到事情的引子是什么。那便是科迪从来没有过独自一人的时候，因此他从来没有机会学到自我安慰。于是，他的行为完全不难预料：当他一个人的时候，他必然会哭。随之而来的结果总是一样的——必定会有人，通常是他的妈妈，跑过来——于是，他的这种行为模式就这样固定了下来。

想清楚你是否真的愿意做出改变。我看到这个家庭的问题中有两个重要成分。首先，达丽尔必须自己愿意做出改变。她必须学习并运用 H.E.L.P. 帮助诀，这会提醒她时时克制自己的冲动，不要孩子有点动静就立即冲过去救他，而是给他机会自己去探索去学习。其次，我们必须帮科迪找到一种合适的方式，让他能在心烦意乱、感到害怕或有需要时，把他对妈妈的无尽依赖转移到某个不会说话不会动的物品上，即使妈妈不在身边，他也可以自己将其拿过来寻求安慰。要做到这两个方面的改变，无疑都需要时间。我给达丽尔的第一个建议就是："你必须在认真监控你儿子行为的同时，也一样认真监控你自己的行为。"

制订出一套计划。我们将整套计划分解成了许多小步骤。第一步从科迪的游戏时间开始。我将 H.E.L.P. 的要点逐个教给了达丽尔，并敦促她在科迪抓起某个玩具或开始某种动作时克制住自己别立即出手。这不论是对她还是对科迪而言都是一件很困难的事情。她习惯了和儿子一起玩，不断互动，而不是在一旁默默观察，让他先自己去摸索。我给她打气道："你只需要做一些小小的、渐进式的改变。你可以从白天开始，选择科迪心情好的时候这么做。"

循序渐进。第一步，达丽尔坐到地板上。当科迪把他的一个玩具递给她时，她刻意给他机会让他迈出第一步。当然，因为科迪已经习惯了凡事由妈妈领头，所以他通常会把一个玩具（比如他的小木琴）放在妈妈的膝上，让她敲给他听，他则在一边看着。现在，为了推动他走向独立，达丽尔把那个小木琴从她的膝上拿开，放到了一旁的咖啡桌上。她把木槌递给了儿子，开开心心地说道："科迪，你来弹给妈妈听。"科迪伸手拉她的手臂，这个动作的意思很明确："不干，要你弹给我听。"但是，达丽尔并没有以退让来强化他对她的依赖，而是坚持她的立场。"不，科迪，你来玩，不是妈妈玩。"她重复道。

有些时候科迪能自己玩得挺好，也有些时候他会大发脾气。不过，几个星期之后，他就已经可以在没有达丽尔干预的情况下更加自在地自娱自乐了。妈妈为此兴奋极了，结果对儿子的夸奖难免有些过火了。好在她很快发现，自己说"干得好，科迪"时，往往会打断她儿子的注意力，阻挠了他朝向独立的进步。因为她的声音提醒了儿子她的存在，他便立刻想要恢复到他们以前的互动模式。对此，我又给了她两条建议。一是等上 10—15 分钟之后，再为他的独立玩耍鼓掌喝彩。二是她对儿子的赞赏应该更随意一些，而不要太过夸张。

定下规矩，并认真坚持下去。到了这一步，科迪还只能在妈妈在他身边的时候独自玩耍，当然了，他已经比以往任何时候都要独立。重要的是他还需要努力进步，不能就此停滞不前。要继续让孩子朝着独立的大目标前进，眼下的小目标就应该是让科迪能在妈妈不在身边的时候也受得了。达丽尔开始让自己一点一点地远离他的身边，到了后来，她已经能够坐到离他两三米远的沙发上了。这对她来说同样是一件很难熬的事情，所以她有意让自己忙于其他事情，比如看看书、处理一下账单什么的。每当科迪走过来寻求存在感时，她都会回应他一句："我在这里呢。我哪儿都没去。"然后她会转头继续做她正在做着的事情，让这个动作传递给他一个信息——他也该回去忙他自己的事情了。

达丽尔能从地板上挪到沙发上是一回事，但她要挪到房间之外又是另一回事。当她第一次尝试这样做时，她对儿子说道（而且她真的说到做到）："我马上回来，科迪。我得去厨房拿点东西。"儿子立即哭了起来，扔下手中的东西，追了上去。达丽尔停下脚步，领着他回到刚才的屋子，对他说道："科迪，我说我马上回来，就一定会马上回来。我在厨房里可以看到你，你也可以从这里看到我。"

给你家宝宝一些他可以掌控的东西。这是向科迪推荐一个可供他依赖的安抚物的理想时机，以便他在妈妈不在身边的时候抓在手里。这会是一件可以由他自己掌控的物品。由于科迪似乎不太喜欢毛绒动物玩具，也没把任何东西当成他的安抚毯，于是达丽尔拿了一件柔软的、穿旧了的运动衫，在她要离开这间屋子去厨房之前递给他，告诉他："请你帮妈妈拿着这个，直到我回来。"她一边去厨房一边继续跟他说话。在接下来的几个星期里，她每天都稍微拉长一点离开科迪身边的时间，当然，那真的只是一点点，每天只增加一分钟。

等到达丽尔已经可以从科迪身边从容走开，在其他房间里待上足足 15 分钟之后，她便开始着手解决午睡难的问题了。对一个非常黏人的学步期宝宝来说，午睡是一个典型的困难阶段。孩子总担心自己醒来时妈妈不在了，因此，他觉得最安全的办法就是根本不要睡着。现在，当把儿子放进小床让他睡午觉时，达丽尔也把她的旧运动衫塞到他怀里。刚开始的时候，科迪会顺手把它扔在他的婴儿床边上，但达丽尔会平静地把它捡回来，再次塞进科迪的手里。她在一边陪着他，用柔和的、充满安抚的语气跟他说话。在这里，她也同样采取了循序渐进的做法，每天都只减少一分钟的陪伴时间。

如果你家宝宝一开始时拒绝你推荐给他的安抚物，请不要轻易放弃。与其假设他是真的不喜欢，不如继续尝试下去。要多一些耐心。每当孩子需要安慰的时候——以及每当你正在安慰他的时候——你都要把这件物品拿给他，这样慢慢地他就能把你的安慰与这件安抚物联系起来了。请记住，你的目标是帮助他培养心理上的独立能力和更长时间的专注力。一旦他不再总是担心你会在哪里，他就能更好地集中注意力，越来越长时间地专注于他正在做的事情。

为每一点小进步而高兴。科迪后来突然变得非常依恋她的那件旧运动衫，几乎时时刻刻把它放在身边或抓在手里。这时，达丽尔知道她快要取得最后的胜利了。达丽尔开始把那件旧衣服称为他的"爱宝"（儿科医生 T. 贝里·布雷泽尔顿创造的一个术语），科迪也跟着称它为"爱宝"。有一天，达丽尔故意问科迪："你说我们该把你的爱宝放在哪里好？这样你想要它时就一定能找到？"

他把它塞在了靠垫的后面。

当达丽尔决定要走出家门一趟时，真正的考验到来了。第一次这么做时，达丽尔对科迪说："我要去商店买东西，亲爱的，我不在家的时候弗蕾达会陪着你。我出门的时候，你要不要让你的爱宝陪着你？"科迪很不开心，但他现在已经习惯于搂着他的爱宝入睡，听了这话之后，他主动把爱宝夹在了他的胳膊底下。

事实证明，治愈科迪黏人的整个过程花了 6 个星期。如果科迪年龄再大一点（或者，如果达丽尔没能坚持按计划行事），这个过程可能会花费更长的时间。反之，如果达丽尔在科迪的黏人习惯变得如此根深蒂固之前就给我打电话寻求帮助，那可能会花更少的时间。这个案例，并不是一个孤立的或是不寻常的案例。在当今的许多家庭中，父母往往过分关注孩子。他们这样做既是出于对孩子的爱，也是出于对孩子依赖自己的渴望。当天平朝向让孩子依赖自己的方向倾斜时，父母无意中阻碍了孩子培养他的独立性，因此，他们此刻必须后退几步。

跟讨厌的安抚奶嘴说再见

既然我们在讨论分离焦虑这个主题，那我就不得不说一说安抚奶嘴的使用，否则将是我的失职。你可能已经注意到，我并未将安抚奶嘴列入第 6 章提到的用于自我安慰的物品清单。我宁愿看到一个学步期宝宝吮吸他的拇指，或是抱着他的奶瓶（喝水），也不愿看到他嘴里含着一个如果掉了他也没办法自己放回自己嘴里去的安抚奶嘴。

请别误解我：我并非完全反对使用安抚奶嘴。实际上，我提倡给3个月以下的小婴儿使用它，因为这个阶段是吸吮反射最强烈的时候，而且，小婴儿此时也还没有能力自己把手指伸进自己的嘴里，安抚奶嘴可以提供他需要的口腔刺激。但是，在他已经有能力控制自己的手臂之后，如果家长还继续替他把安抚奶嘴塞进他的嘴里，这就又把它变成了"依仗"。这不是孩子自己的选择，因为他没有能力在没人帮助的情况下把它放进嘴里，所以这并不是一种自我安慰的方法。尽管如此，他仍会变得依赖把安抚奶嘴含在口中的感觉。如果他在6个月大的时候还没有摆脱对安抚奶嘴的依赖，那么这会成为一个很难改掉的习惯。

事实上，在分析家长们向我求助的诸多与睡眠相关的"问题行为"时，我发现，很多例子正是因为孩子离不了他的安抚奶嘴。我网站上收到的来自焦虑父母的信件中，很大一部分都谈及他们每晚要起身四五次帮孩子找回安抚奶嘴含上。有位妈妈发来的电子邮件所讲述的故事，充分反映了这类家长面临的困境：14个月大的金米每天晚上都含着安抚奶嘴入睡。一旦她进入深度睡眠，她的小嘴就会张开，奶嘴就会滑出。因为金米已经习惯了安抚奶嘴的感觉，它的消失总会把她惊醒——她的安全依仗消失了。如果幸运的话，金米能自己找到她的安抚奶嘴并把它塞回嘴里。不过，更常见的是她的安抚奶嘴滚到了被子里面或是掉到了地上。可怜的金米从沉睡中惊醒，惊慌失措，扯着嗓子尖声大叫，直到她妈妈走进她的房间帮她找回安抚奶嘴才作罢，然后她（以及家里其他所有人）才能重新入睡。

有关"安抚毯"的几条提示

• 别管它！除非你家宝宝对安抚物的依赖实在太过分了——整天都沉浸其中，其他活动全都顾不上了——否则你不必予以理会。（但是，安抚奶嘴不在此列。请参阅前面"跟讨厌的安抚奶嘴说再见"中的相关内容。）此外，打破孩子已经养成的坏习惯的最佳办法就是不予理会。你若是想通过哄劝或者更糟的跟孩子打拉锯战的方式达到目的，那只会适得其反，孩子会越发沉溺于他心爱的东西或习惯动作中。我敢保证，如果你不予理会不加干涉，他最终会找到某种内在的力量（以及可接受的方式）来扔掉那种坏习惯。

• 清洗它！如果孩子的安抚物是布质的或毛绒做的，请勤加清洗（当你家宝宝在睡觉时）。如果你久久不洗，安抚物上积累起来的气味也会成为让他感到安慰的因素之一。这时候你再去清洗，那无异于把它给毁了，孩子会接受不了。

• 复制它！如果你家宝宝喜欢某种特定的毛绒动物玩偶或是其他玩具，请至少购买三个同样的东西。他也许不会抱着那样东西去上大学，但是，他肯定会抱上好几年，那样就会磨损得不像样了。

• 拿着它！如果你们要出门去旅行，请一定记得带上能让你家宝宝感到安全的"爱宝"。有一家人就因为忘记带上孩子的泰迪熊而错过了飞机航班。当爸爸终于想起来是怎么回事时，已经来不及了。

我发现，有些家长会刻意延长孩子对自己的依赖期。他们整天使用安抚奶嘴，就像用塞子堵上孩子的嘴一样——让孩子别再哭闹，或者更糟，让他闭嘴（这就是为什么在英国我们称安抚奶嘴为"傻瓜"），而这么做当然无助于孩子学习如何自我安慰。比如说，当乔茜向我诉说"是斯库特不让我把他的奶嘴拿走"时，我不得不请这位妈妈好好想想，这里面是否隐藏着她自己的需要。毕竟，她是那个给斯库特塞安抚奶嘴的人，事情本就在她的掌控之中。

　　"我总是随身带着安抚奶嘴，即使他没找我要也会塞给他。"乔茜坦率承认。也就是说，安抚奶嘴是她的拐杖，而不是斯库特的拐杖。乔茜无意识中赋予了安抚奶嘴一种神奇功能：它能让她儿子安静下来。带着安抚奶嘴，她可以让他在任何地方入睡；她永远不会在公共场合陷入尴尬。然而，这种所谓的魔法只是一种幻觉，而且是她不愿倾听儿子的一种表现——只要她家宝宝要开始闹脾气，乔茜立即就把奶嘴拿出来塞过去，不允许他表达自己的意见。

　　如果你家宝宝还含着他的安抚奶嘴，我敢说他肯定至少8个月大了。当然，要不要从此把他的安抚奶嘴收起来，这取决于你的决定。我也知道，对家长来说，收走安抚奶嘴的后果是可怕的。事实上，正如最近一位照料两个分别为4岁和5岁的孩子的阿姨一语中的地所说出的她的顾虑一样："这是我唯一的依仗了。"但是，请记住，这里还有事情的另一面。每当你家宝宝半夜找不到他的安抚奶嘴时，你都要爬起来帮他去找。要知道，孩子需要你帮助他学会自我安慰，而且一旦学会之后，这反过来会促进他的独立性。你越是迟迟不敢动手，以后你想要戒掉那个讨厌的安抚奶嘴时难度就越大，而且，戒掉之前你也会经历更多的难眠之夜。在后面的提示栏中，我给出了戒掉安抚奶嘴的方法。你不妨好好看看哪一种最适合你家宝宝。

大孩子才用大床吗？

许多父母都头疼过这么一个问题：什么时候该给他们的孩子换上一张大床？要我说，亲爱的，你能等多久就等多久！许多学步期宝宝仍然过于头大身子小，他们在身心两方面都还需要更多的成长。另外，你也需要等到他完全适应了独自睡在自己的小床里以后再说。不然的话，换床只会给你们又惹来一场大麻烦。此外，我还有几条建议：

• 从一开始就在他的房间里放一张大床。与其花钱买一张他过上一两年就会没用了的新奇小床，不如一开始就买一张标准双人床，当然你需要做好安全防护。

• 耐心等待，直到你家宝宝对睡他自己的大床表现出相当的兴趣来。换床时，先只用床垫而不用床垫下面的床体，这样他的床面离地面会更近一些。另外，开始时只在午睡时用新床，要让他觉得这是给他的特殊待遇。

• 要留意任何可能的危险——他可能会拉倒床边的台灯或其他什么东西。如果你心里没数，可以在宝宝房间里多待一会儿，以便观察你家宝宝，看看他会被什么可能有危险的东西所吸引。

戒掉安抚奶嘴的方法

无论你决定使用哪种方法，都请注意一点：你家宝宝年龄越大，要戒掉安抚奶嘴的习惯就越困难。还有，在你开始帮宝宝戒除安抚奶嘴之前，请先确认孩子已经有了另一件安抚物。如果他还没有，请你先想办法让他喜欢上那么一件东西（请你再读一遍刚刚读过的科迪的故事）。一旦他爱上了一件丝质物品或毛绒玩具，他可能自然而然就会减少对安抚奶嘴的依赖。

逐步戒除法。从逐渐减少白天对安抚奶嘴的依赖开始。在最初的三天里，在白天允许你家宝宝含着他的安抚奶嘴入睡，但是一旦他已经睡着，就把它从孩子嘴里拿出来。在接下来的三天里，在午睡时间不给孩子安抚奶嘴。（我相信此时你已经让他有了一件安抚奶嘴之外的安抚物。）你只要简单地说一句："午睡时不要再用安抚奶嘴了。"如果他哭了，安慰他，而不要重新把安抚奶嘴塞进他的嘴里。把他的安抚物递给他，拥抱他，拍拍他，让他知道你的陪伴与安慰，然后对他说："没事的，亲爱的，你能睡着的。"

如果你家宝宝此时还不到 8 个月大，那么一般来说只需一个星期的时间他就能习惯了；如果他的年龄已经超过了 8 个月，那么他需要更长的时间才会习惯。等到他已经习惯了白天睡觉时不再使用安抚奶嘴，你就可以开始在晚上做同样的事情了。刚开始的那几天，仍允许他含着安抚奶嘴入睡，等他睡着之后再拿走。他可能会在半夜醒来，哭着要他的奶嘴（很可能他一直以来都是这样做的）。不过，你不要再像以前那样找出来塞给他，而是坚决不给他。不要说话，只需用你的肢体语言安慰他，并确保他手里拿着他的安抚物。不要退让，也不要为你让他这么难受而感到愧疚。毕竟，你此时做的事情的确是为了他好，你在教他学会靠自己入睡的技巧。

当即戒断法。我不建议针对 1 岁以下的孩子采用这种一下子彻底戒断的做法，因为他们还很难理解"没了"的意思。不过，大一点的孩子有可能毫不费力地放弃安抚奶嘴，尤其是当他们意识到安抚奶嘴已经不是他这个年龄应该用的东西时。我还在英国的时候，有一天，一位妈妈告诉她女儿："哦哟，你的'傻瓜'没了。"女儿问："哪儿去了呢？"妈妈愉快地回答："垃圾箱。"

现在，那个小家伙可能甚至不知道垃圾箱是个什么东西（生长在美国的人也可能不知道。垃圾箱，是放在住宅外面的大型垃圾容器），但她接受了她的"傻瓜"没了的事实，继续过她的日子。有些孩子可能会哭上个把小时，之后就似乎彻底忘记了。有些孩子可能会一再追问并一直为之心烦意乱，但这很少会延续几天以上。我且以 22 个月大的里基为例吧。有一天，他爸爸告诉他："你的奶嘴没了。那东西已经让你的牙齿变形了。"里基气急败坏，他一点也不在乎他的牙齿，只想要他的奶嘴。他哭天喊地，但他爸爸显然是个值得称赞的人，面对儿子的眼泪没有表现出任何情绪波动，也没有说诸如"哦，我可怜的里基，已经没了奶嘴了"之类的话。三天之后，里基就已经没事了。

组合戒除法。有些家长会将上面两种做法糅合到一起。比如说，为了让 11 个月大的伊恩改掉他依赖安抚奶嘴的习惯，玛丽萨的第一步是从早上起床开始的，她在他们的起床仪式中加了一个动作。每天早上，她都会热情地跟他打个招呼，给他一个大大的拥抱，然后伸出她的手说："现在是时候把你的奶嘴给妈妈了。"伊恩痛痛快快地把他的奶嘴交给了妈妈，一点没闹腾。不过，在接下来的一个月里，他继续在晚上含着奶嘴入睡。玛丽萨通过几个晚上的认真观察，发现伊恩的安抚奶嘴已经不再影响他的睡眠，因为哪怕奶嘴从他嘴里滑出来了他也不会醒来。所以，一天晚上，玛丽萨终于对儿子说道："别再用奶嘴了。你已经是个大男孩了。"事情就这样成了。

无论你使用什么方法，都要切合实际。毕竟，这对你家宝宝来说是一种"戒瘾"过程，请一定坚持下去。要做好孩子哭上几个晚上的心理准备。最终，他一定会好起来的。在以后的岁月里，戒除安抚奶嘴的故事将成为你们家庭温馨回忆中的一个片段。

菲利普：改掉乱发脾气的坏毛病

虽然我在上一章讲述了一些针对孩子大发脾气的解决办法，但是，这里我想要指出的是，当父母需要一再安抚大发脾气的孩子时，孩子的不合理要求和他的失控行为有可能会演变成破坏性非常大的"问题行为"。此外，发脾气通常表明亲子关系中一定还有其他问题，而其中最重要的一点就是做父母的已经失去了自己的权威。

一对住在圣路易斯的父母，卡门和沃尔特，跟我通了足足一个小时的电话，诉说 22 个月大的儿子带给他们的苦恼。借用他俩的话来说，当小女儿博妮塔出生之后（她现在已经 6 个月大了），菲利普"就变成了一个非常争强好胜、心胸狭窄的孩子"。菲利普似乎完全无法容忍爸爸妈妈的注意力从他身上转移到别处去，尤其是转移到了他的小妹妹身上时。举例来说，每当卡门给博妮塔换尿布时，菲利普都会大发脾气。为了安抚他，卡门试图好好抱抱她的大儿子，可这时他会对她又踢又咬。看不下去了的爸爸这时就会介入，对儿子说："这可不好，菲利普。"事情到了最后，往往是爸爸和妈妈都在地板上爬来滚去地想让他平静下来。

晚上，菲利普睡在他父母中间，一定要抓着他妈妈或者爸爸的耳朵才肯入睡。如果他抓疼了、拉疼了爸爸妈妈的耳朵，他俩都默默忍受，从来没有对菲利普说过一次"啊，好痛"或"不行，你可以抓住我的手睡觉，但不可以抓着我的耳朵"。不消说，夫妻俩都筋疲力尽。住在几百英里①外的外婆罗莎每星期至少来一次帮帮卡门，让她能喘息一下，不过，从没有谁会只陪菲利普一个人玩。

卡门和沃尔特尽量做到防患于未然，至少他俩认为自己是这么做的。举个例子来说，他俩告诉我，最近他们带菲利普和博妮塔开车出了一趟门，特意允许他带上一大袋子的玩具上车。可不论有多少玩具，他很快就玩得厌倦了，然后就想要从他的安全椅上爬下来。沃尔特对他高声威胁道："你要敢解开安全带，我马上就停下这辆车！""坐在那里别动，直到我们回家！否则，你要有麻烦了，年轻人！"菲利普后来终于不再闹腾了，但沃尔特不得不将声音提高了好几个分贝才能让儿子听进去。

我看得很清楚，这对夫妇都任由这个小男孩掌控局面。他还不到2岁，但卡门和沃尔特只想跟他讲道理却不想为他设限制。可实际上，不为孩子设限无异于放弃了他们身为父母的责任。他们意识不到的是，他们的行为教给菲利普的就是如何操控家长。他的"蛮不讲理"和"顽劣不堪"实际上是他对父母替他设限的乞求。

"爱不是让你家宝宝紧紧抓住你的耳朵，任他弄疼了你也不吱一声，"我尽量委婉地对卡门和沃尔特说，"也不是给他一大堆的玩具哄他开心，更不是纵容他粗暴地对待你们、对待他妹妹。你们的儿子是在高声求告你们为他设立界限——高声求告。我担心他迟早会真的伤害到他妹妹，到那时肯定会真正引起你们的关注，不是吗？"

"但我们这个家是一个充满爱的家庭。"沃尔特一再说道。他们的确很有爱心。卡门态度平和，说话轻声细语，而爸爸也显

然有一颗柔软的心。"菲利普小时候也曾是一个非常可爱的小男孩。"卡门补充道。我并不怀疑这一点，但是，到了一定的时刻，他们俩将不得不担起为人父母的责任来。菲利普需要的不仅仅是爱——他还需要他们给他套上缰绳。

"让我们从他的大发脾气开始吧。"我建议道，因为这是眼下迫切需要解决的问题，"每当他失去控制时，你们都必须继续做点什么。当然，是做你们下得去手的事情。"我解释道："比如说，当他又开始发脾气时，你们要说：'这是不可接受的。'然后，立即带他去他的房间，陪他坐在那里，但不要和他说话。"

值得称赞的是，卡门和沃尔特真的做到了。但是，他们并没有因为第一次尝试就获得成功而欢天喜地；相反，他们开始为菲利普感到难过。"我们不想成为严厉的父母，我们不想让他不高兴，"沃尔特承认道，"当我们告诉他他的行为不可接受时，他低下了头，走出了房间。"

我向他俩解释说，菲利普第一次这么大发脾气时，很可能是因为他心中充满了挫败感，夹杂着对博妮塔的嫉妒，毕竟这个粉嘟嘟的入侵者抢走了属于他的时间。他们俩作为菲利普的父母，不但没有早早将他的这种不良行为遏止在萌芽状态，反而在他每次失控时都全心全意去哄劝他、安抚他，从而强化了他的这种行为。结果就是现在菲利普学会了该如何吸引他们的关注。

我也试图让这些父母将眼光放远，不可一叶障目："规矩、限制和失望，都是生活的一部分。将来菲利普的老师一定会对他说'不'的，他必须为迎接这样的现实做好准备，否则，当他没有被选入棒球队时，或者当他的第一个女友丢下他奔着另一个男人而去时，这样的挫败足以让他心碎。他必须学会如何承受住这样的痛苦，而你们的责任就是教导他学会承受痛苦。而且，让他现在就能在你们这对富有爱心的父母身边学习承受痛苦，这不是远比将来让残酷的现实来教训他来得更好吗？"

根据沃尔特和卡门诉说的相关细节，我们制订了一套简单的计划。

首先，他们俩必须承担起做父母的责任来。我这么说道："先听听你自己是怎么说的吧：'菲利普不会让我这么做的。'我如今已经15岁了的孩子也总是说，'我妈妈不让我做'，可这与你说的'我家学步宝宝不让我做'完全不是一档子事。这说明了什么？一个不到2岁的孩子就可以'不让'他爸爸妈妈做某事，那你们这个家该失控到了什么地步？没错，你舍不得让他不开心。但问题是如果你现在不介入，继续允许这孩子这么操纵你们，那么等他再长大一点，他就会去操纵他周围的其他人。"

其次，他们俩必须表明他们身为父母才是当家做主的人。我建议从现在起什么都让菲利普二选一：吃饭时，给他两种麦片，让他二选一；上车前，给他两个玩具，让他二选一。说到这里时，卡门插嘴问道："但是，如果他开始哼哼唧唧起来，说'我也想拿这个和那个'，然后他就像往常一样装了一大包呢？"

我告诉卡门，她必须记得她的身份是家长。"你可以说：'不行，菲利普。你要么带上你的机器人，要么带上你的卡车。'你不能让你儿子来控制你。"我再次强调。

最后，如果菲利普在爸爸或妈妈陪博妮塔玩耍、帮博妮塔换尿布时又开始大发脾气，他们要这么说："菲利普，这是不可接受的。"如果他继续大闹，他们应该把他带到楼上去。他可能会尖叫会踢人，但是没关系，我提醒他们，这个年龄段的孩子就是这样的，在他的行为变得更好之前，总会先变得更糟。

香农：告别饭桌上的战争

虽然家长们不一定会为此失眠，但吃饭时的不当行为仍可能会让他们倍感尴尬、烦恼，而且会浪费大量的时间。更糟糕的是，不良的饮食习惯往往会延续数年。问题一开始时可能很无辜——也许是父母对用餐礼仪很执着，也许是担心小孩子吃得不够饱。他们可能会强迫或哄劝自家学步期宝宝屈服。无论是哪种起因，这场饭桌上的战斗不仅是父母必输的一场战斗，而且还会蔓延到一整天的其他活动当中。

卡萝尔邀请我去她家里看一看，因为她1岁的女儿香农现在变得"非常固执"。无论给什么她都回以一个"不"字。就这个"不"字本身而言算不上是什么"问题"，毕竟大多数学步期宝宝都会经历这么一个对凡事说"不"的阶段。但是，问题之所以在这时候发生，往往是因为父母对孩子的"不字经"给予了过多的关注，从而在无意识中强化了孩子的行为，最终变成了让他们倍感苦恼的事情。

我到的时候，碰巧他们正在吃午饭。香农坐在她的高脚椅上。妈妈正想尽办法要塞给她一块百吉饼，而小女孩则是一再把头向后仰，左左右右地闪避。不论是妈妈还是孩子，此时表情都越来越烦恼。

"你现在就把她抱下来。"我建议道。

"可她还没有吃完所有的百吉饼。"

我让卡萝尔看看她的孩子。香农使劲地踢着腿，小脸皱成了一团，双唇死死地抿紧。可她妈妈却仿佛没看见，一味地恳求孩子说："再吃一块，亲爱的，求你了……来，张嘴，啊。"

然后，卡萝尔觉得问题可能出在百吉饼上。她继续努力："那你想要吃什么呢，亲爱的？你要麦片吗？想要香蕉吗？来点酸奶怎么样？哦，这里还有一点蜜瓜。看到没？"香农拒绝看。她抿紧了嘴唇坐在那里，左右摇头，而且随着她妈妈一再递东西过去而摇得越来越剧烈。

"好吧，好吧，"卡萝尔终于说道，"我放你下来。"她把女儿从高脚椅上抱了下来，洗了她的小手，看着她蹒跚着离开。然后，卡萝尔一只手拿着一碗苹果酱，另一只手拿着没吃完的百吉饼，跟在她身后走进了游戏室。"嗯，"她跟在不断走动的香农身后，絮絮叨叨地说道，"味道可好了！来，咬上一口……就一小口，亲爱的。"完全谈不上对孩子有半点尊重！

"你刚刚告诉她午饭时间已经结束了，"我直接点出了显而易见的事实，"现在她处于玩耍模式，可你还在追着她喂。你看看她：她满屋子游走，拿过各种玩具来玩；可你却一直跟在她身后，偷偷摸摸地往她嘴里塞食物。"

卡萝尔看着我，终于明白了过来。我们又聊了一会儿，我还问了关于香农一天生活中的其他事情。果然不出我所料，香农在洗澡和睡觉时也是这样"不合作"。然后，我问她："你总是给她那么多的选择吗？就像你刚才在饭桌上那样？"

卡萝尔想了想。"嗯，是的。"她自豪地回答，"我不想把我的意志强加给她。我希望她学会自己做选择。"

我让她给我举个例子。"好吧，到了该洗澡的时候，我会对她说：'你想去洗澡吗？'当她说'不'时，我会说：'好吧，你想再过几分钟洗澡，是吧？'"

我很清楚香农不知道"再过几分钟"是什么意思，而且这种情况我已经听过无数次了，所以我直接打断了她，说道："让我来猜猜看接下来会是什么情形。几分钟后，你会再给她几分钟，然后再给她几分钟。到了最后，你忍无可忍了，直接把她抱起来，带上楼去。这时候，她可能又是踢腿又是尖叫，对吧？"

卡萝尔看着我，一脸的惊讶。我继续说道："我敢打赌，等你给她穿上睡衣之后，你就会问她是不是准备好上床睡觉了，对吧？"

"是的，"卡萝尔十分佩服地回答，"她总是回答'不'。"我可以看出，这位妈妈开始明白这次谈话接下来的走向了。

"卡萝尔，她才刚刚 1 岁，而你是她的家长！"我感慨道。我向她解释了香农在吃饭时的表现说明了她们还有一个更大的问题：卡萝尔给了香农太多的控制权、太多的选择，而且她给出的选择是虚假的、无法真正执行的。真正意义上的选择，是父母给孩子的两个选择中，无论孩子选了哪一个父母都是可以接受的，比如说："你是要百吉饼还是要酸奶？"而不是像卡萝尔刚才在饭桌前那样说出一大串的东西来。还有，"你现在过来洗澡好吗？"这也不是一个真正的选择句，因为父母心里知道孩子必须洗澡。更重要的是，这句话很容易招惹出孩子的"不字诀"，轻易就能把父母的要求推得一干二净。

让人叹惋的是，虽然卡萝尔给了香农太多的控制权，却并没有给她足够的尊重。"当她肚子不饿的时候，不要强迫她坐在那里。"我告诫卡萝尔道,"你要观察她,尊重她身体的需要。而不是满足你自己希望她能有一个'好胃口'的愿望。还有,你偷偷地给她塞食物,那只会让事情以后越变越糟糕。无论你要她做什么,你都必须让她知道你希望她怎么做,并让她做好准备配合你,而不是趁她不备就给她来一下。"

我告诫卡萝尔说:"如果你在香农根本不想坐在高脚椅里时仍然强迫她坐在那里,那么,用不了多久你就别指望她还能允许你那么强迫她了。她会将食物与被你逼迫这两件事情联系起来,而这绝对不可能让她更有食欲。在这类的亲子战争中,你肯定是赢不了的。"

这会是一个越来越厉害的"问题行为",在未来几个月内问题会越来越严重:香农已经显露出她要成为这个家庭的主宰的迹象,她正走在当女王的路上。她的固执会与日俱增。如果她的父母在家里不给她设限制,不教她学会克制,那么以后等这孩子走出家门时,他们就别想指望她能在外面举止得体。

"在你能够退后一步,让她看到你尊重她,让她发觉吃饭已经不再是一场亲子大战之前,你最好不要带这孩子去餐馆。"我建议道,"否则的话,我敢向你保证,到了公共场所她一定会让你没法好好用餐。如果你在假日里带她回家探亲,她也一定不会老老实实坐在餐桌旁。她的奶奶会发脾气的,因为香农会到处乱跑,把食物扔得到处都是,而你则只想赶紧找个地缝钻进去!"

在接下来的两个月里,卡萝尔每个星期都会跟我进行一次电话咨询。她的改正计划的第一部分,是解决孩子的吃饭问题。卡萝尔要让香农明白两件事:如果香农想吃东西了,就一定要坐到餐桌旁(坐到她的高脚椅里);而如果香农不想吃东西,那么她的这顿饭就会立即结束。

不到两周，香农就"领悟"了妈妈的新规定——不坐到餐桌前，就不可以吃东西。她也开始相信，当她吃好了之后，她不必靠打挺或者踢腿来传达她的信息；她知道，只要她举起双臂，妈妈就会把她抱下高脚椅，不会强迫她继续坐在里面。同样重要的是，卡萝尔也大有进步。她不再给孩子虚假的选择，也不再凡事让香农做主；她学会了使用真正有意义的选择句："你想要爸爸还是妈妈跟你一起在床上读书？""你喜欢听我读仙女的书还是巴尼的书？"不消说，家庭日常作息惯例中的其他部分也进行得更加顺利。当然了，小香农仍然有说"不"的时候，但现在是卡萝尔说了算，她不再每天把时间浪费在跟女儿进行她无法取胜的战斗上。

可以肯定的是，如同纠正"问题行为"，要纠正一个长期存在的坏习惯，刚开始时定会令人感到筋疲力尽。但重要的是你要看得远一点。我相信你不会希望你家宝宝到了三四岁时还没有摆脱睡眠困难、脾气过大等问题的困扰。因此，最好趁现在孩子还小的时候勇敢地迎难而上。只要熬上几个星期甚至几个月的艰难时期，就能让孩子的生活重新回到正轨上，这无疑是很值得的事情。

还要请你始终把全局放在心中。为人父母是一项艰巨的工作，也是你这一生中最为重要的工作。不论是你独自养育孩子，还是跟爱人一起养育孩子，都需要你拿出足够的耐心，充分发挥你的聪明才智，尤其是在孩子的管教方面，你需要努力发掘你的潜力并超越你自己。正如你将在本书最后一章中看到的那样，如果你决定再给家中增加新成员，那么这样的认真思考和长远眼光就更加不可或缺。

第 9 章

家庭的成长：迎接第二个宝宝的到来

除了变化之外没有什么是不变的。

——赫拉克利特[1]

治家的难度一点也不亚于治国。

——蒙田[2]

---

[1]Heraclitus，是一位生活在公元前5世纪的古希腊哲学家。他最有名的学说是他的变化论，认为一切都处于不断变化的状态。——译者注

[2]Montaigne，是一位16世纪文艺复兴时期的法国哲学家和作家。以随笔而闻名，这些随笔以其怀疑主义、自我意识和对人性复杂的关注而著称。他还写到教育的重要性，认为父母和教育者对孩子性格的形成负有重要责任。——译者注

你准备好了吗？

你若是问一对家有学步儿的年轻父母"你们打算什么时候要第二个孩子？"或"你们打算再要一个吗？"，光是这么两句话便足以让他们那勇敢的灵魂颤抖起来。不消说，有些夫妇会一开始就做好规划，甚至在他们怀上第一个孩子之前就已经商量好每个孩子之间的最佳间隔（至少对他们而言）该是多久。如果他们既有行动力又足够幸运，他们的身体自会配合他们的计划。不过，并不是每个人都有这样的从容和好运。事实上，根据我的经验，是否应该再要一个孩子的问题，往往会搅动起他们内心无数的担忧和彷徨。如果要，该什么时候要？我们能应付过来吗？我们有足够的钱吗？如果第一个孩子是一个乖顺的孩子，下一个孩子我们还会这么好运吗？如果第一个孩子便让人心力交瘁，我们还有勇气再要一个吗？

第一次怀孕的时候，这对夫妇可能会有一些隐隐约约的担忧，但是现在，他们已经知道了为人父母真正意味着什么——有多少美好，又有多少艰辛；是多么激动人心，又是多么复杂难言。学步儿的父母已经有了一个"圆满之家"，他们真的还想再添个宝宝吗？

在本章中，我们将探讨家里可能又添新宝宝时会遇到的问题，包括该如何帮助你家大宝做好迎接弟弟妹妹的心理准备，怎么引导他跟弟弟妹妹和睦相处，以及同样重要的，如何让你自己和家中其他所有成员平稳地维持好关系。要知道，当你们为家庭再添新成员时，也就意味着你们需要应对更多的、不同个性的孩子。更多的孩子不仅会给你们带来更多的快乐，也一定会带来更多的问题。你必须为迎接这一切做好充分的准备。

要不要再次为人父母

　　毋庸置疑，这是一个很重大的决定。当然，父母双方都必须反复权衡，银行卡里是否有足够的钱，房子里是否有足够的空间，当然，还有他们是否有足够的爱心，给予第二个孩子所需的照顾和关注。还有，做妈妈的通常还需要权衡自己的事业：如果她在生养第一个宝宝时把事业推到了一边，那么现在她是否愿意继续留在家中照顾另一个宝宝？如果她现在已经回到了工作岗位，而且第一个孩子已经让她尝到了在孩子和工作之间分配时间的艰难，那么再加上一个孩子她还能不能顾得过来呢？又或者，情况可能正好相反：有了第一个孩子之后，这位母亲发现照顾婴儿才是她所需要的一切——她以前都不知道自己是这么喜欢给小婴儿喂奶，喜欢照顾他、呵护他。在小婴儿长大，学会了走路，不再需要喂奶，而且开始说话时，她知道蜜月期从此结束了，心中多么希望孩子还是那个需要她抱在怀里的小婴儿。尽管如此，她也一样必须好好问自己，是否真的准备好再次经历这一切。

　　通常，究竟该不该要第二个孩子会成为夫妻间的争执焦点，甚至变成一场影响到两人关系的巨大风暴（有关夫妻相处的更多探讨，请参阅本章后半部分）。怀孕这件事从来都不是一件小事，亲爱的，其中的分歧是夫妻俩必须好好解决的。每个人都必须就自己想或者不想再要一个孩子的原因跟对方推心置腹地沟通。是因为有家人或朋友给一方施压吗？是因为自己的童年经历吗？是因为一方或双方对独生子女有偏见，认为必须给孩子添一个弟弟或妹妹吗？是不是她的生育期快要结束了？还是以上几个原因都有？

下面是三对夫妇的故事，他们都因为该不该再要一个孩子的问题而难以抉择。其中两对夫妻因难以决断而倍感痛苦；有一对则因为做母亲的天性而得到了一定的帮助。

约翰和塔莉娅。约翰和塔莉娅的第一个孩子克丽丝滕现在已经 3 岁了。这孩子来得不易，他们婚后等了整整 5 年，其间经历了不孕治疗和两次流产，好不容易才有了她。年近 40 岁的塔莉娅知道，她如果再等下去，使用冷冻胚胎再次怀孕的机会只会越来越小。但是，她丈夫约翰却不太愿意再要一个孩子。他比妻子大了 13 岁，已经有了前妻留下的两个孩子。他当然很喜欢他"人到中年的礼物"，也就是他的宝贝小女儿。但是，约翰觉得自己年纪太大了，当克丽丝滕进入青春期时，他都年近 70 岁了。塔莉娅用约翰的这个论点来支持她自己的论点："这正是我们应该再生一个孩子的另一个很重要的原因。"她坚持道："克丽丝滕需要有个伴，而不是只有一对年迈的父母。"经过几个月的反复讨论，约翰终于被塔莉娅说服。他不舍得克丽丝滕长大之后孤独一人。令所有人惊讶的是，塔莉娅几乎立即就怀孕了。克丽丝滕现在已经有了一个小弟弟。

我们到底该不该再要个孩子？

虽然每一对夫妇在考虑"我们到底该不该再要个孩子"时都会有各自不同的苦恼，但是，在做出这个决定之前，每对夫妇都应该从以下几个方面认真思考和权衡：

• 身体。你年龄多大了？你身体状况如何？你的健康程度容许你再要一个孩子吗？

• 心理。想一想你的性格和脾气，你愿意投入更多时间和精力再养一个孩子的意愿有多大。还有，你准备好割舍你与大宝之间已经形成的亲密关系了吗？

• 大宝。你家大宝的性格和脾气是什么样的？他在婴儿期和学步期的表现如何？他适应变化的能力如何？

• 财务。如果你或是你爱人不得不辞职在家，你们能维持生计吗？能请得起保姆吗？你们有足够的积蓄以备不时之需吗？

• 职业。你割舍得下你的职业吗？当孩子们稍大一点时，你还能重回职场吗？如果回不去了，你会在乎吗？

• 家居。你们有足够的房间容纳两个孩子吗？新生儿有地方睡吗？可以与你家大宝同住一个房间吗？

• 动机。你是真的想要这个孩子，还是别人给了你压力？你是否担心只要一个孩子不好？你自己有没有（以及有几个）兄弟姐妹，是否会影响到你的决定？

• 帮手。你有没有人可以帮你？如果你是单亲，这一点特别重要。

凯特和鲍勃。经营着一家小型精品服装店的凯特，的确想"给我儿子再生一个弟弟或妹妹"，但是，她还有许多其他因素需要考虑。已经 35 岁的她，非常喜欢自己的工作。当怀上路易斯时，她固然高高兴兴地回家休假养孩子，但也一直打算着回去上班，而且真的在路易斯只有 6 个月大的时候就返回了精品服装店。当然，要做到两头兼顾并不容易。即使她请了一个兼职保姆，可是，因为她的小宝宝是一个真真正正的精力旺盛型的孩子，总是有他自己的想法，而且睡眠非常不安稳，所以，凯特常常大清早就拖着满身的疲惫走进她的小店。鲍勃来自一个有五个孩子的家庭，他觉得至少得要两个孩子，而路易斯现在都已经 2 岁半了。更加糟糕的是，凯特的父亲已经时日不多了，她母亲对她说："我希望他能活着见到路易斯的弟弟或妹妹。而且，我自己的年纪也够大了。"

凯特感到特别痛苦和内疚。她自己也一直想要两个孩子，但有了大宝之后的那些不眠之夜历历在目，而且一想到又要使用吸奶器和尿布，她就不由得满心恐慌。最终，凯特还是决定了要孩子，并为她自己的勇敢而庆幸。她得到了一个天使型宝宝，小马尔科姆在路易斯满 4 周岁的数天之前诞生了。

范妮和斯坦。有时，丈夫和妻子还在为应不应该再要一个孩子而进行讨论甚至是争论，老天爷就已经替他们做出了决定。范妮和斯坦都已经 40 岁了，他们在久久没怀上孩子之后，终于领养了一个孩子。2 个月大的小晨从柬埔寨来到了他们的身边，终于让他们圆了想要个孩子的梦想。小晨很快与这对夫妇建立起了感情，适应了他的新家。这是一个非常容易相处的天使型宝宝。小晨 5 个月大的时候，一天早上，范妮醒来时一通干呕。她认为自己得了斯坦一周前刚得过的肠胃感染。不难想象，当医生告诉她不是生病而是怀孕时，她有多么震惊。尽管这个消息令人高兴，但她却也担心自己是否有精力养育两个2岁以下的宝宝，更不用说经济来源了。不过，此时已经不是讨论该不该要宝宝的时候了，因为宝宝已经在路上了。

如果我们生活在一个完美的世界里，也许一切都会有条不紊地进行下去。在考虑该不该再要一个孩子时，你们当然会仔细考虑相关事宜，然后高高兴兴地做好一切准备。你还可以预先决定好每个孩子之间的年龄差异（请参阅下面插入栏），并且能按计划准时怀孕。

然而，更多的时候却是父母不得不面对事情超出了原有计划的事实。你也许希望银行卡里能有更多的钱，家里能有更多的空间，你能有更多的时间陪伴你家大宝；或者，你可能不愿意搁置某个正在进行的项目。你不幸陷入了难以决断的矛盾之中。你的生育年龄快要过去了，你家大宝非常可爱，你爱人催着你赶紧再要一个孩子。于是，即使一切都并非完美，你还是决定要再次冒险一试（或者反之，你决定不要了。请参阅后面的提示栏）。

不同的年龄，不同的发育阶段

没有哪种时间间隔是生第二个孩子的"理想"间隔。你必须自己想明白怎么做才对你最有利，还要保重你的身体，好与你的希望相配合。

相距 11—18 个月的"假双胞胎"，也就是两个孩子出生时间相差大约一年。要养育年龄差距这么小的两个孩子总是很艰难的。由于两个宝宝都需要用尿布，所以走到哪儿你都需要带上双倍的"装备"。又因为照顾两个宝宝的家务太过繁重，你想要好好管教大宝难度可能更大。当然这里也有它的好处，跟两个孩子年龄间隔较大的家庭比起来，你能更早走出最艰难的岁月。

相距 18—30 个月，这时候第一个孩子正处于情绪消极的阶段之中，这也是他既想独立又想依赖父母的最为矛盾的时期。他想要你更多的陪伴，可因为小宝，他偏偏得不到。父母多给大宝一些关注，多安排些一对一的亲子时光，能减少他的许多行为问题。根据大宝天生特质的不同，两个孩子之间要么会有很多的争吵，要么会形成牢固而持久的亲密关系。

2 年半至 4 年的间隔，因为大宝已经相当独立，有了自己的朋友和稳定的作息时间，所以通常他不太可能嫉妒小宝。但由于年龄间隔较大，两个孩子并不是彼此合适的玩伴，在成长过程中不一定能保持亲密关系，尽管这种关系会随着年龄的增长而出现变化。

大宝 4 岁多了才有小宝出生时，他往往会对"这团小东西"感到失望，因为他原本以为自己会直接得到一个新的小玩伴。他可以更多地参与照顾小宝的家务，但父母必须注意不可给他过重的担子。两个孩子之间的竞争会比较少，但是他们的互动通常也比较少。

独生子女不好吗?

美国独生子女家庭的数量,如今在历史上第一次超过了有两个或更多子女的家庭。具有讽刺意味的是,尽管现在越来越多的父母选择独生子女,但社会上仍然存在反对生育一个孩子的强烈偏见。最常见也最明显的偏见通常会是:独生子女很容易被宠坏,很自私,永远学不会与人分享,以为整个世界都会像溺爱他的父母一样地包容他、接纳他。不认同独生子女论的人坚持认为,若没有任何弟弟妹妹,他一定会很孤独。20世纪初的心理学家 G.斯坦利·霍尔说得更为严厉:"独生子女本身就是一种疾病。"

得了吧!最近的研究表明,独生子女在自尊方面往往略有优势,而且在智力方面也比非独生子女的同龄人要更高。诚然,独生子女的父母可能需要花更多的心血努力为孩子创造更多的社交环境,邀约朋友家庭一起组队出游,以避免让孩子觉得自己是父母唯一的关注焦点。家长还必须用心维护好应有的界限,在跟孩子分享自己的生活和情感时,不可误把孩子当作同龄人来对待。但是,如果一对父母是好父母,那么,不论他们有一个孩子还是五个孩子,都一样是好父母。他们是否能掌握为人父母的技能、是否能保持自己的身心健康,以及是否能恰当地给予孩子应有的爱和限制,这些,都比在餐桌前需要摆多少座位的意义要重大得多。

对究竟该不该再要个孩子而感到左右为难，是人之常情。但是，如果你们在仔细考虑之后，认为再要一个孩子的想法并不现实，那么，请捍卫你拥有独生子女的权利。一家三口真没有什么不好。等你家宝宝长大之后，你要向他强调这是你自己做出的选择。不要有内疚、失望和遗憾等负面情绪，因为这可能让孩子也陷入负面情绪之中，觉得是你夺走了他拥有弟弟妹妹的权利，而不是欣然接受他是你唯一孩子的事实。（更何况，有些兄弟姐妹长大后从不往来！）

等待新生命的到来

一个新的生命在你的体内生长。此时，你的激素正在激增，你家大宝正在四处探索。有时，你会仿佛升入天堂，想象着以后一家人会在一起度过的田园诗般的美好时刻——也许是在餐桌前的温馨气氛，也许是在圣诞节的早上喜拆礼物，或者是在迪士尼乐园的快乐假日。可也有时，你会仿佛陷入了地狱，不断地问自己，我该怎么告诉我家大宝？我怎么才能帮他做好心理准备？如果他不高兴了该怎么办？万一我爱人改主意了该怎么办？就在你的思绪兜来转去之时，最终你总会想到最可怕的那个问题：我怎么让自己陷入了这么糟糕的境地？

如果你这么任自己的情绪犹如坐过山车般起起伏伏，那么整个孕期一定会变得无限漫长。这可不行。你需要照顾好自己，与你爱人保持良好沟通，同时帮助你家大宝做好心理准备。让我们从成年人开始。

　　知道你有这般情绪波动是正常的。再次怀孕之后，几乎没有哪位父母不会陷入自我怀疑，"我希望我们的决定是正确的"。恐慌会在不同的时间、因为不同的因素一再袭来。刚开始的几个月可能还比较容易忍受，但随着孕妇的身体越来越沉重，你要抱起一两岁的大宝变得越来越困难；而分娩越逼越近，你难免越来越害怕灾难就要降临。又或者，生活本来正在愉快地进行着，你家大宝突然跌入了一个很棘手的阶段。于是你无法想象要同时照顾两个孩子该有多么艰难，或者害怕老二以后也会这么折磨你。这样的恐惧还会在你意想不到的时刻忽然刺激你：你和爱人正走在大街上，也许是刚从一家电影院或一家很棒的餐馆出来。无意间你忽然想起还没有孩子时的自在生活。你也许忍不住想到，浪漫时光实在太短了，我们一定是疯了才会再要个孩子。

　　当恐慌袭来时，请你背诵著名的平静祷文："神啊，请赐予我平静，让我能平静地接受我无法改变的事情，让我有勇气去改变我能够改变的事情，也让我有智慧能分辨何为必须接受的、何为能够改变的。"亲爱的，怀孕是你无法改变的事情，但你的心态是可以改变的。所以，请深吸一口气，请来你的保姆或朋友，为你自己做点有益的事情吧。

妈妈第二次怀孕时，会比第一次怀孕的时候更累。这时，她不仅肚里揣着一个宝宝，还得照顾另一个学步期宝宝。爸爸（或任何其他能帮忙的人——奶奶爷爷、姨妈姑母、闺密好友、其他妈妈或是保姆）必须出手相帮。爸爸以及其他帮手应该帮妈妈做以下事情：

• 只要有可能，就把大宝从妈妈手上接过去，并且定时一对一地陪伴大宝。

• 替妈妈跑腿。

• 替妈妈做饭，或买现成的回来吃。

• 给大宝洗澡——妈妈这时弯腰很困难，而且很不舒服。

• 不要抱怨你付出的额外劳动——那会让妈妈感觉更加糟糕。

跟人聊聊你心中的惧怕与担忧。最近，怀上二胎已经7个月的室内设计师莉娜，以及她丈夫会计师卡特，邀请我去他们家聊聊，因为他们对生二胎有了不同想法。自从他俩的儿子范两年半前出生以来，我就和这对夫妇相熟了。

"我主要是替范担心，"莉娜开始诉说，"我是否能给予他足够的关注。我真的可以把两个孩子都照顾好吗？"

"我认为我们与范单独相处的时间还不够。"卡特表示认同。

"可现在，我又要生一个孩子了……"

"那什么时候是合适的时候？"我反问，很清楚没有什么时候会是最合适的时候，"而且，你怎么能知道范什么时候会觉得跟你们两个的相处时间算是足够了？等他 4 岁的时候？还是 5 岁？"

他们都耸了耸肩，明白了我的意思。我建议他们回忆一下，在怀上二胎之前，他们是因为什么决定了再要一个孩子的。"我们从未打算只要范一个孩子。"莉娜说，"我们一直打算要两个或更多孩子。范出生时，我辞掉工作在家里待了几个月，但后来我又回去上班之后，我的事业变得相当红火。我们俩的工作都进展顺利，因此我们的财务状况相当好。我们觉得这时如果再要一个孩子的话，等二宝出生时范就该 3 岁了。他那时已经可以和小伙伴一起参加游戏小组，过他自己的生活了。"

这些想法都很合理。莉娜和卡特还翻修了他们家的一部分，选择扩建他们现在的住所，而不是贸然换一栋新房子。他们显然为二宝的到来做足了功课。更重要的是，他们两个看起来确实都很快乐。范是个很棒的小男孩，他们有一个很棒的住家保姆，莉娜还刚刚获得了室内设计奖。

但他们的故事还不止这些。莉娜因为激增的激素和足足五十磅①的额外体重而深感苦恼，范也经常因为妈妈不能抱他又弄不明白原因而心烦意乱。此外，莉娜还告诉了我一件他俩没有预料到的、超出了原本精心计划的事情。一位非常富有的人被她最近获得的设计奖所吸引，特意请她帮忙翻新他在马利布新买的豪宅。尽管这份工作会带来大量的金钱、更好的名声和更高的知名度，而且很可能会带来更多的机会，但是，这份工作也意味着她必须投入很多的时间，一个即将生下二宝的女人所不可能拿得出来的时间。

---

① 英美制质量或重量单位，合 0.4536 千克。——编者注

在我们的谈话中，我已经看出，让莉娜陷入痛苦的核心，不是即将来临的二宝，而是她的身体状况，以及她对即将错失良机的痛惜。"你一定觉得自己像一匹累垮了的老马。"我借用了英格兰约克郡的一句谚语，那说的是一匹在煤矿里拉煤的、几乎拉不动车了的老马，"光是这一点就可以让你觉得生活黯淡无光。"当然，客户的邀请电话让她觉得那简直是千载难逢的机会，可她心里也明白，她必须推掉这个机会。

"你应该把你心里的难过说出来，"我说道，"如果你试图把这份难过掖到地毯下藏起来，它很有可能会在不知何时悄悄地爬出来，忽然咬你一口。更糟糕的是，你以后也许会怨恨已经出生了的二宝。"

请记住，生活不是汉堡王，你不能总是"想怎样就怎样"①。在我们的生活中，我们都有自己的愿望，有我们想做的事情，但我们不能想要什么就有什么，想做什么就做什么。如今你有了顾虑，为你错过的机会而感到难过，那么，你不但需要回顾一下自己当初决定怀孕的原因，还需告诉自己要坦然接受生活中的现实。我又继续对莉娜说道："你可以尝试与这位大客户就这份工作进行一番商榷，说服他根据你的家庭需求来商讨工期，但是，你真的想要这么做吗？虽然你现在很难过，但是以后你还会有其他很棒的工作机会；可如果你接下这份工作，你以后就再也找不回悉心照料你家二宝的机会了。"

几天后，莉娜打电话告诉我，说她感觉好多了。"我一直在想

---

①汉堡王，Burger King，美国一家著名汉堡快餐连锁店。"想怎样就怎样"是这家店的招牌口号，意思是顾客可以要求在他买的汉堡包里夹任何他喜欢的配料（当然，是店里面准备好的各种配料）。——译者注

我们为什么会决定要这个孩子——这个时候再要一个孩子对我们来说是正合适的。我也做出了推掉这份工作的决定，现在我甚至觉得大松了一口气。"莉娜所经历的困境，在今天的女性中是很普遍的。面对事业与孩子的冲突，你注定要"舍去"一些什么。但是请记住，工作机会丢了还会再来，但宝宝的岁月却是一去不复返的。

小小的孩子，过高的期望

处理好你自己的心事是一回事，处理好一个学步期宝宝的心事却是另一回事。他可能年纪太小，理解不了为什么你的肚子越来越大，为什么你不能再一把揽过他来，将他抱在怀里。下面我提供了一些权宜之计，会有助于让你家二宝加入进来的过渡期更加顺利。

请记住你家大宝还听不懂你的某些话。当你说"妈妈肚子里装了个小宝宝"时，你家大宝并不知道这意味着什么。（嘿，对我们成年人来说，要理解生命的奇迹不也一样非常困难吗？）你家宝宝可能会指着你隆起的肚子，虽鹦鹉学舌但很是自豪地说出正确的话，但是，他真不知道新来的二宝对他来说意味着什么。我并不是说你不应该帮助你家大宝做好心理准备，我只是说，当你在这样做的时候，你的期望值不要太高。

不要太早告诉大宝。九个月的孕期，对小小的学步儿来说简直如同永恒。如果你告诉你家大宝："你要有个小弟弟（妹妹）了。"他会以为这事明天就会发生。许多父母会提前几个月宣布这一消息，但在我看来，在你家二宝预产期的前四五个星期时告诉大宝就已经足够了（与此同时，你还需要以其他方式让他做好心理准备，下面我会做更多的解释）。不过话说回来，你才是最了解你家宝宝的人，所以，请你根据他的个性决定该什么时候告诉他。当然，如果你家宝宝已经注意到你的腰围在不断变大并且向你提出了询问，你不妨将这作为你的起点。

当你跟他说这件事时，措辞一定要简单直白："妈妈肚子里有个小宝宝。你将有一个弟弟（或妹妹，假如你已经知道性别的话）。"要如实回答你家大宝提出的任何问题，例如"小宝宝要住在哪里？"或者"他会睡在我的床上吗？"。另外，试着让孩子明白这个小宝宝一出来是不会走路也不会说话的。许多父母兴奋地告诉自家大宝："你将有一个新的小玩伴。"然后，他们带回家的却是一只小团子，除了睡觉、哭泣和吮吸妈妈的乳房之外啥也不会。谁不会因此感到失望呢？

一位妈妈的来信

在我怀上了二宝之后，我俩尽可能坦诚地与我们的儿子谈论这个婴儿，比如他来自哪里，当他来到我们家时会是什么样子，等等。早在二宝出生之前，我们就努力帮他进行心理调整并让他习惯于在将来会有个弟弟或妹妹。当我们的小女儿终于到来时，我们送给了儿子一份礼物，告诉他这是他的小妹妹送给他的（我们是从杂志上得到的启发）。这让他觉得他的小妹妹爱他，并没有强行插入他的生活。

在离二宝的预产期还有 6 个月的时候，请让你家大宝加入一个宝宝游戏小组。要学会与人分享与合作，最好的途径是跟同龄人一起玩耍。即使你家大宝与二宝的年龄差异很小，你家学步儿这时也不会与小婴儿有什么共同语言。只有双胞胎才可能在一起相互学习分享与合作。让大宝跟其他孩子在一起玩，这至少能让他对何为分享有初步的了解。不过，请不要指望大宝会在二宝出生之后在这方面立即就能有个飞跃。他仍然会很难理解分享玩具的概念，更别说分享他的妈妈了，所以，你不要对他期许太高。

表现出对其他孩子的爱。让你家宝宝观察你与其他小孩子的互动（也许这让你感到意外，但这真是个好主意）。当自己的妈妈抱起或亲吻别人家的孩子时，有些孩子可能不怎么在意，有些则可能感到气恼——他从没想过自己的妈妈居然会喜欢别的小朋友，还有些孩子会感到很惊讶。当 14 个月大的奥德丽看到她妈妈佩里抱起宝宝活动小组中的另一个孩子时，她脸上的表情是极度的震惊。她的眼睛突然睁得大大的，脸上的表情似乎在说："嘿，妈妈！你干吗呢？那不是我！"佩里让奥德丽看到妈妈也是可以分享的，她这样做非常好。

在家里你也应该这么做。当你家宝宝因为爸爸过来拥抱或亲吻你而把爸爸推开时，你要让宝宝知道你有足够的爱分给每一个家人。有位母亲最近告诉我说，她 2 岁的孩子"讨厌我们拥抱"。我告诉她，在这种时候她不应该退让，而应该纠正孩子的行为，她可以这么说："来——我们一起拥抱。"

随着我怀孕的时间越来越长，我的肚子越来越大，要把我那已经3岁了的大宝抱起来也就越来越困难。于是，我帮大宝做好心理准备迎接新生儿的方法之一，就是对他说："我真希望小宝宝快点生出来，这样妈妈就又可以好好抱你啦！"有时候我会故意问他："当小宝宝生出来的时候，妈妈要做的第一件事是什么？"我儿子就会回答："抱我！"

刚生下宝宝的那天，我爱人带了儿子来医院看我，我当即就把小宝宝放在了摇篮里，搂过儿子，将他紧紧抱在怀里，就像我承诺过的那样！

帮你家大宝熟悉小婴儿。 你可以给他读些关于小弟弟小妹妹的故事书，给他看杂志上的婴儿照片，以及他自己小时候的照片。最重要的是，让他看到并跟他聊聊真正的小婴儿。你可以说"看，这个宝宝比妈妈肚子里的那个大"，或者"咱家的宝宝刚生出来时不会有这么大"。你还要让他意识到小婴儿有多么娇弱："这是一个刚生下来的小婴儿。你看他的手指有多细。我们必须非常小心地对待他——他很娇弱的。"相信我，对他来说，温柔地对待别人的孩子，要比温柔地对待你从医院带回家的孩子容易得多。

提示：在临产前，许多夫妇通常会去参观一下他们选中的医院，而且会带上他们的大宝，以为这有助于大宝明白妈妈将去哪里生孩子。我不认同这种做法。对年幼的孩子来说，医院可能是一个可怕的地方，而且，孩子可能会误解，以为"小婴儿"是来自人们生病时才会去的那个地方。

要时时关注孩子的心思。尽管你家大宝在智力层面上还不能完全理解正在发生的事情，但我敢向你保证，他知道家里正在发生变化。他会听到你们的谈话（即使你认为他没有在听），在你们总是提及"等小宝生下来以后"这句话时，他便已经知道会有大事发生。他会注意到你躺下的次数增加了，可能也想知道为什么每个人都一再对他说："要小心你妈妈的肚子。"他会看到以前闲置的房间被整理了出来，说是"给小宝宝的"。也许你已经引导他搬到"大孩子睡的床"上去。尽管他不一定将这件事与你的怀孕联系起来，但他能感觉到这是家里跟平常不一样的又一个重要证据。

你还要留心你自己说的话。不要翻捡出他的旧衣物来对他说："这是你以前穿的，现在要给小宝宝穿了。"你可以带他去逛街购物，但不要对着小婴儿的衣物不住夸赞"多可爱啊"。如果他拿起你买的婴儿玩具来把玩，让他拿，而且一定不要对他说："那是给小宝宝的，你现在已经长大了。"就在不久之前他还喜欢色彩柔和的毛绒玩具，为什么现在他就不可以玩这些东西了？最要紧的是，你不要总是说他会多么爱他的新弟弟或新妹妹，因为他可能不想要新弟弟或新妹妹！

安排你家宝宝在没有你陪伴的情况下过夜。这样一来，等你去医院的时候，他就不会是第一次没有你陪伴在身边了。让奶奶或爷爷、他最喜欢的阿姨或是你的好朋友陪伴他。你既可以请他们来你家住，也可以让大宝去他们家住。你也可以花钱请人来你家过夜。提前三天告知便足以让 2 岁以下的孩子为这样的活动做好准备了："乔伊，你要去奶奶家住上三天（或者'奶奶会来我们家陪你'）。我们要在日历上记下来吗？来，让我们把日子写到日历上。"此外，你还要让他帮你收拾他的行李包，亲手把他的睡衣和玩具放进包里。如果是奶奶要来你家过夜，那么请他帮忙收拾好准备给奶奶的床或房间。

等一两个月后你的预产期到来时，你和你家宝宝都应该准备好各自的行李包。到了你该去医院的日子，你要高高兴兴地对他说他又要去奶奶家住了（或奶奶又要过来看望他了）。至于你要去生孩子的事情，只要简单地说一句就好："妈妈今天要去生宝宝了，你将跟奶奶在一起。"因为他已经有过跟别人一起过夜的经历，所以你可以帮他回忆曾经有过的愉快记忆，并告诉他就像上次一样，他很快就会见到你。

运用你的常识并相信你的直觉。你会得到很多关于帮大宝做好心理准备的建议，一些家庭服务中心甚至提供如何迎接新弟弟新妹妹的课程。但是，你不必把听到的一切都当作福音。有人告诉我，在这样的一堂课上，讲师告诉父母要"狠狠纵容"自家大宝。马娅是个很有主见的女性，她告诉我："这个孩子来到我们家，是为了我们的家庭生活，而不是为了让他的哥哥孤立他，更不是为了让他的哥哥掌控这个家。我知道真要狠狠纵容大宝的话肯定会引发问题。"马娅说得不错：在一个家庭中，每个人的需求都不容忽视。

如果可能的话，给孩子断奶。第 4 章中已经讲过，断奶是所有哺乳动物在成长过程中的必经之路。断奶经历对你家宝宝来说会是痛苦的还是平顺的，取决于你是怎么做的。在有些社会族群中，当两个孩子的年龄间隔很近时，母亲常常会"串联哺乳"，但这显然会让妈妈十分辛苦。诚然，如果你家有对"假双胞胎"（出生时间相差不到一年），或者你家大宝仍然需要只有母乳才能提供的营养，你可能不得不同时哺乳两个孩子，但我始终建议妈妈们还是要认真寻找一下可能的替代方案。

当然，如果你家大宝已经 2 岁或更大了，还把找你要奶吃当作安抚依仗（而不是因为他仍需要母乳喂养），那么，在二宝出生之前先给大宝断奶，这对大宝来说非常重要。如果他只是为了寻求安慰而吮吸，你需要想办法在不给他哺乳的前提下安抚他，在二宝出生之前帮大宝另找一个安抚物做依仗，让他学会靠安抚物自我安慰，这非常重要。否则的话，在二宝出生之后，他很有可能因为你要给二宝哺乳而深恨二宝跟他抢食，那时候再来处理他的嫉妒和怒火就会困难得多。

断奶小贴士

要慢慢地推进。估计至少需要 3 个月的时间。

不要提及小宝。你给大宝断奶是为了大宝的成长，而不是为了给新来的小宝让道。

要做得如同你没有怀孕一样。请参阅第 4 章第 148 页、149 页的建议。

"入侵者"来了！

二宝终于加入这个家庭了。这时，学步期的大宝往往会感到自己没人要了，可你却不能责怪他的不是。请想象一下，如果你丈夫带了另一个女人回家与你同住，并告诉你要爱她并照顾她，你心中会是什么感受。从本质上来说，现在我们要求大宝做的恰恰就是如此。妈妈忽然晚上不回家了，等一两天之后她从医院回来时，竟带回来一个只会蠕动的小团子，而且一进到我家来就开始哭，一哭就能吸引妈妈和爸爸的关注。让事情雪上加霜的是，每个人都在说大宝应该如何做个"好哥哥或好姐姐"，照顾好新来的小东西。"嘿，你们等一等！"大宝的心里有个声音在说话，"那我呢？我从来都没想过要这么个'入侵者'来我家！"孩子的这种反应实在正常。每个人都有嫉妒心，都会因此感到嫉妒和愤怒。但是，成年人知道如何掩饰自己的情绪，可小孩子却是这个星球上最诚实的一群人——他们会直白地表露出自己的感受。

去医院探望妈妈时应该带上大宝吗？

通常，爸爸会在妈妈生下小宝后将大宝带到医院。这也可能是你的选择，不过请记住，在这么做之前你要先考虑到孩子的性情。还有，当他意识到妈妈不能跟他一起回家时，他可能会不开心。另外，如果他在看到二宝后没有表现出由衷的欣喜，请不要失望。要给他时间，要包容他对小婴儿的好奇心，更要接纳他所表达出来的感受和情绪，即使那些情绪并不是你希望看到的。

没人能准确预测大宝会以什么样的心态来对待二宝。他的天生特质是什么样的、你是如何引导他做心理准备的，以及当你带二宝从医院回家之后事情是怎么进展的，这一切都会对此有一定的影响。有些孩子从一开始就反应良好，并且能一直保持这种心态。比如说我的合著者，她生了二宝回家时，她的大女儿，3岁半的珍妮弗，在看到弟弟杰里米的那一刻就喜欢上了他，并从此担当起小妈妈的任务来。这里一部分原因在于她的天生特质——她是一个随和、有爱心的天使型宝宝；一部分原因也许是年龄的差异；还有一部分原因是后来爸爸和妈妈仍然给她很多的一对一的陪伴，这无疑让她更愿意去拥抱这个新来的小家伙，而不必担心他会侵占属于她的地盘。

一封来信：培养对妹妹的爱

我最近刚生下了第二个孩子。在二宝杰茜卡出生之前，我们是这样帮即将3岁的大儿子泰勒做好心理准备的：我们频频跟他谈论妈妈肚里的二宝，跟他解释妈妈必须去医院才能生下二宝。我还带着泰勒一起帮忙装饰给杰茜卡用的房间，他对此非常兴奋。他甚至收拾出他小时候玩过的婴儿玩具，亲手布置在杰茜卡的房间里。我在医院的时候，他和我丈夫一起去购物，还给杰茜卡买了一个新的毛绒玩具，并为此深感自豪。他非常喜欢小妹妹，不停地亲吻她，和她说话，有时我甚至觉得他太话痨了！

与此相反的另一个极端，是大宝立即就恨上了二宝，而且变得对父母非常刻薄。23个月大的丹尼尔的愤怒是显而易见的。在他第一次拍了弟弟脑袋一巴掌的那一刻，这个聪明的孩子立即意识到了一个重要的现实：呀，这就是我把父母的注意力从那个蠢笨的小东西那边抢过来的好办法啊。奥利维娅也同样丝毫不遮掩她的熊熊怒火。她妈妈带着小婴儿从医院回家几天后，米尔德丽德姨妈建议他们一家四口一起来个全家福合影，她却一直在一旁试图把刚出生的柯特从妈妈的腿上推开。

不过，在大多数情况下，身为学步儿的大宝对二宝的厌恶会以更微妙的方式表现出来。他可能会变得对所有孩子都比以前粗暴许多，或是因为不知道该怎么表达（或是不被允许表达）对二宝的厌恶而变得很不听话，可能会拒绝做他以前从未拒绝过的简单任务，比如收拾玩具，他可能会开始往桌上扔食物或拒绝洗澡。他还可能会"倒退回去"，比如明明已经学会走路好几个月了，现在又开始爬行了；明明已经能通宵安眠好几个月了，现在却频频在夜间醒来。还有些孩子会以不肯吃饭表示抗议，或是在已经断奶好几个月之后，又想要抱回妈妈的乳房。

布娃娃≠孩子

有人认为应该在二宝出生之后给家中大宝一个布娃娃，这样他也有了一个自己的"孩子"。我不认同这种做法。布娃娃跟二宝是两回事——那只是个玩具。你不能指望一个学步期宝宝会把布娃娃当作活物来对待，相反，他会拽着娃娃的头发拖来拖去，敲它打它，最后把它扔到长椅的背后。过了好几天后，你才会发现这个布娃娃，它的脸上可能涂满了红色的黏稠物，因为你家宝宝试图给它喂果酱黄油（英国人称之为果酱三明治）。所有这些动作都不可用到真正的婴儿身上！

有没有可能做到防患于未然呢？从某种程度上来说是可行的，但是，有些事情根本是防不住的，你只能面对随时可能出现的任何情况。希望我的以下建议有助于你尽可能地减少临时家庭冲突。

安排与你家大宝一对一的亲子时光。在二宝刚出生且需要很多睡眠时间的日子里，你要多挤出时间来陪陪你家大宝。尽量多给大宝几个拥抱，多陪他玩一会儿；当你需要休息时，允许你家大宝安静地陪伴在你身边。最好不是简单地随机抽时间一对一地陪伴大宝，而是要像你约朋友一起去吃午饭一样，预先做些安排。如果天气允许，尽量在白天带大宝出门溜达一小圈——去公园喂鸭子、去咖啡店坐坐，或者只在周围散散步。大宝晚上的就寝时间也应该留作一对一的亲子时光。

但是，无论你计划得如何周详，小婴儿总会在你意想不到的某个时候需要你的关注。最好以诚实的态度将这样的可能性告知你家大宝，让他有一定的心理准备。比如说，你打算跟大宝一起沉浸到一本他最喜欢的书里，不妨先提醒他一句："我这就开始给你读这个故事，不过你要知道，假如宝宝醒了，我就得过去照顾他。"

要允许你家大宝在一些小事情上帮帮忙，但不可要求他像成年人一样担起重任。假如你家大宝对小宝很感兴趣，有心想要帮你照顾他，可你偏偏不让他插手，这无异于你在这么对他说："我这里有一盒糖，但我不让你吃。"我曾经让特别喜欢帮忙的萨拉帮我把尿布盒装满。不过请记住，一个充满爱心并渴望合作的孩子热衷于帮你的忙时，请别忘记他只是一个学步期的宝宝。把两三岁的孩子变成护理员是不公平的。

提示：小哥哥或小姐姐很容易把小小的婴儿当成一只坐着的（或躺着的）玩具鸭，哪怕大宝看上去肯接纳也很喜爱二宝也不会例外。切勿让你家学步儿单独和小婴儿在一起。即使你和他们在同一间屋子里，你也要让你的后脑勺上生出一对眼睛来。

小宝入睡时如何让大宝保持安静？

就像你曾经对你家大宝做过的那样，你也要尊重小宝对安静环境的需求。尽管如此，即使你已经提出了要求，要让一个体力充沛的学步儿总是静悄悄的、用"安静的声音"说话，的确很难做到；更何况大宝年龄可能还太小，根本无法理解你的意思。如果是这种情况，那你就要多动动脑筋。比如大宝吵闹时，你可以分散他的注意力，并在合理的范围内尽可能在远离小宝的地方陪他玩耍。

要接受但是不鼓励孩子的"倒退"行为。如果你家大宝出现一些"倒退"行为，你不必反应过度。这其实很常见。他可能想爬上尿布台，钻进小婴儿床，或者试试小宝的玩具。你不妨由他去，不过，关键在于你只是同意他去"试一试"。当萨拉想爬进索菲的婴儿车里时，我让她爬了进去，只不过一小会儿之后，我就说："好啦，你已经试过了，不过这车不适合你用，这是给索菲的。她还不能像你那样自己走路——她只能坐在婴儿车里。"事实上，大宝对小宝婴儿用品的浓厚兴趣通常一两个星期之后就会消失。只要父母允许大宝满足他的好奇心，他就会高高兴兴地回到自己的玩具和活动上。

但是，"试一试"的做法不适用于母乳喂养。莎娜是蒙大拿州的一位母亲，最近给我打来电话。她家大宝安妮现在 15 个月大，她从二宝出生前五六个月起就开始帮大宝断奶。等莎娜将小海伦带回家之后，没过几天安妮也开始要妈妈给她喂奶。莎娜不知道究竟该不该答应大宝。她所在的"母乳协会"小组里的几位妈妈都告诉她，如果大宝想要，就应该给大宝，否则的话，妈妈的拒绝会给大宝"造成心理上的伤害"。"但我觉得这不对。"莎娜在电话中对我说道。我同意她的看法，并告诉她，我认为让安妮学会操控妈妈反而会对孩子造成更大的伤害。我建议莎娜直接告诉大宝："不行，安妮，这是小婴儿的食物。我们必须把奶都留给小婴儿。"由于安妮开始吃固体食物，所以，在用餐时间莎娜可以指着桌面上的食物，提醒安妮注意固体食物和婴儿食物的差别："这些是我们要吃的水果和鸡肉，这些才是安妮和妈妈应该吃的食物。这里（指着妈妈自己的乳房）是小海伦的食物。"

大宝的情绪警示

如果大宝说出类似下面这样的话来，那不叫"可爱"。这是孩子在告诉你他的感受，因此当你听到以下内容时要格外关注大宝的情绪：

- 他哭得好烦啊。
- 他长得真丑。
- 我讨厌他。
- 你什么时候把小宝宝送回去？

鼓励你家大宝表达自己的感受。决定要二宝时我以为自己已经考虑得很周详了，却从没想到后来大宝萨拉会这么问我："妈妈，你什么时候把小宝宝给人送回去啊？"刚开始时，我也和许多父母一样，把她这话当成是"可爱"的儿语，一笑置之。不过，几个星期之后，她告诉我她"讨厌"索菲，因为"妈妈现在整天忙个不停"。每当我给索菲喂奶时，她就会干点坏事，比如把橱柜里的东西全翻出来扔在地上。我换上了儿童防护柜，总算结束了这种恶作剧。但萨拉也换了新花样，她会把一整卷卫生纸塞进马桶里，然后放水冲马桶。显然，我没能用心解读萨拉行为背后的含义，没有认真倾听她的感受。后来我才注意到，每次她试图引起我的注意，都选在我给索菲喂奶或换尿布的时候，而且我总是会对她说："妈妈现在很忙。"想必这样的话郁积在她心中，伤到了她。

意识到了我的关注点不在她身上时她是多么敏感，我于是帮萨拉整理出一个属于她的"忙碌包"，里面装了一袋蜡笔和几本涂色书。每当我需要给索菲喂奶或换尿布时，她就可以拿出这些东西来自娱自乐。我们把这个包变成了日常作息规律中的一个组成部分，每到一定的时候我就会对她说："好啦，让我把你的'忙碌包'从橱柜里拿下来给你，这样在我忙着照顾你妹妹时，你也一样有事可忙了。"

无论你要怎么做，都不要试图让你家大宝觉得他的做法是愚蠢的、错误的。不要一再对他说他"其实是"爱他的小弟弟或小妹妹的。不要因为他的行为而伤了你自己的心——他对他的新弟弟或新妹妹的看法与你的育儿技巧无关。相反，你可以通过跟他对话来倾听他的感受："小宝宝的什么地方让你不喜欢？"许多孩子说："他会哭。"你能责怪孩子吗？成年人不也一样因为小婴儿的哭声而心烦？更何况小婴儿一哭立即就把妈妈吸引过去了，这对你家学步儿来说，当然是更令他生气的事情。你不妨解释说这就是小婴儿的说话方式："你小时候就是这样跟我说话的。"或者举一个更近的例子："还记得你第一次学习跳绳的时候是什么样的吗？你需要反复练习才能学会，对吗？总有一天我们的小宝也会像我们一样说话的，但现在他还不会，他需要用这种方式反复练习。"

谈及二宝时，你永远不要对大宝说这样的话

"你得照顾好他。"

"你必须喜欢他。"

"你要对新宝宝好一点。"

"你必须保护好我们的新宝贝。"

"你难道不爱新宝宝吗？"——然后，当你家大宝回答"不爱"时，你又说：

"哎呀，你爱的，肯定的。"

"要陪你妹妹玩。"

"照顾好你弟弟。"

"我做饭的时候你得看着你妹妹。"

"跟你弟弟分享。"

"你现在已经长大了。"

"你要有个做哥哥（姐姐）的样子。"

小心你说的话。学步期宝宝总喜欢模仿他听到的和看到的一切。你家大宝总是在吸收信息，这很容易让他把不知什么种子埋藏进心底。如果他听到诸如"他这是在嫉妒小宝宝"之类的话，那很可能就是一颗种子。

另外，你要站在孩子的角度想想你说的是什么话。我们做父母的有时会忘记自家大宝从"宝座"上被撵下来是多么痛苦的事情。当你对他说"你必须爱你弟弟"或"你必须保护你妹妹"之类的话时，他心里想的却很可能是这样的：我保护他？保护这一团叫得像猫一样，而且一叫就把妈妈从我身边抢走的肉团子？我才不干呢！还有，对这么小的孩子说"你要有个做哥哥的样子"（他怎么可能知道这是什么意思？），或是"你现在已经长大了，你睡的是大孩子的床，用的是大孩子的马桶"，也实在是有失分寸的事情。他可不觉得他已经长大了，而且，哪儿有才2岁的孩子就愿意担起照顾小宝宝的重担的？

提示：要求大宝做什么时，切勿以小宝为借口，比如说："我们必须赶紧回家，因为现在该是乔纳森睡午觉的时候了。"

要认真对待大宝的不满情绪。 贾丝廷3岁时，她的弟弟马修出生了。一开始她看起来还不错，但是当马修长到4个月大的时候，一切就乱了套了。比如说，尽管贾丝廷已经接受了几个月的便盆训练，但她此时又开始尿床，而且在洗手间里把粪便弄得到处都是。她拒绝洗澡，还要在睡觉前发脾气。贾丝廷的妈妈桑德拉对我说道："我们简直都不认识这个孩子了。以前的时候，她真的很乖，但是现在她真的很坏。我们试图跟她讲道理，但起不到任何作用。"

"你喜欢小马修吗？"我问贾丝廷，她和她的父母一起进来了。但是，在她张口回答之前，她爸爸抢先答道：

"她爱她的小弟弟，（看向女儿）你说对吧？"

贾丝廷瞪着她父亲，那表情很明显：什么？当然不对！！

读懂了她的表情，我继续对她说话："你不喜欢他什么呢？他做了什么让你不喜欢的事？"

"他哭。"贾丝廷回答。

"那是他在说话。"我解释道,"在他学会说话之前,他就是这样告诉我们他想要什么的。一种哭声的意思是:'妈妈,我肚子饿了。'另一种是:'妈妈,我需要换尿布。'如果你能帮助妈妈弄清楚马修的哭声是什么意思,那可就再好不过了。"

我可以看出贾丝廷的小脑袋瓜正在转动,她在权衡自己是否愿意帮忙。"你还有什么不喜欢的?"我继续问她。

"他到妈妈的床上去。"她答道。

"你不也把布娃娃抱到你床上去吗?"

"我不。"(这时,她爸爸再次插话,反驳她:"不对,你抱了的,亲爱的。")

"好吧,"我继续说,"妈妈带小宝上床只是方便给他喂奶。你还有什么不喜欢的地方?"

"我还得陪他洗澡。"

"嗯,这里我们也许可以做点什么。"我说道,很高兴她终于找到了一件她父母可以为她做出改变的事情。

当贾丝廷对我们的谈话失去兴趣并回到她的玩耍中时,我向桑德拉和她的丈夫解释道:"如果贾丝廷过去一直把洗澡看作她的一段特殊时光,那么现在她不开心并且不愿意去洗手间就是有道理的,你们必须明白这一点。我知道你们把两个孩子一起放进浴缸里会更省时间,但问题是她不喜欢这样。她显然很怀念以前和你们单独相处的时光,并把她的伤心和怒火都发泄到了她的小弟弟身上。"我建议他们以后先给马修洗澡,然后让贾丝廷自己独享浴缸。"放弃两人一起洗澡节省时间的做法,换取家中的和平,这点小小的代价是很值得的。"我补充道。

双重打击下的二宝

当又一个新生儿出生时，身为二宝的孩子往往比他出生时他的哥哥或姐姐所遭受的创伤还要严重，因为他此时所承受的是双重的打击。他上面仍然有大宝对他的怨恨和打压，现在下面又来了一个新的小宝，取代了他原本的小宝地位。妈妈忽然有一天说道："我带了一个小宝宝回来给你爱。"谁要了？不稀罕！对二宝来说，这种爱哭的小生物没有任何好玩的地方。他怀念的不仅仅是他妈妈；他也不明白为什么他的保姆忽然就再也没有时间陪他去游乐园玩了。更糟糕的是，每个人都告诉他："你必须照顾好你的小弟弟。"有哪个3岁小孩愿意要这么个累赘呢？

不消说，认真倾听孩子的心声，跟事事对孩子俯首帖耳是完全不同的两码事。当你家宝宝表示不满时，你要想想他以前的惯例。这是他以前习惯了的但现在觉得被剥夺的东西吗？你还要考虑他的要求的性质：如果他的要求是合理的——而且不会伤害小宝，也没有排挤小宝——那就迁就他好了。

提示：试着"抓住"你家大宝对弟弟或妹妹表现出友善和爱的时刻，及时称赞他："你真是个好哥哥（或姐姐）！""你拉住吉娜小手的动作真的很温柔，非常好。"

要让你家大宝知道你对他的期待是什么。 如果你正忙于照顾孩子，请直白告诉你家大宝，他必须习惯于听到这样的话。当他干坏事或者欺负小宝时，请告诉他你看到了，并制止他。以丹尼尔为例，因为他的父母为他感到"抱歉"，所以他们不忍心管教他。结果自不待言，他一有机会就掐他弟弟、打他弟弟。当我问他妈妈为什么不干预时，她回答："他还什么都不懂啊。"我告诉她："行吧，那你最好教教他。"

不幸的是，父母常常不知道是他们自己的行为给整个家庭氛围带来了负面影响。他们总是对大宝心怀怜悯和纵容："可怜的小东西啊，他觉得自己被排挤了。"要么就是明明看到他刚刚拿了支圆珠笔去戳小弟弟的脑袋，他们还坚持说："他爱这个新宝宝。"不论是给大宝的不当行为找理由，还是否认大宝有不当行为，都于事无补。我告诉丹尼尔的妈妈，当她看见他又在掐小弟弟时，她要说的不是"你必须爱你弟弟"，而是重申她定下的规矩："你不可以掐他。克罗克会疼的。"她应该表示她懂得他的感受（"我看得出你很沮丧"），但也要帮助他面对眼前的现实："我必须花时间陪他并照顾他，因为他只是个小婴儿。你这么小的时候我也是这么照顾你的。"

大宝的"吃醋"行为

当你家大宝感到被忽视时，这么小的他还不懂得说："哎，妈妈，接下来的半小时你需要关注我啦。"他只知道生气，做出冲动的事情。而且，他还知道欺负小宝会引起你的注意。因此，每当你家大宝决定要去折腾小宝时，请按照我们上面讲述过的例子，做你应该做的事情。制止他的动作，不带怒气地对他说："如果你要掐小宝，那就不可以留在这间屋子里。他会被你掐疼的。"请记住，对孩子的管教其实是在教导他控制情绪。大宝应该因这次体验而学到这样的教训：通过欺负另一个人或是小动物来表达自己的情绪是不对的。

准备好迎接大宝的"试探"，同时要坚守住你设定的界限。3岁的南妮特有了个小妹妹，尽管她的父母一再要求她"对你的小妹妹好一点"，可是她却一直在试探他们的底线。只要周围没人，她就会爬进8个星期大的埃塞尔的婴儿床里，全然不知道头顶上其实架着一个摄像头。南妮特在里面对着小宝又是戳又是推，直到婴儿哭起来。她妈妈伊莱恩第一次在厨房监控器中看到南妮特出现在镜头中时，直接跑回婴儿房，把南妮特从婴儿床里拽了出来，并告诉她今天她没果汁喝了。南妮特抗议道："我只是进来亲亲她。"伊莱恩什么也没说，因为她不愿把刚刚3岁的大宝看作骗子，所以宁愿让这件事慢慢淡化。

伊莱恩在跟她家大宝相处时已经有了如履薄冰的感觉。因为她害怕自己抱起小婴儿时会引得南妮特又因为嫉妒而哼哼唧唧甚至大发脾气，所以她开始让保姆或奶奶去抱埃塞尔。伊莱恩还告诉那些给新生儿送礼物的亲戚朋友，请他们最好也给南妮特带一份礼物来。"我真是下不了手狠狠管教她，"几星期之后，伊莱恩在向我倾诉之前的情景时承认道，"因为她已经觉得自己被排斥在外了。"

当大宝乱发脾气时

妈妈最糟糕的时刻，是一个人既要照顾小婴儿又要照顾正在尖叫的学步儿。事实上，你家大宝通常专门挑你正在照顾小宝的时候发作。还能有比这更好的时间来哭天喊地吗？他知道你必将是他的俘虏，而且你果然投降了。这时两个孩子中总有一个必须等待，而那个等待的人不该是小婴儿。

我给伊莱恩的建议是这样的："下次当你忙于照顾埃塞尔而南妮特又在大发脾气时，你只管先做完你正在对小婴儿做的事情，等你把她安置进婴儿床之后，再回过头来带南妮特去冷处理。"我告诉她，要先照顾好二宝的原因，除了要顾及二宝的安全之外，这一举动还向大宝传递了一个重要信息，那就是乱发脾气是吸引不来妈妈的关注的。

我去他们家拜访的那天，伊莱恩正准备带南妮特去公园。"你为什么不也带上二宝呢？"我问。

"南妮特不愿意让她也一起来。"她回答道，完全没有意识到她这是在让一个 2 岁的孩子当家做主。就在这时，我们瞥了一眼监视器屏幕。南妮特又爬进了婴儿床里，这次她正要打里面的小宝宝。

我急忙催促她道："你现在赶紧过去，告诉她你看到她这样做了，而且这是完全不可接受的。"

这种情况很容易恶化成"问题行为"，因为伊莱恩正在强化她家大宝最自私最刻薄的行为，还把二宝置于危险之中。在我的催促下，她立即走进了埃塞尔的房间，说道："不可以，南妮特！埃塞尔会疼的！你不可以打小宝宝。现在，回到你的房间去！"伊莱恩带着南妮特一起走回她的房间，并在她唱大戏般哭天喊地时默默地待在一旁。事后伊莱恩对她说道："我看得出来你很不高兴，南妮特，但是，打人是不可以的。"从此以后，每当南妮特去欺负埃塞尔的时候，伊莱恩都会立即出现，把她从二宝身边挪开。与此对应的是，只要她对小妹妹表现出哪怕一点点的善意，妈妈都会表扬她。最终，南妮特意识到，当她表现得体时，她得到的那种关注比在她的房间里冷处理要好得多。

伊莱恩也不再对南妮特唱作俱佳的哼唧做出任何回应。当她家大宝抗议时，伊莱恩也不再把埃塞尔交给保姆，而是说："南妮特，你哼唧时我是不会理你的。用正常的声音好好说话。"伊莱恩还明明白白地让大宝知道自己不会屈服于她的胁迫。"我现在必须照顾小宝宝。她也需要我的关注。我们是一家人。"

尽量不要反应过度。当你家大宝为了吸引你的关注而做些顽劣的特技表演时，你可能会因此感到非常烦恼，甚至本能地想要大发雷霆。然而，正如我在第7章和第8章中一再解释的那样，你的过度反应只会助长孩子的不良行为。有一个星期天，我们准备去奶奶家吃午饭，我给两个女儿都穿上了白色的裙子，打扮得漂漂亮亮的。但是，趁我一个不留神，萨拉把索菲领进了煤仓。当看到从头到脚沾满黑色煤灰的索菲时，我深深地吸一口气，没有理会萨拉，平静地对索菲说道："哦，看来我得给你换洗一下才行，奶奶家的午饭怕是要赶不上了。"

利安娜有两个女儿，卡伦和杰米，她俩相差2岁半。利安娜回忆着杰米刚出生那几个月的情形，对我说道："我不得不随时提防掐胳膊、掰手指之类的动作，尤其是在我给婴儿喂奶的时候。为了尽量避免这种情况的发生，我告诉卡伦在我给妹妹喂奶的时候拿几本书来看。这办法有时候能奏效，有时候根本没用。我只能接受不论我怎么用心卡伦都会有发作的时候这一现实。在很多情况下，她都会因为没有得到我的关注而气得满脸通红。但好在我没有太把她的那些'作怪'当回事，慢慢地她就作罢了。"

提示：要维持好家中的日常作息习惯。利安娜说："有固定的作息规律有助于约束孩子，因为我总是可以说：'现在不是做那件事的时候。'"诚然，小婴儿的作息规律与你家大宝是不同的，但对大宝来说，她知道的就是她已经习惯了的。换句话说，你要尽量拖着小宝跟随大宝的日常作息规律。

不让争吵升级！

你无法完全避免兄弟姐妹之间的争吵，但你可以尽量减少这种争吵。

• 制订明确的规矩。不要用"你要友善一点"这类语义含糊的警告，而要直白地说："不可以打人，不可以推人，不可以骂人。"

• 不要等拖延太久之后才介入。

• 不要过度保护婴儿。这会让 4 岁以下的孩子很快就怒火中烧。

• 把每个孩子都当作一个独立的个体。要充分了解他们每个人的弱点和优势，以及他们惯用的把戏。

• 不要当着孩子的面与你爱人讨论该怎么管教孩子；不要当着孩子的面表露你们夫妻间的不一致。

不要劝诱你家大宝喜欢甚至爱上新加入的小宝宝。玛格丽特都快气哭了。在反复告诫大宝利亚姆"要友善"并提醒他"这是你弟弟"一个月之后，她家大宝对待小婴儿的态度反而越来越差。在我拜访了这个家庭之后，我明白了原因。比如说，利亚姆会举起手，做出要打杰西的样子，然后看着他的妈妈。玛格丽特会用一种非常温柔的、似乎含着歉意的语气说道："不可以，利亚姆，不可以打宝宝。"稍后，她带着利亚姆一起出去办点事的时候，还给他买了一个新玩具。

"你在他面前太软了，"我告诉她，"我猜这应该是因为你害怕如果你真的坚定起来，利亚姆会怨恨杰西。可他现在已经怨恨上杰西了。你不可能让任何人喜欢上另一个人。你能做的就是接纳利亚姆的感受，同时让他清楚地知道你定下了什么规矩。"我还告诉她，当她需要带着大宝出门去办事时，不要因为觉得这么做对不起孩子而给他买玩具。她应该提前告知他："我们要去商店给杰西买些尿布。如果你路上想要玩玩具，就带上一个你自己的玩具吧。"

提示：在小宝出生后的头几个月里，帮助你家大宝控制好他的情绪至关重要。当你注意到他快要失控的时候，请运用前面讲过的一二三法则，不要让事情失控。一个简单、及时的提醒，比如说："你又要闹情绪了吗？"便可以向他表明，你在关注着他，而且你是在帮助他。

也不可允许"小婴儿"违反规矩。当你听到哭声时，第一反应会很自然地将年幼的小婴儿视为"无辜的受害者"，但实际上并非如此。通常情况下，事实会是这样的：你家大宝整个上午都在玩乐高积木，小心翼翼地建造了一座城堡，然后，"捣蛋分子"来了，把大宝的成果全毁了，这已经不是第一次了。所以，你要同情你家大宝。当小婴儿长到可以爬行或走路时，你已经可以肯定他从此理解"不"的含义了。研究表明，8—10个月大的婴儿就能开始与他的哥哥姐姐建立起紧密的关系来。到了14个月大的时候，他甚至可以预测哥哥姐姐的行为。换句话说，你家小宝很可能比你想象中更明白他在干什么。

提示：当小宝在大宝玩耍时捣乱或破坏大宝的成果时，不要总是要求大宝让着小宝，或是替小宝找借口。你此时若是对大宝说："算啦，他只是个小婴儿——他不知道自己在做什么。"这话只会让大宝心里更加沮丧。因为学步期的大宝还没有成熟到能容忍那个讨厌的小东西的程度，他的第一反应很可能是直接动手报复。

为你家大宝安置一个属于他自己的小空间。你总是告诫大宝要"友善"，要跟小宝分享，可是，如果他去玩布娃娃，却发现娃娃脸上有小牙印；他伸手拿过一本最喜欢的书，却发现里面有书页不见了；他想播放一张CD，却发现没法播放了，因为上面满是了小家伙的口水……你要他尊重他人固然不错，可是，尊重必须是双向的。所以，你要帮大宝安置出一个小宝进不去的独属空间，保护好大宝的物品和私人领地。

利安娜是一位非常从容也非常务实的妈妈，她跟我分享了一条很好的建议："因为家里有个3岁的孩子，你没法给屋子彻底做好宝宝防护，毕竟小孩子总喜欢小东西，所以，我开辟出一块'卡伦的地方'，也就是专门给卡伦用的一张牌桌，她可以在那里玩拼图、搭乐高或玩其他带有细小物件的玩具。我会告诉她：'如果你不想让杰米过来打扰你，你就必须把你的东西都拿到专给你用的大宝地盘里去。'"

　　我在一间旅馆客房里拜访了利安娜和她的两个女儿，很容易看出刚刚开始学走路的杰米是如何让她姐姐时时感到紧张的。杰米总想要抓过卡伦正在玩的任何东西。她不是有意要欺负人；她只是想模仿姐姐的动作。看到卡伦已经越来越气恼——根据过去的经验，利安娜知道，在大女儿已经感到累了的时候，她会跟其他孩子一样，很容易"崩溃"——利安娜就会赶紧采取行动，以免卡伦进入最后的爆发阶段。这位聪明的妈妈指着角落里一把软垫扶手椅建议道："让我们把它用作你的大宝地盘吧。"卡伦立刻心领神会，明白她爬上那把大椅子就可以避免继续遭受杰米的骚扰。果然，几分钟后，杰米径直朝大椅子走来，但利安娜用勺子和塑料碗吸引了她的注意力，阻止她过去打扰姐姐。

　　把每个孩子都当作独立的个体来对待。当每个孩子都能得到公平的和独有的对待时，家里通常更容易保持和平。即使两个孩子你都爱，他俩给你的感觉也不可能是一模一样的，毕竟每个孩子都是不同的。这个孩子可能会耗尽你的耐心，另一个却会逗你开心；这一个总是满心好奇，那一个却总是满不在乎。每个孩子都会有各自的长处和短处，都有他对待生活的独特方式。每个孩子都会有他自己的兴趣和爱好，也需要有属于他自己的空间和物品。当你家宝宝们互动时，你应该将所有这些因素都考虑在内，也需要承认你自己的感受。如果一个孩子的注意力更持久，或是更容易听从你的要求，你甚至可能需要修改相应的规则以顺应他的独特需要。在这里也请你运用前面讲过的一二三法则。如果每次你家大宝玩积木时小宝都要尖叫，请采取行动避免同样的剧目一再上演。给你家大宝安置一块属于他的领地，同时把你家小宝带到别处去。另外，请勿拿两个孩子相互比较（"你为什么不能像你哥哥那样干干净净的？"）。即使你只是微妙地暗示，比如说"你姐姐好好地坐在桌旁"，也会给妹妹造成一定的伤害。此外，假如一个孩子不听话，请相信我，若你此时提及另一个孩子如何听话，那么结果只会适得其反。

当然，不论你的思虑有多么周详，也难免会有发生冲突的时候。你若是行动得太快，或是不够公平，对孩子的管教就会走上岔道。这时候，做父母的最应该做的事情，就是意识到自己走岔了，并让自己赶紧回到正轨上。

要有长远眼光。当你厌倦了继续扮演杂耍演员和充当裁判时，请记住，你家宝宝不会永远都是小婴儿和学步儿。此外，两个孩子之间的竞争也不全是坏事。有了兄弟姐妹会更容易显现每个孩子性格的不同方面，两人之间的差异也可以让孩子感受到自己的独特性。通过两人之间的不断互动，他们会学到如何跟人协商，如何权衡取舍，而这样的经验无疑有助\他们以后跟朋友和同学融洽相处。事实上，手足情谊不论是对年幼的孩子还是对年长的孩子都有很多的好处。

有兄弟姐妹的好处

下次你家大宝欺负了小宝，或是小宝撞倒了大宝的乐高城堡时，请提醒你自己，研究也揭示了有兄弟姐妹给孩子带来的各种好处。

- 语言。即使你家大宝只是在逗小宝玩，他也是在教小宝说话。小家伙的第一句话通常是这些"课程"的直接结果。

- 智力。很显然，小宝会模仿大宝，而从大宝那里学来不少东西。同时，这对大宝也是有促进作用的：每当这个孩子帮助另一个孩子解决了某个问题时，这个孩子自己的智力也会增长，即使另一个孩子还很年幼也是一样。两个孩子之间的互动还会激励对方去探索、去创造。

- 自尊。兄弟姐妹之间互相帮助，互相爱护，互相称赞，无疑会增加孩子的自信心和自尊心。

- 社交技能。兄弟姐妹之间会互相观察、互相模仿。弟弟或妹妹会从哥哥或姐姐那里学习社交互动的规则，从而知道在什么情况下该怎么表现，乃至怎么说服父母答应自己的要求。

- 情感寄托。兄弟姐妹可以互相帮衬着走过人生的崎岖之路。做哥哥姐姐的可以帮助弟弟妹妹为迎接新的体验做好准备，为他们指点方向；做弟弟妹妹的可以为哥哥姐姐加油。拥有兄弟姐妹，还可以让孩子们早早练习如何表达情意、如何建立信任。

在许多令你头疼的日子里，你也会跟利安娜有一样的想法："我的任务是让她俩在第一年里保持距离！"她告诉我，孩子们都醒着的时候她真的很累："除了照顾好她们两个之外，我什么别的事情也不能做。"好在她得到的回报很不错。现在杰米已经1岁了，可以自己走动了，也能开口说话了，两个小姑娘更能玩到一起了。同样重要的是，卡伦相信利安娜仍然是在意她的，她没有因为有了妹妹而失去妈妈的爱。多亏了利安娜为人母的敏感与公平感，她们都熬过了艰难的第一年，如今卡伦对成为家庭中的一员意味着什么也有了更多的了解。

夫妻间的小摩擦

　　一个家庭越大，家庭成员之间的互动就越复杂。我们在第8章中已经讲到，孩子的问题，无论是临时性的还是长期性的，都会引发父母之间的摩擦。反过来也是一样，如果父母之间的合作不够密切，或矛盾未解决且逐步加深之时，也会导致孩子的行为失控。下面我要讲述几种常见的夫妻失和的缩略图，以及这些冲突对孩子有什么危害、有哪些措施可以防止因这些矛盾而产生更严重的家庭问题。

　　家务争执。虽然现在很多男性会花一些时间陪伴孩子并参与部分家务劳动，但仍有很多妻子因为丈夫认为他的任务只是"搭把手"而感到不满。可以肯定的是，家务争执影响着许许多多当代人的夫妻关系。妻子有可能会替丈夫找借口（"他工作到很晚"），也有可能试图暗中指使他（"星期六的早上我会假装睡不醒，所以他必须起来照顾克里斯蒂"），但她仍然会感到心中不满。面对妻子的抱怨，丈夫也可能会为自己辩白："如果我能做得更多，我会去做的。""这又有什么要紧的呢？她带孩子带得更好呗。"

而且往往不会做出多少改变。

事实上，如果是双亲家庭，那么最好是两个人都能担当起照顾孩子的重任。一是两人不同的性格和长处能帮助孩子发挥出更多的潜能；二是在孩子的管教方面，两个人的参与一定会比一个人单打独斗要好得多。如果父母双方都参与到各种日常家庭事务当中，孩子就不太可能把他的恼人把戏只用到其中一个家长身上。比如说，我们在第 8 章中读到过的马洛里和伊万夫妇的故事，他俩开始每晚轮流哄 2 岁的尼尔上床睡觉，这么做的好处是双重的：首先，这给了马洛里喘息一下的机会；其次，爸爸出马照顾小尼尔，让这对父子有机会建立起一种全新的父子关系。不消说，尼尔不会像他一向操纵马洛里那般操纵伊万。这倒不是因为伊万做了什么，而主要是因为学步期孩子往往把他最擅长的花招用到跟他相处时间最多的那位家长身上。

独一无二的二宝成长记录

查尔斯是两个小女孩的父亲，一个 4 岁了，另一个刚 3 个月大。最近在聊天中他对我说道："明妮第一次怀孕时，我和她都感到兴奋极了。我们每个月都去上亲子课，写日记，拍孕照。等埃琳终于出生之后，我们仅在头几个月就拍了上千张照片，这本装订精美、三英寸厚的相册就是最好的佐证，更不用说那边还有满满一架子的录像带了。我很惭愧地承认，哈里出生以来，我可能只给她拍过六七张照片，而且那几张照片还散落在最上层的抽屉里面。"

像明妮和查尔斯这样的夫妇其实还有很多。当他们有第一个孩子时，那股子稀罕劲非常浓郁，恨不能记录下孩子成长中的每一刻。等到有了第二个孩子时，他们就没剩下多少稀罕劲了。也许还因为他们害怕过于关注小婴儿而让大宝心生嫉妒。但是，请想想，等二宝长大了，想要看看自己婴儿时期的照片时，那会是什么情形？所以，为了不让你家二宝失望，请你也好好记录下他成长中的每一个里程碑。

每当有人问我："该怎么样才能让我丈夫更多地参与到日常家务中来呢？"我总是敦促她先审视一下自己的态度和行为。有时妈妈会不自觉地阻止爸爸的参与。我还建议妈妈和爸爸坐下来好好谈谈，问问他愿意做哪些家务。只有女性被困在不愉快的家务中固然是不公平的，但是，她的要求也需要现实一些。对那种认为带孩子就意味着抱着孩子坐在电视机前看湖人队比赛的爸爸来说，让他做点他更喜欢的家务会是一个好的开端。

我奶奶常说："以心换心。"如果你总是公平而且大度，对方也往往会对你公平而且大度的。杰伊每个星期六下午都会带马迪去公园玩，这样格蕾特尔就有时间和朋友一起去吃顿饭、看电影或做指甲了。如果该杰伊带马迪出去玩的时候碰巧有一场他非常想看的足球比赛，那么他们会要么请个帮手，要么格蕾特尔放弃她的休闲计划。

无论女性的地位已经上升了多少，甚至有的女性已经突破了玻璃天花板，但在大多数的家庭中，妈妈仍然是守在家中操持家务的人。爸爸亲手照顾孩子的情况如今固然比过去多了很多，大约有四分之一的男性将75%或更多的空闲时间花在孩子身上，每星期总计可以超过20个小时；但是，最繁重的工作仍然还是妈妈的事情。有人向1000多对夫妇做了问卷调查，询问家务如何分配，调查结果表明家务劳动仍然主要是妈妈而不是爸爸的事：

• 带孩子去看儿科医生（70%是妈妈）

• 父母都需要上班的情况下，在孩子生病时留在家里（51%是妈妈）

• 给孩子洗澡（73%是妈妈）

• 做大部分家务（74%是妈妈）

• 喂孩子吃饭（76%是妈妈）

资料来源：优先媒体美国宝宝网（Primedia's americanbaby.com）的在线调查，2001年6月。

"不要告诉妈妈。" 不论事情是涉及食物（"不要告诉妈妈我给你买了这个纸杯蛋糕"），还是行为（"不要告诉爸爸我让你涂了我的口红"），抑或是偏离了常规的日常琐事（"不要告诉妈妈我们今晚读了四本书而不是两本书"），当一方家长推翻了另一方家长的权威时，教给孩子的都是偷偷干坏事、对家长撒谎乃至不必听家长的话。最后那位跟孩子"攻守同盟"的家长会不得不亲自出马善后。

针对这样的情况，我的建议是，首先，不论父母哪一方都不要拉着孩子偷偷"干坏事"，而是什么都要坦坦荡荡地做。其次，父母要就两人之间的分歧做好协调。孩子能看懂爸爸妈妈会有不同的要求和标准——一个会买垃圾食品，而另一个不会买；一个会读两本睡前故事书，另一个会读四本。但这里的关键不在于规矩是什么，而是"偷偷摸摸"所传递给孩子的信息。如果爸爸可以偷偷破坏妈妈的规矩，为什么孩子就不可以这么做呢？这类的示范行为所教给孩子的，是如何操纵家长中的一方，等孩子长大以后，尤其是进入了青春期，他很可能会用这一招将父母各个击破。

顺便说一句，在安全受到威胁的前提下，事情没有协商的余地。

避免家务纷争

- 要做到公平。
- 要做出合理退让。
- 只要有可能，尽量让每一方都做其最喜欢或最擅长做的事。
- 尽量帮对方腾出些时间来。
- 找个保姆或请祖母或好友帮忙。

我的办法更好。"你让乔迪整堂课都坐在场边是什么意思？"戈登对他的妻子迪安娜很是生气，"你太荒谬了！你还把我们儿子当成一个小宝宝！下次我带他去！"戈登曾是一名橄榄球运动员，现在是一家健身俱乐部的主管，他出身运动员世家。在迪安娜怀孕期间，他一直热切期待着他的"小中卫"①快快到来。当早产将近一个月的乔迪来到这世上时，戈登震惊地发现他期待了几乎9个月的小运动员完全不是他想象中的样子，而是一个害怕噪声和强光的瘦骨嶙峋的小东西。即使乔迪现在已经成长为一个健壮的学步期孩子了，每当他父亲把他扔到空中或跟他玩些比迪安娜要粗暴得多的游戏时，他也都会大声哭叫。戈登一再指责妻子"把我儿子养成了一个娘娘腔"。现在，听到18个月大的乔迪连"金宝贝"这样的"婴儿健身班"的活动都不敢参加时，戈登更坚信这都是迪安娜的"错"。

迪安娜和戈登的情况并非个例，父母经常为什么是"正确的"育儿之法而争执不休。这样的争执常常是围绕着孩子的举止是否合乎礼仪（"你为什么要允许他那样戳弄食物？"）、是否合乎规矩（"你为什么要允许他把鞋子放在沙发上？我就从来不会让他那么做"）或是睡觉时的老毛病（是要"让他哭到睡着为止"还是"我实在不忍心听他那样哭"）而展开的。

他们不去尝试消除彼此之间的隔阂，而是针对有关孩子的事情各执己见，要么指责对方把孩子"保护"得太紧，要么指责对方对孩子太过严厉或是太过纵容。事实上，就宽严尺度而言，只要父母中的一方偏向于其中一个极端，另一方往往会倾向于偏向相反的极端。夫妻之间的对抗对孩子是极其有害的事

---

①橄榄球的"中卫"，不仅仅是中场守卫，而且是整支球队的场中指挥官。所以，这位父亲对儿子的期望，不仅仅是他会喜爱橄榄球，而且会是一个能居中调度的控场高手。——译者注

情。即使孩子还听不懂他们说的话，他也能感觉到他们之间的紧张气氛。

我建议这样的家长能坐下来好好谈谈。重要的不是谁对谁错，而是怎么做对他们的孩子最有利。实际上每一方的论点都有一定的道理，但因为每一方都急于为自己的"正确"辩护，反而注意不到对方的意见其实也有道理。如果夫妻双方能坐下来，推心置腹，认真倾听，他们就有可能相互取长补短，并一同规划出一个容纳了双方观念的育儿良策。

我尽力帮助戈登和迪安娜以公正的眼光看待乔迪，也公正地评估他们自己对孩子的要求。我对戈登说道："强迫乔迪做他不敢做的事，并不能改变他的性格。还有，听到你和他妈妈争吵只会让他更难过，也更加害怕，因此更不愿意离开他妈妈身边。"我也要求迪安娜认真反省她对待乔迪的做法，是否因为丈夫过于强硬而给了孩子过度补偿？了解自家宝宝的特质和天性，允许他以自己感到舒适的步伐前进，这一点非常重要。不过，戈登的观点也不是完全没有道理：即使乔迪坐在场边不进去，她也应该多多鼓励他而不是过于护着他。值得称赞的是，迪安娜和戈登都听得进我的劝告。他们停止在儿子面前争吵，两人结成团队，一起商量着制订育儿之策。他们认为戈登带乔迪去"金宝贝"可能是个好主意——但重要的是给他以鼓励，而不是"矫正"他。这么过了6个星期之后，乔迪终于加入了"金宝贝"的活动。只是我没法判断这是因为父母的策略成功了，还是因为他们的儿子终于准备好了。不过，假如这对夫妇未从争执变为合作，恐怕"金宝贝"将变成他们以后要经历的育儿磨难的开端。

殉道①**士妈妈和恶魔爸爸。** 莎嫚曾是一名电视台的主管，自从 14 个月前塔米卡出生以来，她就当起了全职妈妈。她的丈夫埃迪是一家唱片公司的高管，每天的工作时间总是很长，等他下班回家时塔米卡往往已经上床睡觉了。莎嫚一方面对独自承担养育孩子的重担感到不满，另一方面又想要独霸这块属于她的领地。每到星期天之时，她虽然一再坚持要埃迪"更多参与孩子的养育"，可同时又对他所做的一切持批评态度："不行，埃迪，塔米卡不喜欢你那样做……她喜欢在早餐后玩她的消防车……你为什么要给她穿那套衣服？……如果你要去公园，一定要带上她的泰迪熊……给她带点零食……不行，不要带小金鱼饼干，你给她带胡萝卜，那东西更健康。"她喋喋不休，唠叨不停。其实，她只需对爸爸说这么一句就足够了："我出去玩了，她今天归你管了，回头见。"

莎嫚不肯明白地告诉埃迪她从星期一到星期五有多么孤独和恼怒，只是在暗中希望他能在星期天补偿她。然而，到了星期天她又不舍得彻底放权，内心充满矛盾。她既想让埃迪参与进来，又不断地想要纠正他该做什么以及该怎么做。此外，扮演殉道士是很累人的，所以即使埃迪花了时间陪塔米卡一起玩，莎嫚也从不曾真正放松过，没法借机好好补充能量。

受害最深的人当然是小塔米卡。每当埃迪试图陪她一起玩时，她都会哭或把埃迪推开，这是她在用非语言的方式告诉她爸爸："我只想和妈妈一起玩，不想跟你玩。"她跟许多学步期孩子一样，

---

①"殉道"在这里是指为孩子牺牲自己的一切，包括工作、兴趣、休息等。——译者注

正处于更喜欢妈妈的年龄，不仅不愿意要爸爸，而且只要莎嫚在同一间屋子里，塔米卡肯定不会去找其他人。然而，我也注意到，若莎嫚离开那间屋子，塔米卡只哭闹几分钟就会没事了，这让我明白了她只要妈妈的原因：与其说这是学步期孩子的分离焦虑，不如说是因为她的妈妈不愿放手。更重要的是，塔米卡听到了妈妈在监视和训斥爸爸。虽然她可能不明白莎嫚这些话的确切意思，但是，这一通通的批评炮火背后的感觉，她却再清楚不过。如果妈妈继续这么对待爸爸，那么塔米卡只会越发害怕埃迪过来亲近她。牺牲自我的殉道士妈妈会成功地将爸爸衬托成魔鬼。

夫妻双方的感受都必须得到表达和尊重。莎嫚必须坦承她对丈夫的不满，也必须甘愿放下她对孩子的控制权。埃迪必须告诉塔米卡她的批评让他有何感受，也必须为没有更多照顾孩子的时间承担自己的责任。当一个身为父母的人说出"我必须去上班"时，他其实已经做出了自己的选择。如果埃迪真的想更多地参与他女儿的生活，他就必须做出不同的选择，让他自己能有更多的空闲时间。而与此同时，莎嫚也必须腾出位置来，好让他更多地参与到育儿中来。

我对莎嫚说道："与其你坚持认为'塔米卡不愿和埃迪一起玩'，不如想办法解决这个问题。你要尽力帮助塔米卡和爸爸融洽相处。你要对爸爸多称赞、少批评，多给他些陪伴孩子的机会，也鼓励塔米卡多跟爸爸一起玩。"

埃迪也必须改变他对待塔米卡的方式。莎嫚的批评之一是他有时对女儿"太粗暴"。爸爸们确实倾向于以更粗暴的方式与孩子玩耍。塔米卡不习惯这种过于激烈的游戏，她的眼泪告诉我，她显然不喜欢爸爸的玩耍方式。因此，我向埃迪解释道："也许她再长大一点之后会有所改变，但也可能不会改变。无论以后会怎样，眼下你都必须尊重她告诉你的信息。当你把她扔到空中时，如果她哭着要妈妈，那就是在告诉你她不喜欢这么玩，而你要相应地改变你的做法。"

我还告诉埃迪，这不一定是因为塔米卡更喜欢妈妈，她更喜欢的只是妈妈陪她玩耍的方式。"也许她更愿意拨动她百宝盒上的各种旋钮和操纵杆，而且将这样的轻松玩耍与莎嫚而不是你联系到了一起。所以，你也要让她做些她感到舒适的、更喜欢做的事情，一段时间过后，也许你可以一点点地提高她对你的接受度。"

未解决的问题。以前的老问题会影响夫妻之间的感情，甚至让夫妻生活再也维持不下去。特德是一位木匠，喜欢亲手设计和制造一些独一无二的特色家具。在他的女儿萨莎出生之前，他有过一段婚外情。他妻子诺尔玛是一家大公司的副总裁，她在发现这件事情时也发现自己怀上了孩子。为了未出生的孩子，他们俩和解了。从表面上看，他们是一个非常幸福的家庭，小婴儿萨莎是个很健康的孩子，诺尔玛是个满心慈爱的好妈妈，特德是个尽职尽责的好爸爸。一年过去了，爸爸开始跟妈妈商量再要一个孩子。但是，就在诺尔玛开始给萨莎断奶时，她突然觉得心里失落得厉害。女性在停止母乳喂养时的确会有强烈的情绪波动，但是诺尔玛知道，她的情绪波动有更深层的原因。她还在为当初那件事情生气。与此同时，特德的心境却完全不一样，他从未想过自己会这么喜欢孩子，他真想再要一个孩子。

特德可以把过去的事情抛在脑后，但诺尔玛不能。她坚持要去接受夫妻心理治疗，翻出了他们之间的旧伤。因为诺尔玛现在已经不需要时时照顾萨莎了，所以在接下来的几个星期里她越来越深地沉浸在了对往事的愤怒中。特德不停地请求她："我们放下这件事情吧？现在我们已经有了一个这么可爱的女儿，我们的生活已经回到了正轨。"

可悲的是，当初诺尔玛没来得及处理特德的婚外情带给她的痛苦，直接就让自己沉浸在了怀孕中，后来又全身心地扑在了萨莎身上。现在，萨沙已经1岁了，夫妻两人的心却已经越离越远。她想清理往事留下的伤痛；他想再要一个孩子来挽救他们的婚姻。

萨莎3岁的时候，诺尔玛和特德终于分手了。她始终无法平息她的愤怒，而他也厌倦了漫长的等待，同时也难逃内心的愧疚。诺尔玛在一件事上是对的：再要一个孩子解决不了任何问题。只是，她的这一领悟来得太晚了。有了问题必须解决，想要绕过去是不可能的。

在我写的第一本书中，曾提到过克洛艾，她在生老大伊莎贝拉时难产，孩子卡在了产道里，分娩经历了整整20个小时。这次难产实在非常痛苦，5个月之后克洛艾还在絮叨。那时我曾建议她把自己的感受告诉家人，最好去找专业人士做心理治疗，而不是任由自己的情绪恶化下去。现在伊莎贝拉快3岁了，克洛艾仍在责怪赛思，因为当时她从未就此事跟他好好谈过。让她愤怒的不仅是她分娩时的恐惧，她还坚持认为赛思在她历经劫难时没有给予她帮助。她觉得自己被他抛弃了。现在，他们一遍又一遍地谈论当时的情况——医生是如何消失的，无痛分娩麻醉剂是怎么失效的，他感到多么无助，她是多么生气。可克洛艾还是放不下。几个月来，赛思试图表现出对妻子的理解，但克洛艾变得更加尖锐，经常批评他在养育孩子方面不是个好爸爸。

- 有了怨气要说出来，不要让它继续发酵从而导致恶化。但是，不要当着孩子的面为那些事情争吵。

- 要尽量两个人一起解决问题，一起为孩子的睡眠、饮食、出游等家务和活动制订合理安排。有时你可能不得不做出让步。

- 学步期孩子在父母双方要求一致的情况下会表现得最好；但如果你们的确有差异，那么只要你能坦诚相告，孩子也有能力接受这样的差异："你可以让爸爸给你读三本书，但是，当妈妈照顾你睡觉时，我只给你读两本书。"

- 尽量不要因为你认为你爱人对待孩子过于严格或过于宠溺而走向反方向的极端，这会形成你们夫妻二人两极化的结局。

- 要想想你对孩子说了什么话。当爸爸说"妈妈不喜欢你把脚放在沙发上"时，爸爸就是在告诉孩子他不认同妈妈的规矩，实际上也是在巧妙地破坏妈妈的规矩。

- 孩子对父母的不同反应，你不要太往心里去，毕竟孩子对待父亲和对待母亲的态度总会有所不同的。

- 如果矛盾长久得不到解决，请寻求专业人士的帮助。

赛思变得越来越沮丧。有一次，当他建议他们再要一个孩子并"好好继续走下去"时，她对他大发雷霆，尖声大叫："我跟你说了这么多，你都还是不知道我经历了什么吗?!"最后，赛思离开了她。

这个故事与诺尔玛和特德的故事所包含的寓意是一样的：当

你发现自己一直放不下某种不好的感觉时，你需要把它倾诉出来，而且很可能需要寻求专业人士的帮助。如果克洛艾能听从我的劝告早早去接受治疗，如果能有一位优秀的夫妻关系顾问帮助他们梳理出他们相互不满的真正原因，克洛艾和赛思的婚姻是否就能得到挽救？也许能，也许不能。但我的确知道，如果他们没有让各自的怨恨继续发酵恶化，他们本可以有机会继续好好走下去的①。

夫妻冲突的形式可以有很多种，细节并不重要，重要的是无论什么样的冲突都会危害到孩子的身心健康。如果你发现自己也陷入了和爱人之间的矛盾冲突之中，请你务必立即警觉起来。每一次纠纷都需要你认真动脑筋加以解决，同时也请你记住第432页的插入栏中所提供的一些建议。

给你自己留出些独处时间，
让自己放松下来

当然，防止夫妻冲突的最佳方法之一，就是给自己时间充电，

---

① 可悲的是，将近50%的婚姻以离婚告终，而且大多数离婚夫妻的孩子年龄都在 5 岁以下。即使与前夫（前妻）已经分居两处，你也要以某种形式跟对方共同抚养孩子，努力参与到孩子的生活中去，这一点非常重要。虽然这么做一定很不容易，但为了孩子，在前夫（前妻）的配合下还是可以做到的。最好能寻求心理辅导的帮助并利用良好资源，其中之一是我的合著者梅琳达·布劳（Melinda Blau）所著的《离异家庭共同养育子女的十个成功关键》（*Families Apart：Ten Keys to Successful Coparenting*）一书［企鹅兰登书屋（Perigee Books）出版］。——作者注

并维护好你的人际关系——不仅仅是你的婚姻关系，还有你与朋友之间的感情。固然你会把大量时间都花在养育一个或多个孩子身上，但你也需要照顾好自己，经营好你与家庭内外的所有成年人之间的关系。以下建议其实都是一些常识，但是，在繁忙的家务劳动中，我们往往会在不经意间将其忽略掉。

为"成人时间"制订出具体的计划来。仅仅想着"要留些时间给我自己"或是"给我们"是不够的，你必须坐下来制订计划，最好能变成固定的日常惯例——在你已经读完了这本书后，你怎么可能不知道日常惯例的重要性呢？请规划出给你自己的时间，以及给你去经营人际关系的时间来。要定期与你爱人约会，安排出与朋友共进午餐或晚餐的日子来，尤其不要跟那些还没有孩子的朋友疏远了关系。如果你发现自己很难为这样的计划挤出时间来，请你好好问问自己："我的问题出在哪里？"有些家长会觉得把孩子扔在一边是"不称职"的，还有些人则喜欢把自己当成殉道士。请记住，你若是不肯花点时间给自己充电，则很有可能会导致灾难性的后果。相比之下，一个善于爱护自己、能得到充分休息的人，不太可能对着自己的孩子大喊大叫，也不太容易将自己的挫败感宣泄到爱人身上。

当你休息的时候，请好好地放松自己。晚上和爱人外出消遣时，不要再谈论孩子；与朋友一起吃饭时，说说这世上正在发生的事情，聊聊最新的时尚或是瑜伽教练有多性感，都可以，只是不要相互交换你们的育儿故事。请别误会我的意思，亲爱的。我当然完全支持家长们相互讨论孩子在生活中取得的新的进步，相互帮扶着解决育儿难题，分享你们各自的育儿心得，这样做非常好，但是，你必须留出一定的时间用来放松自己。

一封来信：一定要留出夫妻时间

我发现实在很难找到和我丈夫单独相处的时光，因为我们的时间很难凑到一起：我是一名全职母亲，睡觉时间和儿子差不多，也就是晚上 9 点 30 分左右上床；而我丈夫迈克要去上班，工作时间是从下午 4 点到深夜 2 点。所以，我们弄出了一套"爱人笔记"。只要有点时间，有点什么想说的，我们就会给对方写张字条。每当看到对方留在枕边的"爱人笔记"时，我们总会心情一振。那上面可能是几句情话，可能是一件家里的或工作中略有些不同寻常的小事，也可能是我们想说的任何事情。这么一张小小的字条总会提醒我们，我们是一家人，我们彼此相爱、彼此关心。

抓紧一切机会稍做休整。你不必等到有时间"大逃亡"时才让自己休息一下。稍微有点时间就可以自己（或与爱人一起）去门外散散步。将孩子放进游戏围栏中，你自己趁机爬上"登山机"走上几步，或是读一会儿杂志。打个盹让自己恢复一下体力。如果你爱人在身边，而且你也很想亲亲，那就好好抱抱亲亲。提前 15 分钟起床，做做冥想，写写日记，或者跟你爱人一起聊聊这一天的事情。

锻炼身体。你可以自己一个人去锻炼，也可以和你爱人或是朋友一起去。在你家附近找一个步行伙伴。去健身房。如果找不到保姆，请带上你家宝宝一起出门去锻炼。要让你的气血好好地活跃起来，感受氧气在你肺叶间的流淌。最好能每天保持至少 30

分钟的锻炼时间。

娇纵一下自己。 我并不是要劝你在水疗中心度过一天,亲爱的,尽管你若真能那么做的话肯定休整得更好。最好你能确保每天花点时间做一次深呼吸,给全身涂抹一些令人愉悦的香味润肤露,做做身体舒展,或者好好泡个热水澡。哪怕你仅仅给自己 5 分钟的娇纵,也比什么都没有要更好。

让爱情的火花继续闪耀。 维持好婚姻关系,时时表达你的爱意。为浪漫和性爱腾出时间。做些温馨的事情给彼此以惊喜。继续滋养你对生活的热情,拥抱新的兴趣。随着孩子的成长,你也要让自己不断成长。去听听课。找个新的爱好。去博物馆、美术馆和大学校园,在这些地方你一定会遇到让你感兴趣的人和事。

建立家长帮扶小组。 为人父母可能使你成天把自己关在家里。因此,让自己成为活跃的社区一员十分重要。你可以去当地 YMCA(基督教青年会)活动中心,了解一下这类设施都为该社区家庭提供哪些服务。带着你家宝宝一起参加各种育儿班,或由你来组织一个宝宝活动小组。要扩大你的社交网络,找到其他有同龄孩子的家庭。

延伸你对"家庭"的定义。 要保证你的社交生活不会局限于你家的小永动机和那双永远脏兮兮的小手。除了偶尔出去交际之外,邀请其他人到你家来也同样十分重要。要把祖父母和其他亲戚也变成你日常交往的一部分。定期举行家庭聚会和各种节日聚会。在你家里举办派对时别忘了邀请朋友们。让孩子们在成长中能有机会与各种各样的成年人打交道,这是一件很有意义的事情。

提示: 所有的家长,无论单亲与否,都应该多多给孩子提供机会与其他成年人一起共度时光。年幼的孩子越能多多与其他成年人建立起各种人际关系，将来在面对这世上他注定会遇到的各种不同性格的人时就越能驾轻就熟。

不要忘记寻求他人帮助。当父母当中的一个人甚至两个人负载过重时，有可能出现身体上的、心理上的严重问题。如果你已经觉得疲惫不堪，请一定要告诉你爱人。如果经济上负担得起，请雇用帮手，哪怕只是小时工。如果你加入的宝宝活动小组中某位妈妈的养育方式让你颇为欣赏，你不妨跟她结伴轮流照顾你们两家的宝宝。

照顾好自己，是繁忙家务中的一个关键。否则，我们会开始觉得自己快支撑不住了。我们会与爱人争吵，会对孩子吼叫，心中的积怨和挫败会不断地增加。育儿是一项艰巨的任务，而且事情层出不穷，用我奶奶的话来说，那就是"你必须有三头六臂"。对大多数家长而言，满足自己的需求总是被排在了最后。那些心存怨恨却如殉道士一般往下坚持的人，最终要么趴下要么崩溃。所以，在需要的时候寻求帮助，这并不是无能的象征，而是明智的标志。

最后几点建议

一个人回首往昔之时，
他会对自己遇到过的杰出老师充满感激之情，
也会对那些触动过我们心灵的往事充满感激之情。
学知识固然是成长所不可或缺的原材料，
但温暖却是滋养一切植物和孩童心灵的关键要素。

——卡尔·荣格①

---

①Carl Jung（1875—1961），瑞士籍著名精神病学家和精神分析学家，创立了分析心理学。——译者注

做一个称职的父亲或母亲，固然是一件令自己满意而且得意的事情，但无疑也是一项艰巨的任务，尤其是在孩子还小的时候，更是费心费力。他每一天都有让人惊喜的变化，不过也似乎总有比昨天还要让人焦虑的问题。在过去，似乎只要喂饱了孩子、换好尿布就足以让你家宝宝开心，但是，现在我们面临的问题却多了好多——他走路是不是太晚了？会说的词是不是太少了？他会不会交到朋友？会不会讨人喜欢？他第一天去学前班上学会不会感到害怕？……以及我怎样才能保证他的成长一路顺顺当当？

这本书讲述了很多有关你可以做些什么来帮助你家宝宝度过学步期这段崎岖人生旅程的要点。但是，在我要结束这本书的时候，我想再次强调一些你不可以做的事情。你可以鼓励他滋润他，但你不可以强行推动他成长。你可以从旁帮他解决或者避免问题，但你不可以替他把风雨遮蔽干净。你可以而且应该承担起你的责任来，但你不可以把你家宝宝塑造成你想要的模样。无论你多么渴望他能成长到下一个发展高度，或是快快走过某个困难阶段，他都只会按照他的时间表而不是你的时间表，以他的方式而不是你希望的方式，学会走路、说话、交友，不断进步。

最后的小提示

随着你孩子的成长，请始终牢记本书的主题——婴儿密语——的精髓，这些精髓也同样适用于孩子的童年期以及后来的青春期。

- 你家宝宝是一个独立的个体——请弄清楚他的天性和特质。
- 要花时间观察他、倾听他。要与你家宝宝交谈，而不是单向输出。
- 要给予你家宝宝应有的尊重，这也会促使他学会尊重他人。
- 你家宝宝需要有规律的日常作息，这能保障他对生活的可预见性，从而更有安全感。
- 做一个既有爱心又讲规矩的宽严适度的平衡型家长。

我很敬佩我爷爷，他非常宽容，十分善解人意。他曾告诉我说，一个家就像是一座美丽的花园，孩子就像是里面的花朵。花园需要温柔呵护，需要爱心与耐心。坚固的根系、肥沃的土壤、良好的规划和适当的安置也都必不可少。播下种子之后，你就必须退后一步，看着花蕾自己长出来。拔苗助长只会适得其反。

话虽如此，你仍需要时刻关注花园里的一切。你必须勤施肥，勤浇水，悉心照料。唯有这般日日呵护，你才能帮助花朵们绽放出最大的潜力。如果你发现有杂草来抢植物的营养，有昆虫来啃噬植物的叶片，你必须立即采取行动。不消说，家中的孩子也需要你像照料花园一样地悉心守护，孩子们至少需要你像照顾珍稀玫瑰或获奖牡丹一样细心呵护。

我爷爷的比喻，不但在10多年前我的孩子还在蹒跚学步时非常贴切，在今天也毫不过时。他当时这么说是为了告诫我不但必须有敏锐的观察力，也必须有充足的耐心。这话我如今也转赠给你。你要为你家宝宝加油，要无条件地爱他，帮助他为明天的生活做好准备，并为他提供你不在场的情况下自己继续生活所需的所有工具。当他准备好了时，这人世间的一切都将欢迎着他的到来。

著作权合同登记号：字 18-2024-136

图书在版编目（CIP）数据

实用程序育儿法：1~3 岁宝宝的关键养育 /（美）特蕾西·霍格，（美）梅琳达·布劳著；玉冰译 . -- 长沙：湖南科学技术出版社，2024.10
ISBN 978-7-5710-2922-7

Ⅰ . ①实… Ⅱ . ①特… ②梅… ③玉… Ⅲ . ①婴幼儿－哺育－基本知识 Ⅳ . ① TS976.31

中国国家版本馆 CIP 数据核字（2024）第 099979 号

上架建议：畅销·亲子育儿

SHIYONG CHENGXU YU'ER FA: 1~3 SUI BAOBAO DE GUANJIAN YANGYU

实用程序育儿法：1~3 岁宝宝的关键养育

著　　者：	［美］特蕾西·霍格　　［美］梅琳达·布劳
译　　者：	玉　冰
出 版 人：	潘晓山
责任编辑：	刘　竞
出 品 方：	好读文化
出 品 人：	姚常伟
监　　制：	毛闽峰
策划编辑：	罗　元　　张　翠
特约策划：	颜若寒
特约编辑：	赵志华
营销编辑：	刘　珣　　焦亚楠
封面设计：	MM末末美书 QQ:974364105
版式设计：	鸣阅空间
出　　版：	湖南科学技术出版社
	（湖南省长沙市芙蓉中路 416 号　邮编：410008）
网　　址：	www.hnstp.com
印　　刷：	北京美图印务有限公司
经　　销：	新华书店
开　　本：	875 mm × 1230 mm　1/32
字　　数：	339 千字
印　　张：	14.75
版　　次：	2024 年 10 月第 1 版
印　　次：	2024 年 10 月第 1 次印刷
书　　号：	ISBN 978-7-5710-2922-7
定　　价：	56.00 元

若有质量问题，请致电质量监督电话：010-59096394
团购电话：010-59320018